深圳市建筑科学研究院股份有限公司
荆门市环境保护局

城市生态环境治理方案研究

——长江经济带典型城市的绿色转型探索

李　芬 / 主编

中国环境出版集团 · 北京

图书在版编目（CIP）数据

城市生态环境治理方案研究：长江经济带典型城市的绿色转型探索/李芬主编. —北京：中国环境出版集团，2018.11

ISBN 978-7-5111-3797-5

Ⅰ. ①城… Ⅱ. ①李… Ⅲ. ①长江经济带—城市环境—生态环境建设—研究 Ⅳ. ①X321.25

中国版本图书馆 CIP 数据核字（2018）第 196870 号

出 版 人 武德凯
责任编辑 丁莞歆
责任校对 任　丽
封面设计 宋　瑞

出版发行 中国环境出版集团
（100062　北京市东城区广渠门内大街 16 号）
网　　址：http://www.cesp.com.cn
电子邮箱：bjgl@cesp.com.cn
联系电话：010-67112765（编辑管理部）
010-67175507（环境科学分社）
发行热线：010-67125803，010-67113405（传真）

印　　刷 北京建宏印刷有限公司
经　　销 各地新华书店
版　　次 2018 年 11 月第 1 版
印　　次 2018 年 11 月第 1 次印刷
开　　本 787×960　1/16
印　　张 20
字　　数 300 千字
定　　价 78.00 元

主编单位：深圳市建筑科学研究院股份有限公司
荆门市环境保护局

编　　委：赵 俊 杨 剑 贺晓军 刘俊跃

序

党的十九大首次将“必须树立和践行绿水青山就是金山银山的理念”写入党代会报告，并且明确指出“建设生态文明是中华民族永续发展的千年大计”。本书正是在这样的大背景下对城市的生态治理开展了初步探索和研究，并从顶层政策剖析、标杆经验借鉴、既有规划梳理、生态环境诊断、治理需求分析五个维度展开叙述，为进一步确定城市生态治理重点工作领域、治理目标及路径提供了依据。

生态文明是反映人类社会发展和进步的一个重要标志，是人类社会在经过原始文明、农业文明和工业文明之后进行的一次新的转变，涉及范围广、问题多，其中人口发展与资源环境承载、生产方式与生活方式、产业发展与制度建设等是生态文明建设过程中重要的干预因素。在我国经济新常态下，生态系统退化、环境污染严重、资源瓶颈趋紧等问题制约着社会经济的可持续发展，生态环境恶化趋势尚未得到根本扭转，已成为我国全面建成小康社会的突出短板之一。我国政府为了协调好、平衡好发展与环境的关系，加强环境保护和绿色发展，陆续从国家、省、市等层面出台了一系列生态环境保护的相关政策文件。

自然生态系统保护建设是建设生态文明的重要基础性工作，必须从战略高度上予以高度重视；牢固树立系统化的生态治理理念，以

“山、水、林、田、湖”的治理体系建设及制度创新为动力，实施生态保护和建设新战略。抓住生态文明制度的建设要领是生态环境治理的关键。本书对新出台的政策进行了全面的梳理和分析，结合我国的基本国情，对我国城市既有生态治理的措施进行总结归纳，同时借鉴国外较为成熟的生态治理经验，并基于生态治理方案的政策与需求，梳理既有规划，诊断生态环境（大气、水、土壤、矿山、城市噪声等），确定治理目标，从生态安全格局、绿色产业、绿色建筑、绿色交通等重点领域的专项研究入手，提出生态治理十大核心工程以及保障措施。

李芬在生态补偿和生态城市管理的研究工作中一直跟随我学习，她是我在中国人民大学环境学院带的第一个博士生，性格上认真、刻苦，具有独立思考能力、创新思维和一股闯劲。她还在博士期间获得了中国人民大学环境学院有史以来的第一个“吴玉章”奖学金，也是海南省的第一个黎族女博士。至今李芬博士已经在生态城市规划领域开展了近十年的工作，取得了大量的第一手数据和研究成果，并在多个国内外知名期刊上发表文章。

当前，生态环境治理研究是一个重要的新领域，其理论、方法和应用实践均需要深入研究。我鼓励更多像李芬博士一样的年轻科技人员参与到该领域研究中来，不要做学院式的科研，而要将生态学知识和工程建设相结合，落实社会、经济、政治、文化、生态五位一体的战略思想，在具体工作中实现理念、技术管理的转变。同时，我相信该书的出版不仅有助于社会公众更加全面客观地了解生态环境治理的策略，而且能为城市管理者们提供参考。

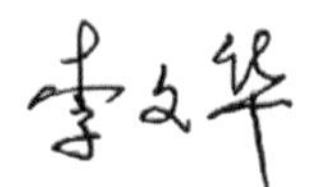

中国工程院院士

2018年6月25日

前　言

党的十八大报告指出：建设生态文明，是关系人民福祉、关乎民族未来的长远大计。面对资源约束趋紧、环境污染严重、生态系统退化的严峻形势，必须树立尊重自然、顺应自然、保护自然的生态文明理念，把生态文明建设放在突出地位，融入经济建设、政治建设、文化建设、社会建设的各方面和全过程，实现中华民族永续发展。因而，科学编制和实施生态治理方案、推动落实科学发展观、建设生态文明，是城市发展之根、人们幸福之源。

然而，目前我国许多城市在生态环境治理过程中普遍存在诸多的现实困境与挑战，影响新型城镇化和农业现代化发展。本书以湖北省荆门市为例，围绕城市生态环境的治理展开阐述。荆门市位于湖北省中部、汉江中下游，是我国长江经济带中小城市的代表之一。以荆门市生态建设为例，总结城市生态治理内容及过程，将为其他城市的生态治理提供参考模板。

《城市生态环境治理方案研究》一书的总体框架结构分为三个部分共十章。第 1 部分包含前四章，通过顶层政策剖析、国际经验借鉴对城市既有规划进行梳理，还通过生态环境评估诊断介绍了城市生态环境治理现状及需求，进一步确定了城市生态治理的重点工作领域、治理目标及路径；第 2 部分包括第五章至第八章的内容，专项研究生态安全格局、绿色产业转型、新型城镇化建设和美丽乡村建设四大板块；第 3 部分是核心工程与保障措施，包括第九章和第十章，在对城市生态现状进行科学诊断与充分评估的基础上，从各项工作任务中筛选出 10 个当前亟待启动的核心工程，科学并有针对性地进行细化和方案落实，确保了任务的顺利实施，改善了城市生态。

本书得到深圳市技术创新计划技术攻关项目——“城市宜居空间智慧模型及个性化决策系统研发”（JSGG20170413173425899）课题支持，在编写过程中还得到了荆门市人民政府常务委员赵俊、荆门市环保局局长贺军等专家及领导的有力指导，并得到荆门市环保局、住建委、发改委、统计局、农业局、林业局、交通局等部门的热情帮助。书中的处理数据、图表结论均属课题组行为，荆门市政府、环保局等部门不承担相关责任。

首先，感谢为本书赐序的李文华院士。李先生是我在中国人民大学的博士生导师，从我踏入生态学领域的第一个研究项目开始，李先生在待人处事、科研工作、生活兴趣方面都对我产生了很大的影响。他严谨的治学之道、精益求精的学术要求、正直高尚的品德深深感染了我，为我树立了终身学习的典范，激励我在科学研究的道路上更加努力和勤奋。

其次，感谢项目组团队成员。其中，深圳市建筑科学研究院股份有限公司刘俊跃副院长对项目的最初框架设计以及后期大量工作给予了认真细致的指导，赖玉珮、彭锐、刘海霞、斯坦福大学的刘枢桐、荷兰代尔夫特理工大学的 Martin De Jong 教授以及北京科技大学的贾洁、张璐艺等课题成员在数据、资料整理和书稿编写工作中给予了支持，每位成员不管在前期调研、资料收集、分析工作还是在后期的校对等诸多方面都做了大量工作。在此，对他们无私的配合与认真的付出表示由衷的感谢。

最后，非常感谢中国环境出版集团对本书出版的大力扶持，并特别感谢尽职尽责、热心负责的丁莞歆责任编辑，还要感谢中国环境出版集团其他相关人士对本书的顺利出版所付出的辛勤劳动。

再次一并表示感谢！

在这本书的写作过程中承载了很多的感受和领悟，在研究中留下了自己在矿山、河道、垃圾场以及绿道的足迹，积累了一些城市生态环境治理的体会和经验。由于城市生态环境治理的研究工作尚处于初步探索阶段，著者水平亦有限，书中可能存在纰漏和错误之处，衷心希望广大读者批评指正。

李　芬

2018 年 7 月 13 日

目 录

坚持人与自然和谐共生，必须树立和践行“绿水青山就是金山银山”的理念。生态城市就是“社会—经济—自然”协调发展并整体生态化的人工复合生态系统，其生态治理体系与生态治理能力是一个相辅相成的有机整体：生态治理体系从根本上决定了生态治理能力的强弱，生态治理能力反过来又会影响生态治理体系的效能。

我国生态环境禀赋丰富，城市的“生态立市”理念首先应从守住生态环境底线入手。守住生态环境底线要究其根源，从生态安全格局建设（合理优化工业布局、建设城市通风廊道等）、绿色产业转型升级、美丽乡村建设、农业面源污染治理、固体废物综合治理、绿色建筑发展、绿色交通联通、生态环境监控平台建设、生态文化宣教等方向着手，从源头对污染源进行管控，同时对已被破坏的水环境、矿山环境进行生态修复与连通。本书将以长江经济带的城市——湖北省荆门市为例，围绕城市生态环境的治理展开阐述。荆门市介于东经111°51′~113°29′、北纬30°32′~31°36′，位于湖北省中部、汉江中下游，是我国处于快速城镇化发展、产业经济转型的中小型城市的代表之一，建材、化工原料、矿产和自然资源丰富，境内水系发达，河流湖泊众多，地形特征为东、西、北三面高，中、南部低。荆门市土地面积为123.4万hm^2，森林面积为39.49万hm^2，森林覆盖率为32.1%，是我国的资源型城市和长江经济带的典型代表城市之一。

本书将通过顶层政策剖析、标杆经验借鉴、既有规划梳理、生态环境诊断、治理需求分析五个维度展开基础研究，为进一步确定生态治理重点工作领域、治理目标及路径提供依据。对于资源环境生态红线管控下的治理体系，应通过划定并严守资源消耗上限、环境质量底线、生态保护红线，强化资源环境生态红线指标约束，将各类社会经济活动限定在红线管控范围之内，形成源头严防、过程严管、责任追究的红线管控制度体系。

鉴于生态环境治理现状问题较多，涉及领域也较多，亟须梳理问题并获取第一手资料，厘清荆门市生态治理工作的优先顺序。本书研究方法包括实地、问卷和数据调研，分别涉及水体、山体环境、历史状况、现状、政策文件等。其中，政策调研从国家上位规划，长江中下游、湖北省、荆门市的规划，国内外标杆多维度对比，生态工程实施现状，既有规划梳理等多方面开展工作。随后进行了六个方面的内容研究——生态空间、生态环境、绿色产业和绿色生活、资源节约利用、城市生态宜居、生态制度，此外，还进行了专项生态治理模型（大气、水、土壤、城市噪声、城市垃圾、农村环境、矿山修复、绿色产业共 8 个模型）和治理责任主体的研究，通过识别敏感因素，确定生态环境治理的领域和重点对象，最后提出生态环境治理工作方案。

由于生态系统的多样性和生态恢复机制的复杂性，目前我国生态环境治理研究大多停留在个案和区域性阶段，对于城市生态系统的恢复治理工作还鲜于剖析。因此，本书以期为我国生态文明顶层设计下的城市生态环境治理工作方案提供先行示范和参考借鉴。

1

第1部分 生态环境治理研究综述

生态环境问题的复杂性使单一的治理主体无法承担并完成治理的责任，随着多元化主体社会的发展，各种社会力量也要求参与到生态治理中去，形成了多元主体共同参与生态治理的新格局。而城市生态环境治理过程中普遍存在的环境保护机制体制不健全、管理方式落后、制度缺位、基础设施薄弱、基本公共服务供给不足等诸多的现实困境与挑战，不仅严重制约城市生态环境治理的实践，也成为影响新型城镇化和农业现代化进程的一个突出短板。

本部分对基本政策进行了分析，针对国内外的大气、矿山、生态环境治理及森林、水环境等方面的内容展开阐述。通过顶层政策剖析、标杆经验借鉴、既有规划梳理、生态环境诊断、治理需求分析五个维度展开基础研究，为进一步确定生态治理重点工作领域、治理目标及路径提供了依据。

1  生态环境治理现状

1.1 基本政策分析

在促进经济发展的同时更好地保护环境是我国现代化建设中需要长期面对的重大挑战。资源相对短缺、环境容量有限已成为我国国情新的基本特征，而环境问题的背后往往是资源的过度消耗，尤其以水资源和土地资源过度消耗为主。当前中国到了必须通过转型升级才能实现经济持续健康发展的关键阶段，而加强环保是转变经济发展方式、促进可持续发展的重要内容。近年来，我国政府高度重视协调好、平衡好发展与环境的关系，致力于加强环境保护和绿色发展，污染治理取得积极成效，陆续从国家、省、市等层面出台了一系列与生态环境保护相关的政策文件。

1.1.1 国家层面：生态文明体制改革深化

生态文明建设是我国特色社会主义事业的重要内容，关系人民福祉、民族未来，同时决定了“两个一百年”的奋斗目标和中国梦的实现。近年来，我国政府高度重视生态文明建设，并且根据我国国情已经陆续出台了一系列关于生态文明建设的相关文件用以指导我国的生态文明建设，同时不断深化生态文明体制改革。

2015 年 7 月 1 日，中央全面深化改革领导小组第十四次会议将“生态建设”设为重要议题，审议通过的五个文件中有四个涉及环境保护——《环境保护督察方案（试行）》《生态环境监测网络建设方案》

《关于开展领导干部自然资源资产离任审计的试点方案》《党政领导干部生态环境损害责任追究办法（试行）》，以制度厘清责任链条，深化生态文明体制改革。

2015年9月23日，中共中央、国务院出台《生态文明体制改革总体方案》，其总体目标是到2020年，构建起由自然资源资产产权制度、国土空间开发保护制度、空间规划体系、资源总量管理和全面节约制度、资源有偿使用和生态补偿制度、环境治理体系、环境治理和生态保护市场体系、生态文明绩效评价考核和责任追究制度这八项制度构成的产权清晰、多元参与、激励约束并重、系统完整的生态文明制度体系，推进生态文明领域国家治理体系和治理能力现代化，努力走向社会主义生态文明新时代。在生态环境治理方面，提出到2020年二氧化硫、氮氧化物、化学需氧量和氨氮等主要污染物排放总量继续减少，大气环境、重点流域和近岸海域水环境质量得到改善，重要江河湖泊水功能区水质量达标率提高到80%以上，饮用水安全保障水平继续提升，土壤环境质量总体保持稳定，环境风险得到有效控制，森林覆盖率达到23%以上，草原综合植被覆盖度达到56%，湿地面积不低于8亿亩，50%以上可治理沙化土地得到治理，自然岸线保有率不低于35%，生物多样性丧失速度得到基本控制，全国生态现状稳定性明显增强等目标要求。

2015年10月26—29日，中共十八届五中全会首次提出创新、协调、绿色、开放、共享五大发展理念，绿色发展被摆在突出位置，生态文明建设首入国家五年规划。

2015年11月8日，国务院办公厅出台《编制自然资源资产负债表试点方案》（国办发〔2015〕82号），旨在通过探索编制自然资源资产负债表，推动建立健全科学规范的自然资源统计调查制度，努力摸清自然资源资产的家底及其变动情况，为推进生态文明建设、有效保护和永续利用自然资源提供信息基础、监测预警和决策支持。2015年12月3日，中共中央办公厅、国务院办公厅出台《生态环境损害赔偿制度改革试点方案》（中办发〔2015〕57 号）。该方案的总体目标是在 2015—2017 年，选择部分省份开展生态环境损害赔偿制度改革试点；从 2018 年开始，在全国试行生态环境损害赔偿制度；到 2020 年，力争在全国范围内初步构建责任明确、途径畅通、技术规范、保障有力、赔偿到位、修复有效的生态环境损害赔偿制度。2016 年 3 月 22 日，中央全面深化改革领导小组第二十二次会议审议通过《关于健全生态保护补偿机制的意见》，要求完善转移支付制度，探索建立多元化生态保护补偿机制；扩大补偿范围，合理提高补偿标准；实现禁止开发区域、重点生态功能区等重要区域生态保护补偿全覆盖。

2016 年 6 月 27 日，中央全面深化改革领导小组第二十五次会议审议通过《关于设立统一规范的国家生态文明试验区的意见》，就推进国土空间开发保护制度、空间规划编制、生态产品市场化改革、建立多元化的生态保护补偿机制、健全环境治理体系、建立健全自然资源资产产权制度、开展绿色发展绩效评价考核等重大改革任务开展试验。2016 年 9 月 22 日，中央全面深化改革领导小组第二十六次会议审议通过《关于省以下环保机构监测监察执法垂直管理制度改革试点工作的指导意见》。在中央文件层面首次提出制定并落实环保责任清单，要求地方党委和政府及其相关部门管发展必须管环保、管生产必须管环保，避免责任多头、责任真空、责任模糊。2016 年 12 月 2 日，据新华社报道，习近平总书记对生态文明建设做出重要指示并强调，生态文明建设是“五位一体”总体布局和“四个全面”战略布局的重要内容。李克强总理指出，生态文明建设事关经济社会发展全局和人民群众切身利益，是实现可持续发展的重要基石，应切实抓好大气、水、土壤等重点领域污染治理。2017 年 3 月 7 日，为切实加强农用地土壤污染防治、逐步改善土壤环境质量、保障农产品质量安全，农业部印发了《关于贯彻落实〈土壤污染防治行动计划〉的实施意见》（以下简称《意见》）（农科教发〔2017〕3 号）。《意见》明确指出，到 2020 年，完成耕地土壤环境质量类别划定，土壤污染治理有序推进，耕地重金属污染、白色污染等得到有效遏制；到 2030 年，受污染耕地安全利用率达到 95%以上，全国耕地土壤环境质量状况实现总体改善，对粮食生产和农业可持续发展的支撑能力明显提高。

2017 年 3 月 24 日，环境保护部印发《近岸海域污染防治方案》（环办水体函〔2017〕430 号），确定了主要目标："十三五"期间，全国近岸海域水质稳中趋好；2020 年沿海各省（区、市）近岸海域Ⅰ、Ⅱ类海水比例达到目标要求，全国近岸海域水质优良（Ⅰ、Ⅱ类）比例达到 70%左右；入海河流水质与 2014 年相比有所改善，且基本消除劣于Ⅴ类的水体。

2017 年 10 月 18—23 日，党的十九大报告指出，加快生态文明体制改革，建设美丽中国。一要推进绿色发展；二要着力解决突出环境问题；三要加大生态系统保护力度；四要改革生态环境监管机制。

2018 年 3 月 13 日，将原环境保护部的职责，国家发展和改革委员会的应对气候变化和减排职责，国土资源部的监督防止地下水污染职责，水利部的编制水功能区划、排污口设置管理、流域水环境保护职责，农业部的监督指导农业面源污染治理职责，国家海洋局的海洋环境保护职责，国务院南水北调工程建设委员会办公室的南水北调工程项目区环境保护职责整合，组建生态环境部，作为国务院组成部门。这个改革是以习近平同志为核心的党中央实现深化改革总目标的一个重大举措，是体现坚持以人民为中心发展思想的一个具体行动，是推进生态环境领域、生态文明建设领域、治理体系现代化和治理能力现代化的一场深刻变革。

1.1.2 区域层面：长江经济带生态优先、绿色发展

长江流域是我国经济发展的重心之一，也是我国重要的生态宝库。从长江经济带发展层面上看，大力保护长江生态环境是推动长江经济带发展的第一要务。2016 年 9 月，《长江经济带发展规划纲要》（以下简称《纲要》）正式印发，围绕"生态优先、绿色发展"基本思

路，努力建成上中下游相协调、人与自然相和谐的绿色生态廊道。《纲要》从规划背景、总体要求、大力保护长江生态环境、加快构建综合立体交通走廊、创新驱动产业转型升级、积极推进新型城镇化、努力构建全方位开放新格局、创新区域协调发展体制机制和保障措施等方面描绘了长江经济带发展的宏伟蓝图（图 1-1）。把生态保护摆在优先位置，走绿色可持续发展道路，不仅是对自然规律的尊重，也是对经济规律、社会规律的尊重。把修复长江生态环境摆在压倒性位置，一方面可以强化长江全流域生态修复，增强长江生态功能，改善长江经济带发展环境，发挥其在生态文明建设中的先行示范作用；另一方面可以倒逼长江经济带加快转变经济发展方式，率先走出一条绿色、低碳、循环发展的道路。

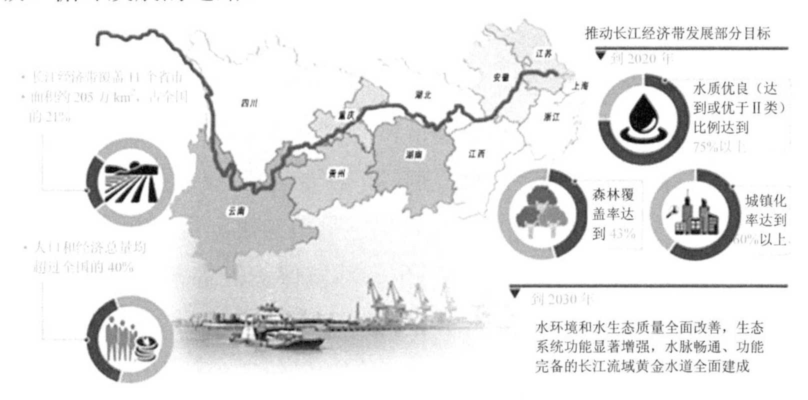

图 1-1　长江经济带发展部分目标

1.1.3　省级层面：增添创新发展的绿色动能

从湖北省看，省政府高度重视生态文明的发展，并采取了多项措施、发布了一系列相关文件来贯彻落实国家政策。继 2016 年 7 月国家出台《关于省以下环保机构监测监察执法垂直管理制度改革试点工作的指导意见》（中办发〔2016〕63 号）之后，湖北省以党委或政府名义提出了改革试点申请。2016 年 8 月，党中央、国务院决定在辽宁省、浙江省、河南省、湖北省、重庆市、四川省、陕西省新设立7个自贸试验区。其中，湖北省主要是落实中央关于中部地区有序承接产业转移、建设一批战略性新兴产业和高技术产业基地的要求，发挥其在实施中部崛起战略和推进长江经济带建设中的示范作用。此外，湖北省还是唯一定位为战略性新兴产业和高技术产业基地的省份。湖北省自贸区的创新发展带来了降低成本、吸引人才、引进技术、资金流入、税收优惠五大优势，也给荆门市创新发展增添了绿色动能。

1.1.4 地方层面：坚持生态立市，建设生态荆门

荆门市是我国长江经济带中小型城市的代表，市政府高度重视经济发展与生态环境的协调统一，从多个层面、多个角度发布和执行了一系列政策文件和措施来贯彻落实国家和湖北省的政策方案。2016年1月，为深入贯彻党的十八大和十八届五中全会精神，加快推进生态文明建设，探索产业转型、城市转型的可持续发展之路，提高发展的平衡性、包容性、可持续性，荆门市出台了《中共荆门市委　荆门市人民政府关于坚持生态立市建设生态荆门的决定》。2016年9月9日，荆门市环保局发布《荆门市生态环境保护促进条例（征求意见稿）》，主要包括水、大气、固体废物、噪声等方面的生态文明治理和生态环境保护的内容，并制定了相应的保障机制和法律机制。

牢固树立“创新、协调、绿色、开放、共享”的发展理念，坚持生态优先、绿色发展，是推动城市生态发展的总体要求。“在保护的前提下发展，实现经济发展与资源环境相适应，而不是鼓励新一轮的‘大干快上’，这是荆门市环境保护发展战略最重要的要求，也是推进经济发展的出发点和立足点。”这一举措有利于实现更高质量、更有效率、更加公平、更可持续的发展，而在开发建设之前，还要开展生态本底诊断，进行科学论证。

1.2　国外生态环境治理经验

国外对生态治理的研究方法由于国情不同，其侧重点也不同。本节将从大气污染治理、矿山修复、生态修复、森林、河流、湖泊、废弃地修复等多个方面对国外案例进行梳理和总结。

1.2.1　大气污染治理

大气污染作为出现最早也最为严重的一个环境污染问题，国际上对其治理措施大致相同，主要包括立法管控、产业优化升级、减少化石能源的使用等。例如，芬兰通过立法和实施各种治理办法来控制大气污染：工厂一律采用天然气作为燃料，民宅集中供暖；能源采用热电联产技术，发电同时生产热能；广泛采用核能、天然气、地热、太阳能、风能等新能源；改进城市交通规划，重工业搬离城区。再如，比利时通过立法和淘汰落后产能，大力发展外贸服务业等第三产业；改良汽车发动机，采用硫含量更低的汽油；通过减少公共建筑取暖、实行免费公共交通、鼓励绿色出行等方式使环境得到有效治理。此外，美国、日本、德国、墨西哥等国家通过发展公共交通、车辆限行、增加城市植被面积和环保方面的科研投入、完善空气质量监测系统和信息公开、工厂采用脱硫除氮的新设备、兴建屋顶花园和墙上“草坪”、建立政府—企业—公众一体化管理机制、汽车安装微粒过滤装置和开发高效能发动机以及制定恰当的产业、税收和补贴政策等多项措施取得了不错的治理成果（陈广仁　等，2014）。

1.2.2　矿山环境修复

矿山环境方面，国外普遍采用的技术有废弃地复垦技术、土壤生态修复改良技术等，并取得了大量的成功经验。早在 1969 年英国政府就颁布了《矿山采矿场法》，提出矿主开矿时必须同时提出生态恢复计划及管理计划，并制定了生态恢复的衡量标准（李树志 等，1998）。英国在矿区废弃地通过选择耐贫瘠的豆科植物并合理配置乔木、灌木、草本植物等改良了土壤（阮淑娴，2014）。美国在矿区废弃地生态修复方面提出“师法自然”生态修复法，其内涵是应用现代“3S”技术，在对扰动区或周边地形、地貌、水文、气象、气候等条件进行详细了解和调查的基础上，利用计算机模拟技术设计出一种近似自然地理形态的人工修复模型，并按照设计模型进行施工（张成梁 等，2011）。

根据欧洲土壤数据中心（European Soil Data Center）的统计数据，如今欧洲各国治理土壤污染的资金主要有公共和私人两种来源，尤其在治理成本较高的比利时、荷兰和法国，私人资金成为防治土壤污染经费的主要来源。

1.2.3 生态修复

生态修复方面，哥伦比亚通过良好的规划、治理和管理政策及工程来促进生态环境的治理（Carolina Murcia et al.，2015）。日本的水环境修复技术包括保护景观和生物多样性在内的“以自然为导向的河流工作”，并以国土资源部、基础设施和交通运输部为牵头部门，通过生态修复工程治理河流和湿地污染（K. Nakamura and K. Tockner，2004）。

1.2.4 森林恢复

受人类活动的影响，欧洲的森林数量大大减少，林分也发生很大改变。例如，过度追求经济利益导致挪威云杉和苏格兰松的数量迅速增长，而使欧洲的许多地区出现了大面积的人工阔叶林和混交林。环境压力（如空气污染、病虫害、暴风雪和垃圾的堆积等）已经严重影响了森林生态的自我恢复能力。因此，自然林地的恢复和重建成为欧洲森林生态系统可持续发展的重要内容。

由于天然阔叶林被破坏，自从 18 世纪末以来欧洲种植了很多的人工松林，可持续森林管理的目标就是要对这些单一栽培的松林进行保育，主要包括松和云杉。例如，英国苏格兰从 1988 年以来开始投入实施针对本地松林的恢复计划，主要采取以下方法恢复苏格兰本地松林：在有林地残留的地区扩大树种的数量，调整其与农业结构的不平衡，减少牧群以扩大林地面积；在过去是松林的地方通过控制放牧重新引进当地树种；去掉引进的针叶林，如北美云杉、日本落叶松、小干松和残留松林中非当地树种；留出未种植的区域，鼓励自然恢复，以建立一个更加多样性的森林环境。到 2001 年，苏格兰总共投资 2 700 万英镑恢复了约 3 000 hm^2 现存林地，种植了 11 000 hm^2 的当地林，共包括 70 多个项目，对全苏格兰近 400 个林地采取措施，政府不同部门之间的合作、志愿者和民间团体均对保护行动起了很大作用。

1.2.5 河流恢复

英国在 20 世纪 90 年代开始了 Idle 河流恢复重建计划，通过增加河流生境异质性和提供主要的沉积路径来改善河段的生境质量，并对河流结构地貌影响因素的监测和模拟在各个尺度上进行了研究，同时运用了“河道地貌模拟”来评价恢复河段方案的成功度，取得了很好的效果（Downs P W et al.，2000）。2001 年，欧盟通过了《欧盟水框架法令》，要求其成员国为每个流域建立综合的流域管理委员会，以确保到 2015 年河流健康状态良好（Merritt D M et al.，2006）。

1.2.6 湖泊恢复

瑞典“宏博亚湖（Lake Hornborga）恢复计划”被称为欧洲最壮观的恢复工程之一，由国家出资完成。瑞典环境保护署通过获得大面积的土地来推动此次恢复，同时利用机械处理、燃烧以及提高水位等方法来恢复湖泊和大面积的季节性泛滥草原。以湿草原斑块为特征的区域面积由 50 hm^2 上升到大约 600 hm^2，同时这片区域的涉禽和野生鸟类的数量也显著增加，许多牲畜动物得以保育，包括家畜羊、牛、马、猪等。湖边的区域也为鹤类在春秋季提供了重要的迁徙停留地。然而，此次工程能否应用于其他国家，或者瑞典国内的其他地方，仍颇有争议。恢复活动持续了 10 年，从 1991 年到 1996 年都对恢复工程进行了严格的管理，监督费用约 900 万欧元，这并不包括其中的维护和监测费用。恢复后的宏博亚湖成为瑞典最受欢迎的自然保留地之一，每年的旅游业收入可达 62 000 欧元（Zeren Gurkan et al.，2006）。

1.2.7 废弃地环境恢复

德国于 1989 年开始对鲁尔工业区 Tyssen 钢铁厂进行生态恢复，决定将其改造为公园，成为埃姆舍公园的组成部分。1994 年，在该厂废弃厂址上通过生态恢复而建成的杜伊斯堡公园部分开放。在公园规划之初，工厂遗留下来的废弃建筑和废弃物如货棚、矿渣棚、烟囱、鼓风炉、铁路、桥梁、沉淀池、水渠、起重机等都成了难以解决的问题。公园的设计师彼得·拉茨用生态的手段对这些破碎的地段进行处理，成为城市工业废弃地生态恢复为城市公园的一个经典案例。杜伊斯堡公园今天的生机与 10 年前 Tyssen 钢铁厂厂区的破败景象形成了鲜明的对比。该公园的改造为德国的城市生态建设赢得了良好的国际声望，启发了人们对城市废弃地生态恢复含义与作用的重新思考，推动了城市废弃地生态恢复的浪潮。

1.3 国内生态环境治理经验

我国的生态环境治理从 20 世纪初期开始，主要围绕大气污染治理、水环境修复、矿山及土壤修复等内容展开。

1.3.1 大气污染治理

我国大气污染治理方面的常规治理措施包括减少污染物排放量，

支持风能、水能以及太阳能的应用；新技术的应用，如冷凝技术、液体吸收技术、除尘消烟技术和回收处理技术等；利用大气自净能力；加强城市绿化面积；合理安排工业布局；控制燃煤污染（邓学文，2014）。我国部分城市通过采取一系列措施取得了良好效果：①合理调整产业结构及优化工业企业布局和转型升级；②改变能源消费结构，减少煤炭、石油等石化燃料的使用量，加大清洁能源的使用力度；③增加人均绿地面积；④不断完善交通规划，推动公共交通基础性设施建设，完善公交线路，发展地铁交通，提倡绿色出行；⑤提高建筑物的设计标准，加大节能减排新技术的研发和应用。另外，石家庄市在大气环境治理领域取得了显著成效，成功引入区域间排污许可权交易机制、尝试机动车排污分级收费制度等措施使该市空气质量逐渐转好（赵欣蕊，2016），值得推广借鉴。

1.3.2 水环境修复

对于水环境来说，水文条件恢复可以通过湖泊水位调控、河流廊道恢复、配水工程技术等完成；水质改善可以通过污水处理、湖泊富营养化控制、人工浮岛等技术实现（柴培宏　等，2010）。研究者们多采用注重生物多样性等生物修复措施治理水污染（方国华　等，2009）。现有的湖滨机制-水文-生物一体化修复技术充分利用湖滨带既有土质基质，既解决了水生生物的生存环境问题，又实现了环境治理（陈云峰　等，2012）。新型的生物修复技术以浮床种稻-原位修复技术、稻田湿地-异位修复、稻鱼生态种养三种方式为主来修复水生态环境（冯金飞　等，2014）。例如，“鱼-菜”共生模式对于湖泊生态环境保护有一定的作用（宋超　等，2012）。

1.3.3 矿山及土壤修复

矿山修复方面，当前的修复手段常见的有生态修复技术和模式等。生物修复模式包括景观开发利用模式，如建立矿山主题公园；建筑用地模式，如开发成商业住房用地、工业园区用地等建设用地；农业用地模式；林业（果业）用地模式（董文龙　等，2016）。

近几年，国内对生态治理的方法研究侧重于生态、矿山和水环境、大气等方面，而关于土壤方面的则较少。土壤治理方面，现有的研究方法有物理修复、化学修复、生物修复、农业生态和联合修复（樊霆　等，2013）。而在土壤肥力提升方面，主要利用微生物肥料进行生态修复治理（黄勇　等，2016）。土壤肥力可通过少耕、免耕技术和生物培肥技术等提升；土壤生态修复针对具体的地形和地貌特征选取植物并采取不同的种植方式进行试验治理，如喀斯特地貌的土壤生态修复以花椒、金银花、香椿乔-灌-藤混交种植方式治理，取得了不错的成效（龙健　等，2006）。在土壤环境方面，轮耕、休耕（免耕）都可以为土壤肥力提升提供一定的助力（李玉洁　等，2015）。此外，施肥、翻地、施用芦苇碎屑的方式也能改良土壤的盐分（管博　等，2011）。

1.4　借鉴与启示

我国将“绿色”提升到“发展理念”的理论高度，这是前所未有的举措，体现了对生态文明发展的高度重视。在全球范围内，有关生态治理的理论研究与实践探索尚不足半个世纪，但已成为当前各国重视的焦点和生态学研究的热点之一。美国、欧洲及亚洲一些发达国家在生态恢复方面实践较早，形成了一些关于通过生态网络规划、景观规划设计、生态恢复工程、自然生态管理与生态重建研究等多种途径实现生态恢复目标的方法，治理及恢复的领域涵盖了森林、草地、河流、湿地、湖泊、沼泽、海岸带、矿区废弃地、城市河道以及城市绿地等多种生态类型，对我国快速城乡建设过程中的生态恢复实践具有一定借鉴意义。但发达国家走过的“先污染后治理”“将污染转嫁到发展中国家”的道路，我国无法复制。因此，我们将基于国内外生态治理方法的研究，探索一条适宜我国国情、符合不同城市特点的生态治理之路。

欧洲生态恢复的成功案例为我国的生态恢复建设工作提供了以下四点借鉴经验，涵盖了法规、多边合作、公众参与和资金支持等多个方面。

（1）欧洲的生态恢复在资金投入方面目前的投资规划大多只涉及1～3 年，至多 5 年。在我国的很多城市也面临同样的问题，因此需要在今后的生态恢复实践中制订长期的恢复计划以获得连续的资金支持。

（2）在欧洲，大尺度的生态恢复项目取得了很好的效果。我国许多受损生态系统也可以从欧洲的案例中吸取经验，从系统性的角度全面考虑，这样将会提高恢复效果。

（3）欧洲很多国家的民间团体能够充分表达公众的意见，对政府的生态恢复项目进行社会支持，而目前我国的大部分城市在公众参与方面还处于初级阶段，今后需要充分发挥公众参与的作用。

（4）生态恢复项目在很大程度上属于公益性项目，往往投入大于回报，效果不明显，所以应当从欧洲的经验中学习，建立相应的政策和法律支持体系，制定具体的恢复规划，以保证生态恢复实践的可执行度。

总的来说，由于生态系统的多样性和生态恢复机制的复杂性，目前各国的研究大多还处于个案或区域性阶段。对大尺度生态系统的恢复机制还没有进行深刻的阐述。另外，生态恢复的实践即使在经济发达国家也处于试验阶段，面积和尺度较小，还缺乏区域层面或系统水平的综合研究和实践投入，同时在时间上也比较短，目前已恢复成功的案例缺乏时间检验。

2 生态环境治理规划经验分析

2.1 生态治理基本框架

根据《中共中央　国务院关于加快推进生态文明建设的意见》（中发〔2015〕12 号）中严守资源环境生态红线的部署要求，以及《关于加强资源环境生态红线管控的指导意见》（发改环资〔2016〕1162 号）等内容，我国的生态治理应统筹考虑资源禀赋、环境容量、生态状况等基本情况，合理设置生态红线管控指标，保障资源和生态环境安全，促进发展质量和效益提升，构建人与自然和谐发展的建设新格局，设定资源消耗上限、严守环境质量底线、划定生态保护红线，形成源头严防、过程严管和责任追究的红线管控制度体系（图 2-1）。

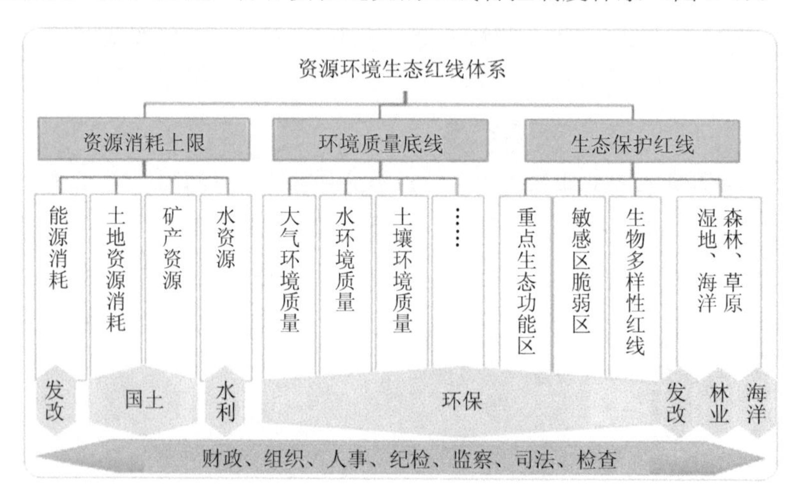

图 2-1　资源环境生态红线体系

2.2 生态治理规划总结

2011—2017 年，从国家、省份到地方出台了 90 余项与生态环境治理相关的规划与配套政策。从治理对象来看，目前这些政策主要集中于大气污染防治、水污染防治领域。

综观已有的规划，种类繁多，自成体系。由于部门职能交叉，出台的相关规划与文件常常各自为政、缺乏协调，规划垂直效应明显，而横向上难以协调。一些规划空间重叠，因出台部门不同而出现内容上的重复、时间上的错位，形成一定的衔接困局。从规划目标上看，一些规划目标冲突，亟须优化整合。因此，本节将对上位规划和荆门市既有规划进行综合梳理，共梳理出 3 项综合规划、13 项大气污染规划、6 项水污染相关规划、5 项土壤相关规划，近 300 多个指标（图 2-2）。其中的规划目标，为后续确定统一的治理目标提供了依据和参考。此外，整理规划文件中的治理措施方向，了解已有工作任务，也为下一步推出综合治理方案提供了依据。

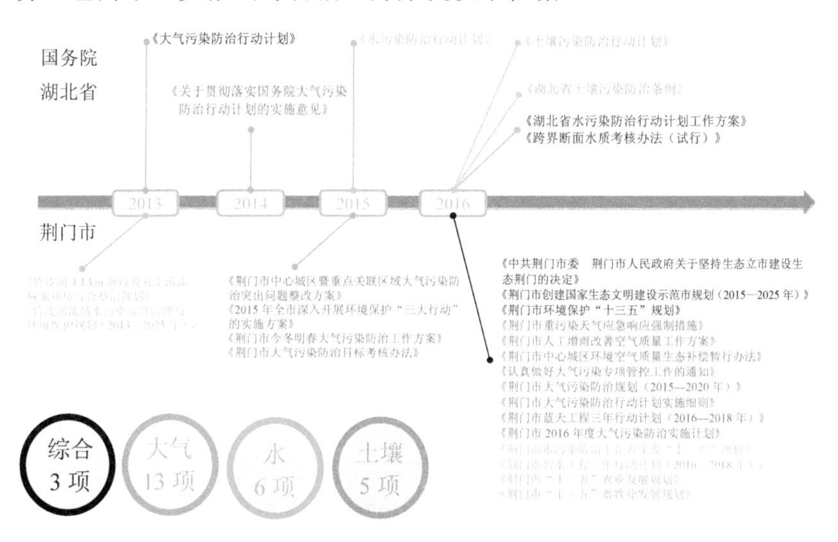

图 2-2　大气、水与土壤污染防治相关规划时间轴（部分）

2.2.1 生态环境综合治理相关规划

（1）国务院：《中共中央 国务院关于加快推进生态文明建设的意见》

2015 年 4 月，国务院出台《中共中央 国务院关于加快推进生态文明建设的意见》并提出相应的生态文明建设主要目标和具体措施。生态文明建设的主要目标是到 2020 年，资源节约型和环境友好型社会建设取得重大进展，主体功能区布局基本形成，经济发展质量和效益显著提高，生态文明主流价值观在全社会得到推行，生态文明建设水平与全面建成小康社会目标相适应。重点体现在四个方面：国土空间开发格局进一步优化、资源利用更加高效、生态环境质量总体改善、生态文明重大制度基本确立。

（2）国务院：《关于健全生态保护补偿机制的意见》

为进一步健全生态保护补偿机制，加快推进生态文明建设，2016 年 5 月国务院印发了《关于健全生态保护补偿机制的意见》（国办发〔2016〕31 号），目标任务为到 2020 年，实现森林、草原、湿地、荒漠、海洋、水流、耕地等重点领域和禁止开发区域、重点生态功能区等重要区域生态保护补偿全覆盖，补偿水平与经济社会发展状况相适应，跨地区、跨流域补偿试点示范取得明显进展，多元化补偿机制初步建立，基本建立符合我国国情的生态保护补偿制度体系，促进形成绿色生产方式和生活方式。

（3）国务院：《“十三五”生态环境保护规划》

国务院常务会议于 2016 年 11 月通过了《“十三五”生态环境保护规划》（国发〔2016〕65 号）（以下简称《规划》），为美丽中国建设画出清晰的路线图。《规划》确定，“十三五”环保工作的总体思路和目标追求是以改善环境质量为核心，以解决生态环境领域的突出问题为重点，全力打好补齐生态环境短板攻坚战和持久战，确保到 2020 年实现生态环境质量总体改善的目标，为人民群众提供更多优质生态产品。基本原则包括坚持绿色发展、标本兼治；质量核心、系统施治；空间管控、分类防治；改革创新、强化法治；履职尽责、社会共治。《规划》提出 12 项约束性指标，主要包括地级及以上城市空气质量优良天数、细颗粒物（$PM_{2.5}$）未达标地级及以上城市浓度、地表水质量达到或好于Ⅲ类水体比例、地表水质量劣Ⅴ类水体比例、森林覆盖率、森林蓄积量、受污染耕地安全利用率、污染地块安全利用率、化学需氧量排放总量、氨氮排放总量、二氧化硫排放总量、氮氧化物排放总量。

（4）湖北省：《湖北生态省建设规划纲要（2014—2030 年）》

《湖北生态省建设规划纲要（2014—2030 年）》（以下简称《纲要》）由湖北省环保厅发布，是推进湖北省生态文明建设的指南。《纲要》提出 2014—2030 年，力争用 17 年左右的时间，使湖北在转变经济发展方式上走在全国前列，经济社会发展的生态化水平显著提升，生态文明意识显著增强，全省生态环境质量总体稳定并逐步改善，保障人民群众在“天蓝、地绿、水清”的环境中生产生活，基本建成空间布局合理、经济生态高效、城乡环境宜居、资源节约利用、绿色生活普及、生态制度健全的“美丽中国示范区”。为了实现这一目标，《纲要》提出“保底线、强基础、抓重点、补短板、树亮点、依法制”的总体思路，结合国家要求和湖北省实际设计了 35 项具体指标，涉及制度建设、国土空间开发、绿色经济等方面，彰显了湖北特色。

（5）荆门市：《荆门市城市总体规划（2013—2030 年）》

《荆门市城市总体规划（2013—2030 年）》于 2014 年获批。规划将目标分解为经济、社会人文、资源、环境共四大类，有 15 类二级指标、26 项指标，并分近、中、远期执行，其中近期为 2015 年，中期为 2020 年，远期为 2030 年。四大类目标中，资源大类涵盖水资源、能源、土地资源三个二级指标类，共 6 项指标；环境大类涵盖生态、污水、垃圾和大气四个二级指标类，共 7 项指标。为完成以上四类指标，规划设计了三章内容，分别为第九章（市域生态保护与建设规划）、

第十章（市域资源节约、保护与利用规划）和第十二章（市域环境保护规划），对全市生态恢复与治理，典型生态系统保护，土地利用结构和空间布局优化，水土资源保护、节约与综合开发，清洁能源型城市建设，能源集约利用，污染物总量控制，污染治理等多方面提出规划措施。

该规划是荆门市全面统筹和发展的纲领。生态环境治理是对总体规划中涉及生态环境保护章节的具体细化，服从总体规划的要求，因此在本质上二者是一致的。

（6）荆门市：《关于坚持生态立市建设生态荆门的决定》

2016 年，荆门市政府出台《中共荆门市委　荆门市人民政府关于坚持生态立市建设生态荆门的决定》（以下简称《决定》）。《决定》提出了生态荆门的目标任务：到 2020 年，主体功能区布局基本形成，发展方式转变取得重大进展，生态环境质量明显改善，生态文明意识显著增强，率先在全省建成国家生态文明试验区。任务体现在七个方面：①生态空间合理，经济、人口布局向均衡方向发展，城镇化格局、产业发展格局、生态空间格局科学合理；②产业绿色发展，产业发展生态化、生态建设产业化，经济绿色化程度大幅提高；③资源节约利用，资源能源利用效率得到提高，资源环境约束得到有效缓解；④绿色生活普及，绿色健康的生活方式、绿色低碳的消费模式成为风尚；⑤城市绿色宜居，城市功能持续完善，城市能级不断提升，老城区改造要贯彻绿色思维，减压疏解，增加绿地和公共空间，城市新区要以“绿”为脉，打造山水、人居等要素共存共荣的生态系统；⑥生态环境优良，污染防治全面加强，环境质量持续向好，生态系统保持稳定，环境安全得到保障，主要污染物排放总量持续减少，不发生严重污染天气，建成区黑臭水体基本消除，化肥农药施用量实现“零增长”；⑦生态制度健全，源头预防、过程控制、损害赔偿、责任追究的生态文明制度体系基本形成，自然资源资产产权和用途管制、生态保护红线、耕地保护红线、生态保护补偿、生态环境保护管理体制等关键领域制度建设取得决定性成果。

（7）荆门市：《荆门市环境保护“十三五”规划》

《荆门市环境保护“十三五”规划》由荆门市环保局于2016年发布。该规划将目标分解为大气、水、噪声、固体废物四大方面、22个控制单元、36项指标体系，规划时段为2016—2020年，覆盖荆门中心城区、钟祥市、京山县、沙洋县、屈家岭管理区。其中，涵盖7个总量控制指标、9个生态环境质量指标、5个资源利用及污染防治指标、3个环境风险防控指标、6个农村环境保护指标、6个环境管理指标。为完成以上工作内容，该规划从资金和治理对策以及可行性方面分析了推进完成的各项工程和措施。

（8）荆门市：《荆门市创建国家生态文明建设示范市规划（2015—2025年）》

《荆门市创建国家生态文明建设示范市规划（2015—2025年）》从社会、经济、人文、生态、环境共五个方面论述了生态市建设的总体目标，规划基准年为2014年，规划期为2015—2025年，并将其分解为国家生态文明建设示范市全面建设阶段（2015—2020年）和完善提升阶段（2021—2025年）两个阶段目标，共38项指标体系，涵盖国家生态文明建设示范市指标35项，新增地方特色指标3项。该规划特意提出了专项实施，内容涉及大气污染治理、水环境修复、土壤修复、固体废物综合利用和噪声污染防治共五个方面，以做到生态与环境同步进行，同时着重建设资源节约型、绿色能源型的社会。

综合以上各项规划文本，内容均涉及生态、环境、人文、经济、资源、能源等方面，具体表现为大气污染治理、水环境治理、土壤环境治理、矿山修复、城市垃圾、噪声防治等。涵盖的部门有环保局、发改委、住建委、规划局、林业局、统计局、农业局、国土局和经信局。另有五个单项规划的范围为畜牧业、灾害防治、农村生态环境、秸秆、农业面源污染。

2.2.2 大气环境治理相关计划

自2013年国务院发布《大气污染防治行动计划》(国发〔2013〕37号)以来，为应对日益严峻的大气环境污染问题，我国政府先后出台了专门针对大气污染的防治计划、实施方案及具体的细则共计12项，牵头部门以环保部门为主，人民政府、发展和改革委、农业、林业等各方协调支持。在任务目标方面，主要对空气质量优良率、大气污染物浓度及污染排放总量提出了要求。具体治理措施包括关停和整改电力、化工、水泥等高耗能产业，推动新能源的开发、强化机动车污染防治、加强扬尘等面源污染治理等，涵盖产业、能源、交通、污染控制等多个方面。

(1)国务院:《大气污染防治行动计划》

国务院2013年发布《大气污染防治行动计划》(以下简称《行动计划》)，是当前和今后一个时期内全国大气污染防治工作的行动指南。《行动计划》提出，经过五年努力，使全国空气质量总体改善，重污染天气较大幅度减少，京津冀、长三角、珠三角等区域空气质量明显好转；力争再用五年或更长时间，逐步消除重污染天气，全国空气质量明显改善。具体指标是到2017年，全国地级及以上城市可吸入颗粒物(PM_{10})浓度比2012年下降10%以上，优良天数逐年提高；京津冀、长三角、珠三角等区域细颗粒物浓度分别下降25%、20%、15%左右，其中北京市细颗粒物年均浓度控制在60 $\mu g/m^3$左右。

为实现以上目标，《行动计划》确定了十项具体措施：一是加大综合治理力度，减少多污染物排放；二是调整优化产业结构，推动经济转型升级；三是加快企业技术改造，提高科技创新能力；四是加快调整能源结构，增加清洁能源供应；五是严格投资项目节能环保准入，提高准入门槛，优化产业空间布局，严格限制在生态脆弱或环境敏感地区建设“两高”行业项目；六是发挥市场机制作用，完善环境经济政策；七是健全法律法规体系，严格依法监督管理；八是建立区域协作机制，统筹区域环境治理；九是建立监测预警应急体系，制定完善并能及时启动的应急预案，妥善应对重污染天气；十是明确各方责任，动员全民参与，共同改善空气质量。

（2）湖北省：《关于贯彻落实国务院大气污染防治行动计划的实施意见》

2014 年 1 月，为贯彻落实《国务院关于印发大气污染防治行动计划的通知》，进一步加强大气污染防治工作，不断改善全省大气环境质量，结合湖北省实际，湖北省人民政府办公厅以鄂政发〔2014〕6 号文发布了《关于贯彻落实国务院大气污染防治行动计划的实施意见》。

该意见总体要求到 2017 年，全省城市环境空气质量总体得到改善，重污染天气大幅减少。力争到 2022 年，基本消除重污染天气，全省空气质量明显改善，地级及以上城市空气质量基本达到或优于国家空气质量二级标准。具体而言，要求到 2017 年，全省可吸入颗粒物年均浓度较 2012 年下降 12%，其中武汉市、襄阳市、荆门市、孝感市可吸入颗粒物年均浓度较 2012 年下降 18%。

为达成上述目标，湖北省政府制定了具体的治理方法和措施：推进产业结构调整，切实转变经济发展方式，加强科技研发，提升产业发展水平，深化工业污染治理，大力推进污染减排工作，强化机动车污染防治，加速黄标车淘汰进程；加强扬尘控制，深化面源污染治理等，涵盖行业、交通、能源等方面。

（3）荆门市：《荆门市大气污染防治规划（2015—2020 年）》

《荆门市大气污染防治规划（2015—2020 年）》以 2014 为基准年，总体目标是到 2020 年，基本消除重污染天气，全市空气质量得到有效改善。第一期（2015—2017 年）：全市 PM_{10} 年均浓度下降至 84 μg/m^3（较 2014 年削减 24%），$PM_{2.5}$ 年均浓度下降至 52 μg/m^3；城市环境空气质量总体得到改善，重污染天气大幅减少。第二期（2018—2020 年）：基本消除重污染天气，全市 PM_{10} 年均浓度下降至 79 μg/m^3（较

2014 年削减 28%），$PM_{2.5}$ 年均浓度下降至 49 μg/m^3，全市环境空气质量得到有效改善。

结合“十二五”期间荆门市污染物排放量大、排放强度高、可吸入颗粒物为主要污染物、烟（粉）尘排放量呈现快速上升趋势的污染特征，荆门市政府制定了具体的污染治理方法和措施：第一阶段，工业企业治污减排，加速淘汰落后产能，提高行业准入技术和规模门槛，全面取缔、整治分散燃煤锅炉，实现煤炭消费总量控制，淘汰黄标车、油品升级、机动车排放标准升级，加强施工扬尘、道路交通扬尘等扬尘的管理；第二阶段，逐步调整产业和能源结构，强化清洁生产和循环经济，涵盖了产业、能源、交通等方面。

（4）荆门市：《荆门市蓝天工程三年行动计划（2016—2018 年）》

由荆门市环境保护局主持，在各区县政府、相关部门共同参与下推出了《荆门市蓝天工程三年行动计划（2016—2018 年）》。

该计划的工作目标是通过三年（2016—2018 年）的努力，使荆门市主要污染物排放得到进一步控制，中心城区环境质量明显改善，全面完成湖北省下达的大气主要污染物减排任务。PM_{10} 年日平均浓度逐年下降，2018 年 PM_{10} 年日平均浓度低于 2017 年。

为达成目标，该计划还制定了以下十条具体的治理方法和措施：①调整产业布局；②优化能源结构；③深化重点行业工业污染治理；④强化机动车污染防治；⑤加强城市扬尘污染防治；⑥加强油烟污染防治；⑦强化秸秆禁烧和综合利用；⑧强化矿山污染治理；⑨强化城区及周边区域料场、煤场监管；⑩加强监测和应急能力建设。这十方面涵盖了产业、能源、交通、农村等。

（5）荆门市：《2016 年度大气污染防治实施计划》

为持续改善荆门市大气环境质量，促进荆门市生态文明建设，根据国家和湖北省人民政府要求，结合荆门市实际，荆门市环境保护委员会制定了《2016 年度大气污染防治实施计划》。提出总体目标：2016 年，中心城区环境空气质量总体得到改善和优化，重污染天数逐渐减少。为达成目标，该计划制定了具体的实施方法和措施：降低煤炭消费比重，中心城区严禁新建、改建、扩建除热电联产外的燃煤电厂，高污染燃料禁燃区内禁止使用煤炭等高污染燃料，加快能源消费结构调整，加大推广天然气、太阳能、水、电等清洁能源的使用；优化产业结构空间布局，鼓励玻璃、化工、重金属、水泥等重污染企业环保搬迁、退城进园，采用清洁生产工艺，配套建设高效脱硫、脱硝、除尘设施，全面禁止中心城区新建每小时 20 蒸吨以下的燃煤锅炉、其他地区新建每小时 10 蒸吨以下的燃煤锅炉等，涵盖了能源、产业、交通等方面。

（6）荆门市：2016 年度大气污染防治配套方案

除了前述所列的大气污染防治规划，荆门市在 2015 年、2016 年还相继出台了一系列配套方案，其中 2016 年出台的方案有《重污染天气应急响应强制措施》《荆门市人工增雨改善空气质量工作方案》《荆门市中心城区环境空气质量生态补偿暂行办法》三项。《重污染天气应急响应强制措施》对预防重污染天气发生并最大限度地降低重污染天气造成的危害等方面的工作做出具体指导；《荆门市人工增雨改善空气质量工作方案》《荆门市中心城区环境空气质量生态补偿暂行办法》对积极应对大气污染、实施气象干预措施提出了要求。通过这些措施的制定与实施，预期可防治大气污染，促进空气质量不断改善，完成空气质量年度工作目标。

2.2.3 水环境治理相关规划

（1）国务院：《水污染防治行动计划》

2015 年 4 月国务院印发《水污染防治行动计划》（国发〔2015〕17 号）（以下简称《行动计划》），提出水污染防治的总体目标：到 2020 年，全国水环境质量得到阶段性改善，污染严重水体较大幅减少，饮用水安全保障水平持续提升，地下水超采得到严格控制，地下水污染加剧趋势得到初步遏制，近岸海域环境质量稳中趋好，京津冀、长三角、珠三角等区域水生态环境状况有所好转；到 2030 年，力争全国水环境质量总体改善，水生态系统功能初步恢复；到 21 世纪中叶，生态环境质量全面改善，生态系统实现良性循环。为实现以上目标，《行动计划》确定了十项具体措施：全面控制污染物排放、推动经济结构转型升级、着力节约保护水资源、强化科技支撑、充分发挥市场机制作用、严格环境执法监管、切实加强水环境管理、全力保障水生态环境安全、明确和落实各方责任、强化公众参与和社会监督。

此后，国务院及各部委发布了一系列水污染防治的配套文件，如 2015 年 4 月财政部、环境保护部联合印发《关于推进水污染防治领域政府和社会资本合作的实施意见》（财建〔2015〕90 号），要求充分发挥市场机制作用，鼓励和引导社会资本参与水污染防治项目建设和运营。2015 年 6 月环境保护部、水利部印发《关于加强农村饮用水水源保护工作的指导意见》（环办〔2015〕53 号），对城乡居民饮用水安全保障水平提出更高要求。同年 8 月，住房和城乡建设部、环境保护部等发布《关于印发城市黑臭水体整治工作指南》（建城〔2015〕130 号），指导地方各级人民政府组织开展城市黑臭水体整治工作，提升人居环境质量，有效改善城市生态环境。2015 年 10 月，科学技术部、环境保护部、住房和城乡建设部、水利部、国家海洋局联合组织实施国家水安全创新工程，并编制了《国家水安全创新工程实施方案（2015—2020 年）》（国科办社〔2015〕59 号）。

（2）国务院：《实行最严格水资源管理制度考核办法》

为推进实行最严格的水资源管理制度，确保实现水资源开发利用和节约保护的主要目标，2013 年 1 月，国务院办公厅以国办发〔2013〕2 号公开印发《实行最严格水资源管理制度考核办法》（以下简称《办法》），对各省、自治区、直辖市用水总量、水质、控制率等进行控制。

《办法》明确规定湖北省用水总量控制目标为 2015 年 315.51 亿 m^3、2020 年 365.91 亿 m^3、2030 年 368.91 亿 m^3；用水效率目标为 2015 年万元工业增加值用水量比 2010 年下降 35%，农田灌溉水有效利用系数 0.496；重要江河湖泊水功能区水质达标率控制目标为 2015 年 78%、2020 年 85%、2030 年 95%。

（3）湖北省：《湖北省水污染防治行动计划工作方案》

为全面贯彻落实国务院《水污染防治行动计划》，加大水污染防治力度，持续改善水环境质量，保障水生态安全，推进生态文明建设，结合该省实际情况，湖北省人民政府于 2016 年 1 月印发了《湖北省水污染防治行动计划工作方案》。2014 年 10 月，湖北省人民政府印发了《省人民政府关于进一步加强城镇生活污水处理工作的意见》。湖北强化水环境质量目标考核问责，2015 年 6 月出台了《跨界断面水质考核办法（试行）》，全面启动跨市界地表水断面的水质目标考核，由省环保厅每月对跨界断面水质进行监测并按月通报，年度考核不合格的将实施区域限批。2016 年 1 月，湖北省环境保护委员会印发了《省环委会办公室关于加快落实〈湖北省水污染防治行动计划工作方案〉有关事项的函》。

《湖北省水污染防治行动工作方案》的主要指标：到 2020 年，全省地表水水质优良（达到或优于Ⅲ类）比例总体达到 88.6%，丧失使用功能（劣于Ⅴ类）的水体断面比例控制在 6.1%以内，县级及以上城市集中式饮用水水源水质达标率达到 100%，地级及以上城市建成区黑臭水体均控制在 10%以内，地下水质量考核点位水质级别保持稳定。

（4）荆门市：《荆门市水污染防治工作方案及“十三五”规划》

2016 年 5 月，荆门市环保局编制了《荆门市水污染防治工作方案及“十三五”规划》，以改善荆门市水环境质量为核心，以污染物总量减排为抓手，以“好差”两头为工作重点，坚持绿色发展、着力改善生态环境，坚持保护优先、自然恢复为主，坚持节约优先、树立循环利用资源观，按照“节水优先、空间均衡、系统治理、两手发力”原则，强化污染严重水体水质恢复与水质优良水体保护并重，深化政府、企业、公众协同，严格落实各方责任，着力打造山水林田湖生态系统，有力提升荆门市人民群众生活质量，为全面实现“实力荆门”“文化荆门”“生态荆门”“幸福荆门”提供水环境保障。

总体目标：到 2020 年，荆门市水环境质量得到阶段性改善，基本消除劣Ⅴ类水体，饮用水水源地水质稳定达标，保障水平持续提升，主要水污染物排放量持续削减，水生态系统逐步恢复，水环境监测、预警与应急能力显著提高；到 2030 年，全市水环境质量明显改善，水生态系统功能基本良好；到 21 世纪中叶，全市水环境质量优良，生态环境质量全面改善。

（5）荆门市：《荆门市碧水工程三年行动计划（2016—2018 年）》

2016 年，荆门市编制了《荆门市碧水工程三年行动计划（2016—2018 年）》，将通过实施持续推进竹皮河综合整治、深化流域污染防治、强化饮用水水源环境保护、加快污水处理厂建设、防治畜禽养殖污染、控制农业面源污染、加快农村环境综合整治、重点工业污染治理、加强企业节水改造、健全环境管理制度这十大“碧水工程”，使荆门市水环境质量得到阶段性改善，饮用水保障水平持续提升，城市黑臭水体得到有效治理，地下水污染加剧趋势得到初步遏制。

总体目标：通过三年努力（2016—2018 年），主要污染物排放得到进一步控制，全面完成湖北省下达的水环境主要污染物减排任务；实现重点工业企业水污染物稳定达标排放，主要工业污染物（化学需氧量、氨氮）排放强度逐年下降；国控、省控监测断面达标率达到 80%，地级以上城市集中式饮用水水源地水质达标率保持 100%，城市生活污水集中处理率达到 80%。

（6）荆门市：竹皮河流域治理相关规划

2013 年 1 月，荆门市环保局针对竹皮河印发了《竹皮河 4.1 km 河段（夏家湾—襄荆高速）及其上游流域水环境综合整治规划》。2013 年 4 月，荆门市环保局印发了《荆门市竹皮河流域水污染综合治理与环境保护规划（2013—2025 年）》。2016 年 8 月，荆门市环保局印发了《荆门市竹皮河流域水体达标方案》，按照“水清、水满、水生态、成景观”的基本战略，坚持发展与保护并重、治标与治本并举，突出重点抓好企业生产污染和城镇生活污染治理，严查各类环境违法行为，不断削减污染物排放总量，切实提高竹皮河流域环境污染治理水平，确保出境断面水质稳定达标。

近期（2016—2020 年）：继续加大流域水污染控制力度，初步建设成为“水清、水满、水生态”的城市河流，为荆门市区域经济发展提供保障。污染控制方面，使污染排放得到彻底控制，排放负荷满足环境容量要求。水质进一步改善，至 2020 年水环境质量主要指标（化学需氧量、氨氮、总磷）基本达到Ⅳ类标准。河道生态质量改善方面，竹皮河干流全河段河滨带植被覆盖率不低于 65%，生物多样性得到显著提高。

远期（2020—2025 年）：以水环境质量稳定达标、河道生态建设为重点，建成“水清、水满、水生态、成景观”的城市河流。竹皮河干流全河段河滨带植被覆盖率不低于 80%，生物多样性得到显著恢复。

2.2.4 土壤环境治理相关规划

（1）国务院：《土壤污染防治行动计划》

国务院 2016 年发布的《土壤污染防治行动计划》（国发〔2016〕31 号）（以下简称《行动计划》）是当前和今后一个时期全国土壤污染防治工作的行动指南。《行动计划》提出，经过五年努力，使全国土壤污染加重趋势得到初步遏制，土壤环境质量总体保持稳定，农用地和建设用地土壤环境安全得到基本保障，土壤环境风险得到基本管控；力争再用十年，全国土壤环境质量稳中向好，农用地和建设用地土壤环境安全得到有效保障，土壤环境风险得到全面管控；到 2050 年，土壤环境质量全面改善，生态系统实现良性循环。主要指标是到 2020 年，受污染耕地安全利用率达到 90%左右，污染地块安全利用率达到 90%以上；到 2030 年，受污染耕地安全利用率达到 95%以上，污染地块安全利用率达到95%以上。

为实现以上目标，《行动计划》确定了十项具体措施：开展土壤污染调查，掌握土壤环境质量状况；推进土壤污染防治立法，建立健全法规标准体系；实施农用地分类管理，保障农业生产环境安全；实施建设用地准入管理，防范人居环境风险；强化未污染土壤保护，严控新增土壤污染；加强污染源监管，做好土壤污染预防工作；开展污染治理与修复，改善区域土壤环境质量；加大科技研发力度，推动环境保护产业发展；发挥政府主导作用，构建土壤环境治理体系；加强目标考核，严格责任追究。

（2）农业部：《关于打好农业面源污染防治攻坚战的实施意见》

农业部2015年发布了《关于打好农业面源污染防治攻坚战的实施意见》（农科教发〔2015〕1号），其总体目标是力争到2020年使农业面源污染加剧的趋势得到有效遏制，实现“一控两减三基本”。“一控”，即严格控制农业用水总量，大力发展节水农业，确保农业灌溉用水量保持在3 720亿m^3，农田灌溉水有效利用系数达到0.55；“两减”，即减少化肥和农药使用量，实施化肥、农药零增长行动，确保测土配方施肥技术覆盖率达90%以上，农作物病虫害绿色防控覆盖率达30%以上，肥料、农药利用率均达到40%以上，全国主要农作物化肥、农药使用量实现零增长；“三基本”，即畜禽粪便、农作物秸秆、农膜基本资源化利用，大力推进农业废弃物的回收利用，确保规模畜禽养殖场（小区）配套建设废弃物处理设施比例达75%以上，秸秆综合利用率达85%以上，农膜回收率达80%以上。

其中，关于土壤治理的任务有化肥零增长行动、农药零增长行动、解决农田残膜污染、耕地重金属污染治理共四项。

（3）湖北省：《湖北省土壤污染防治条例》

2016年2月，为了预防和治理土壤污染、保护和改善土壤环境、保障公众健康和安全、实现土壤资源的可持续利用，根据《环境保护法》等有关法律、行政法规，结合湖北省实际，湖北省人大常委会颁布出台了《湖北省土壤污染防治条例》。该条例共分八章内容，分别为第一章总则、第二章土壤污染防治的监督管理、第三章土壤污染的预防、第四章土壤污染的治理、第五章特定用途土壤的环境保护、第六章信息公开与社会参与、第七章法律责任、第八章附则。为保障切实达到土壤环境修复治理的目的，该条例对土壤的防治以及各级政府的责任都分解到位。

（4）荆门市：《荆门市畜牧业发展“十三五”规划》

《荆门市畜牧业发展“十三五”规划》由荆门市畜牧兽医局于2016年发布，规划年限为2016—2020年。总体目标是在县域范围内，把京山、沙洋、钟祥创建成为全省畜牧强县，并根据区域资源承载能力，在全市范围内依照养殖适养区、限养区、禁养区划定区域，明确区域功能定位，建设猪、鸡、鸭、牛、羊五个畜禽板块基地和特色蜂产品产业群。为完成以上任务目标，《荆门市畜牧业发展“十三五”规划》提出了重大项目40个，分为基础设施、产业发展、生态环保三大类，规划总投资203亿元。

（5）荆门市：《荆门市农业面源污染防治规划》

《荆门市农业面源污染防治规划》由荆门市农业局发布。主要目标是畜禽养殖生态化，化肥、农药施用量实现零增长，利用率进一步提高，农业面源污染治理的保障机制进一步完善，农业面源污染得到基本控制，农业、农村生态环境明显改善。建设重点是规模化畜禽养殖污染治理、畜禽生态养殖场（小区）建设、农田化肥农药减量增效工程、大中小型农村沼气工程建设、竹皮河流域农田土壤重金属污染修复工程、农业生态补偿试点示范项目。

综合以上规划文本发现，我国对于土壤方面的环境治理起步较晚，最早公布的《土壤污染防治行动计划》于2016年5月底颁布实施，虽然给我国严峻的土壤污染形势提供了一定的实践支撑，但是各省仍需要制定符合自身的土壤防治方案。而湖北省率先于2016年2月颁布了《湖北省土壤污染防治条例》，这一举措对于整个湖北省土壤污染的防治起到较大的指导作用。

2.3 生态治理措施总结

本节对荆门市既有规划进行了综合梳理：大气污染防治相关规划共 7 项，治理重点在于调整优化产业结构、推动经济转型升级、加快企业技术改造、加快调整能源结构等方面；水污染防治相关规划共 6 项，治理重点在于实施工业源水污染防治、加快城镇污水处理设施建设和改造力度等方面；土壤污染防治相关规划共 7 项，治理重点在于加强土壤污染来源控制、农业面源污染治理与修复等方面。

2.3.1 荆门市既有规划中的大气环境治理措施

荆门市大气污染防治相关规划的治理措施重点在于调整优化产业结构、推动经济转型升级、加快企业技术改造、加快调整能源结构等方面，颁布的 7 项规划均有涉及（表 2-1）。

表 2-1 荆门市既有规划中的大气环境治理措施

防治措施	《荆门市环境保护“十三五”规划》	《荆门市创建国家生态文明建设示范市规划（2015—2025 年）》	《关于坚持生态立市建设生态荆门的决定》	《荆门市应对气候变化和节能“十三五”规划》	《荆门市大气污染防治规划（2015—2020 年）》	《荆门市 2016 年度大气污染防治实施计划》	《荆门市蓝天工程三年行动计划（2016—2018 年）》
加大综合治理力度，减少污染物排放	√						
调整优化产业结构，推动经济转型升级	√	√	√	√	√	√	√

防治措施	《荆门市环境保护“十三五”规划》	《荆门市创建国家生态文明建设示范市规划（2015—2025年）》	《关于坚持生态立市建设生态荆门的决定》	《荆门市应对气候变化和节能“十三五”规划》	《荆门市大气污染防治规划（2015—2020年）》	《荆门市2016年度大气污染防治实施计划》	《荆门市蓝天工程三年行动计划（2016—2018年）》
加快企业技术改造，提高科技创新能力			√	√	√	√	√
加快调整能源结构，增加清洁能源供应	√			√	√	√	
严格投资项目节能环保准入，提高准入门槛；优化产业空间布局，严格限制在生态脆弱或环境敏感地区建设“两高”行业项目	√	√			√	√	√
发挥市场机制作用，完善环境经济政策	√		√				
健全法律法规体系，严格依法监督管理	√	√	√	√	√	√	√
建立区域协作机制，统筹区域环境治理		√	√	√	√		√
建立监测预警应急体系，制定完善并及时启动应急预案，妥善应对重污染天气	√	√		√	√	√	√
明确各方责任，动员全民参与，共同改善空气质量	√	√		√	√	√	√

2.3.2 荆门市既有规划中的水环境治理措施

水环境治理的主要内容包括 6 项规划，荆门市水污染防治规划的治理措施重点在于实施工业源水污染防治、加快城镇污水处理设施建设和改造力度、调整产业结构、加快经济结构转型升级等方面（表 2-2）。

表 2-2 荆门市既有规划中的水环境治理措施

防治措施	《荆门市环境保护“十三五”规划》	《荆门市创建国家生态文明建设示范市规划（2015—2025 年）》	《荆门市碧水工程三年行动计划（2016—2018 年）》	《荆门市水污染防治工作方案及“十三五”规划》	《荆门市竹皮河流域水污染综合治理与环境保护规划（2013—2025 年）》	《竹皮河 4.1 km 河段（夏家湾—襄荆高速）及其上游流域水环境综合整治规划》
实施工业源水污染防治，加强清洁生产审核	√	√	√	√	√	√
调整产业结构，加快经济结构转型升级	√	√	√	√		
从水源到水龙头全过程监管饮用水安全，强化饮用水水源环境保护	√	√	√	√		
健全取用水总量控制指标体系	√	√	√	√		
强化农村环境水污染整治，发展农业节水	√	√	√	√		
畜禽养殖污染防治	√	√	√	√	√	√
加快城镇污水处理设施建设和改造力度	√	√	√	√	√	√
积极推进河道整治工作	√	√		√	√	√
推进“海绵型”生态绿地建设		√		√		
加强流域综合整治，综合治理黑臭水体	√	√	√	√	√	√

2.3.3 荆门市既有规划中的土壤环境治理措施

荆门市土壤污染防治规划的治理措施重点在于加强土壤污染来源控制、农业面源污染治理与修复等方面，有 7 项规划均有涉及（表 2-3）。

表 2-3 荆门市既有规划中的土壤环境治理措施

防治措施	《荆门市创建国家环境保护模范城市规划（2012—2015 年）》	《荆门市创建国家生态文明建设示范市规划（2015—2025 年）》	《关于坚持生态立市建设生态荆门的决定》	《荆门市环境保护“十三五”规划》	《荆门市农业发展“十三五”规划》	《荆门市畜牧业发展“十三五”规划》	《荆门市水污染防治工作方案及“十三五”规划》
加强土壤污染来源控制（如畜禽养殖业）	√	√	√	√		√	√
农业面源污染治理与修复		√	√	√	√		√
开展土壤污染状况调查与环境安全性评估	√	√					
加强土壤污染来源控制及农业面源污染治理与修复		√	√	√			√
建设中国农谷核心区土壤修复产业园		√					

防治措施	《荆门市创建国家环境保护模范城市规划（2012—2015年）》	《荆门市创建国家生态文明建设示范市规划（2015—2025年）》	《关于坚持生态立市建设生态荆门的决定》	《荆门市环境保护“十三五”规划》	《荆门市农业发展“十三五”规划》	《荆门市畜牧业发展“十三五”规划》	《荆门市水污染防治工作方案及“十三五”规划》
严格监管工矿企业场地/废弃地的土壤污染	√	√					√
完善土壤污染治理与修复政策法规	√	√		√			
强化土壤环境风险监管控制	√	√					
建立土壤污染防治资金投入机制	√		√	√			

3　生态环境诊断与治理

为了更好地了解城市生态环境治理的实际需求、把握治理的重点方向，本章以荆门市为例，从守住环境质量底线出发，对该市的大气、水、土壤、声环境质量现状进行了诊断，分析了其污染空间特征与污染源特征，提出了守住各项生态底线的主要工作任务，为该市各项工作任务交叉领域的分解、重点治理方向的确定提供了依据。

3.1　大气环境诊断与治理现状

荆门市所在的长江中游城市群是中国目前空气污染较为严重的区域之一，总体而言，荆门市2015年空气质量优良率在50%以上（图3-1）。经过治理，目前大气环境质量有所改善，但是治理任务仍然严峻。

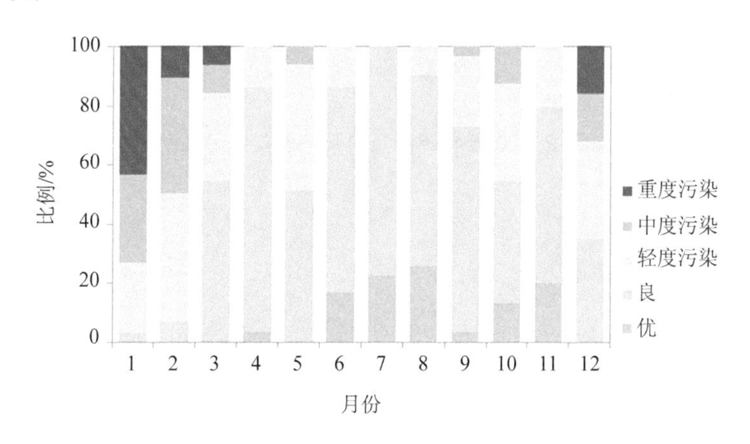

图3-1　2015年荆门市中心城区天气污染情况

3.1.1 大气环境质量诊断

从荆门市 2015 年空气质量指数（图 3-2 和图 3-3）来看，污染天气的首要污染物以 $PM_{2.5}$ 为主，PM_{10} 次之；重污染天数主要出现在 12 月至次年 3 月；首要污染物为臭氧 8 h 浓度的情况，主要出现在 4—10 月。对比荆门市各污染物在 2015 年、2016 年的各月份浓度数据可以看出，治理有一定成效：2016 年中心城区 PM_{10}、$PM_{2.5}$ 及 NO_2（二氧化氮）均有所下降。比较荆门市各区县 2011—2015 年 PM_{10} 浓度的变化情况（图 3-4）可以发现，沙洋县和京山县的 PM_{10} 浓度呈逐年下降趋势。

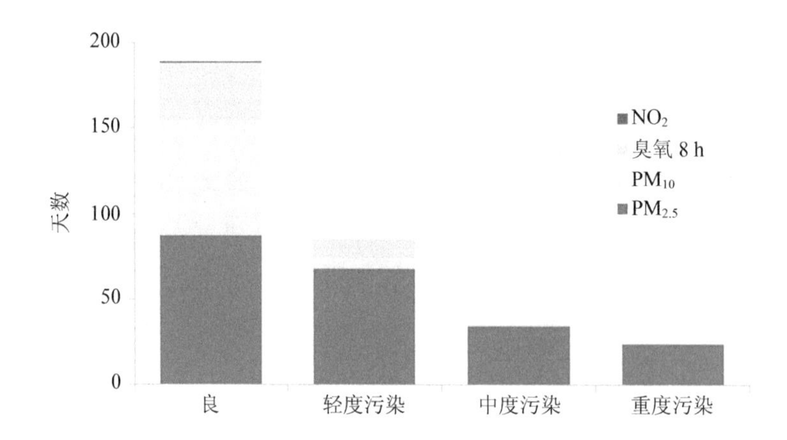

图 3-2　2015 年不同污染天气的首要污染物

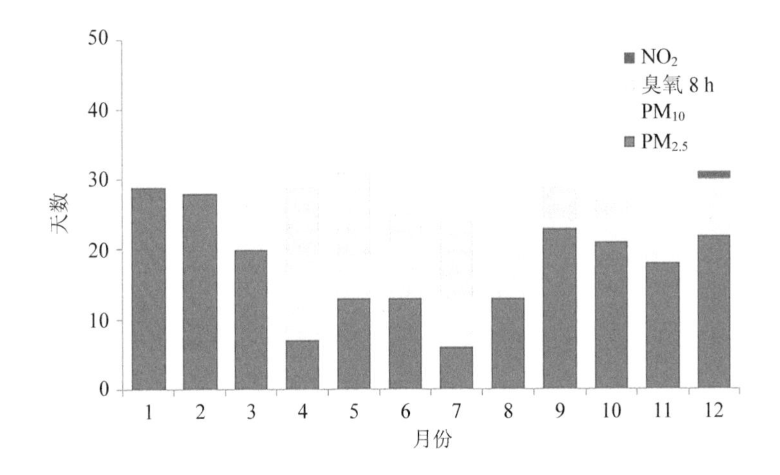

图 3-3　2015 年各月份的首要污染物

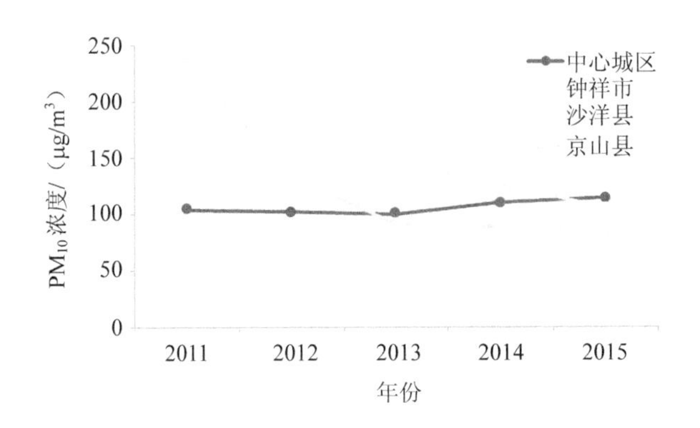

图 3-4　荆门市各区县 PM_{10} 浓度变化

同时，还对中心城区、钟祥和沙洋等区县的 PM_{10}、$PM_{2.5}$ 及 NO_2 的浓度（2015—2016 年）的变化情况进行了分析和比较（图 3-5），结果表明：中心城区 PM_{10} 和 $PM_{2.5}$ 的年度变化呈现逐渐改善的趋势，而部分区县的 PM_{10} 和 NO_2 出现一定的恶化趋势。

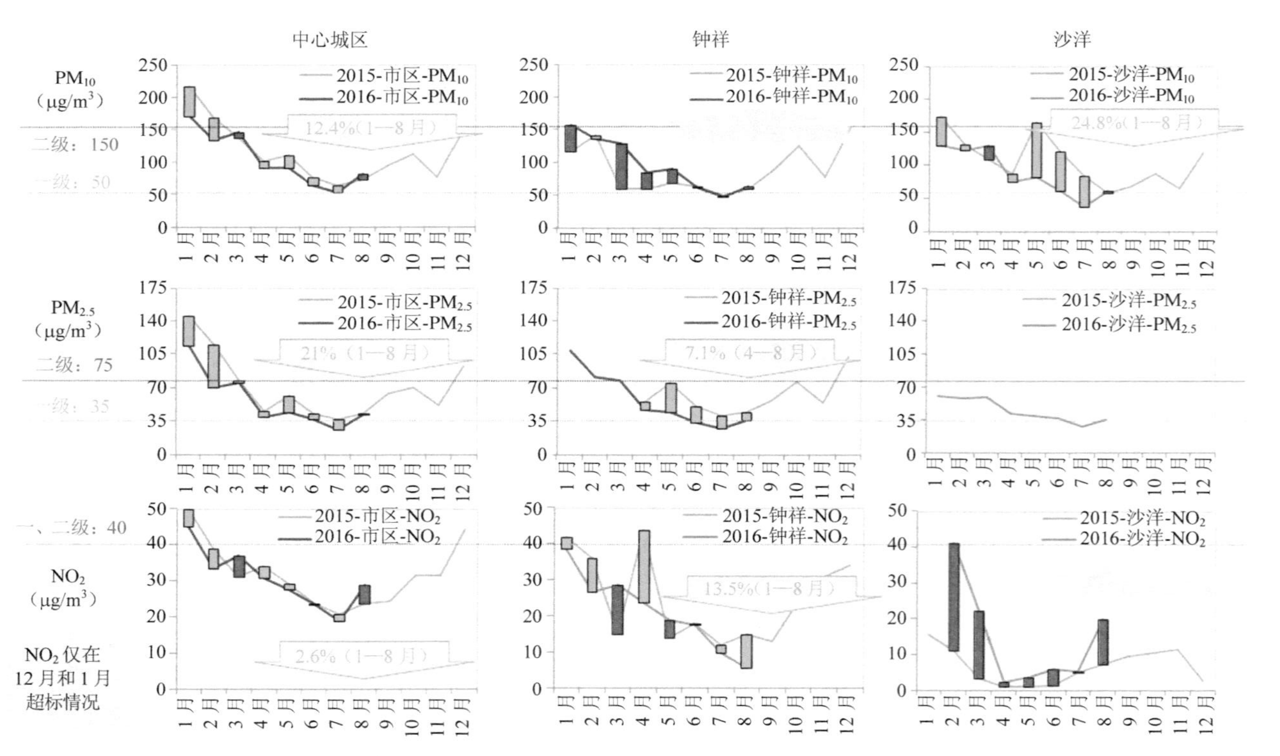

图 3-5 中心城区及不同区县的 PM_{10}、$PM_{2.5}$ 及 NO_2 浓度变化情况

本研究采用 MODIS 气溶胶产品 MOD04_L2 和 MYD04_L2，空间分辨率是 10 km，时间分辨率是 1 天，即每天可获取两幅研究区域的影像。处理时间自 2015 年 1 月 1 日至 2016 年 5 月 31 日（2014 年冬季—2016 年春季），全年共下载 2 202 幅影像，数据量超过 7.5 G（NASA 数据中心）。数据转换为 WGS 84 下的经纬度格网，根据需要进行拼接并利用研究区域矢量边界进行裁剪，得到研究区域气溶胶光学厚度数据。在此基础上对每天的两幅影像取平均值，获取每天的气溶胶光学厚度分布情况。

气溶胶光学厚度反映了大气的浑浊度，可以表征大气中颗粒物的多少。图 3-6 表明不同季节的气溶胶光学厚度与 PM_{10} 之间皆存在一定的相关性，相关系数越大，PM_{10} 的浓度越高。

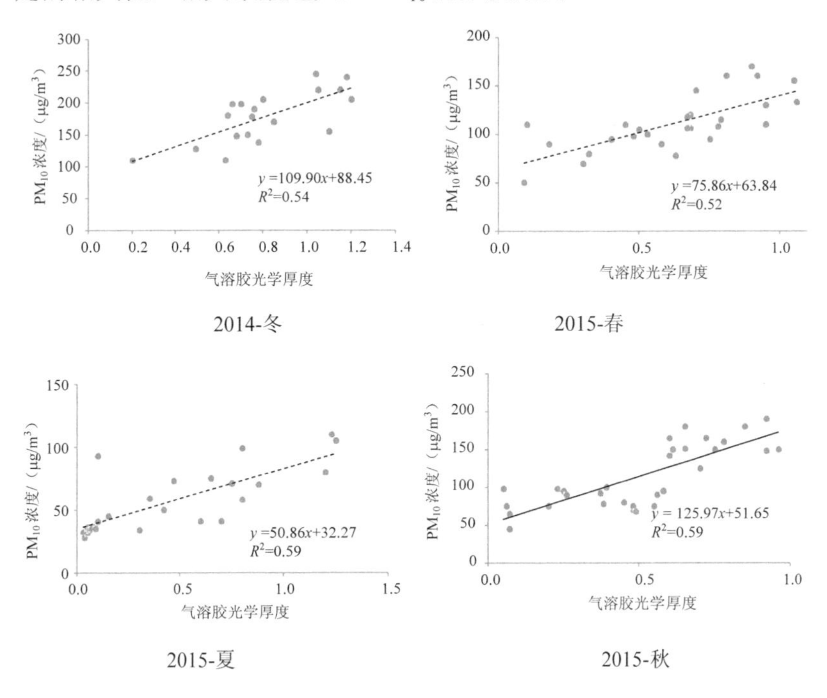

图 3-6　气溶胶数据与 PM_{10} 之间的相关模型

冬季的相关性系数较大，究其原因可能是荆门市以重化工业为主，受工业生产排放的废气、汽车尾气及冬季容易形成逆温层、降水量明显减少、冬季植物对大气颗粒物的吸附能力明显减弱等因素的影响，空气中 PM_{10} 的含量达到一年中的最大值。此外，北方冬季供暖造成空气中 PM_{10} 的含量大幅升高，因而空气净化能力随之降低。荆门市冬季的主导风向为北风，来自北方的大气污染物扩散到荆门，受地势的影响，PM_{10} 在荆门聚集，造成冬季 PM_{10} 的高含量。

春季气溶胶光学厚度与 PM_{10} 的相关系数相对较小，原因在于春季气温的回升、风向的改变，这些共同影响着大气中颗粒的浓度及扩散条件，造成春季大气中 PM_{10} 浓度的显著降低。

夏季和秋季气溶胶光学厚度与 PM_{10} 的相关系数差不多，出现这种情况的主要原因为夏季降雨量大，雨水对空气的净化作用明显，夏季植被对大气颗粒物也起到一定的吸附作用；而秋季空气干燥，灰尘容易在空气中悬浮，另外，秋季是农村秸秆焚烧比较集中的季节，在一定程度上也影响了大气中的颗粒物浓度。

2015 年，荆门市春、秋两季 PM_{10} 日均浓度达到二级标准的面积达 100%，夏季将近 10%区域达到一级标准；而冬季仅有 1%面积的区域超过 PM_{10} 日均浓度的二级标准（图 3-7）。从 2015 年平均值域浓度来看，四个季节按照冬、秋、春、夏的顺序依次减小（图 3-8、图 3-9）。

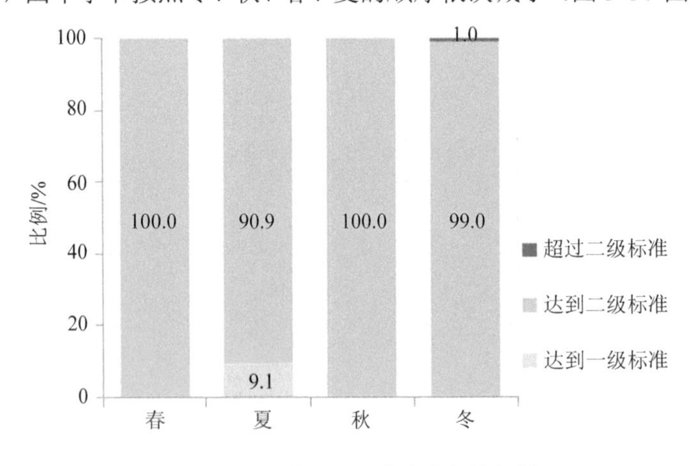

图 3-7　2015 年 PM_{10} 浓度空间达标情况

200
150
100
50
0
■最大 □最小
PM_{10}平均浓度/（μg/m³）
春
夏
秋
冬

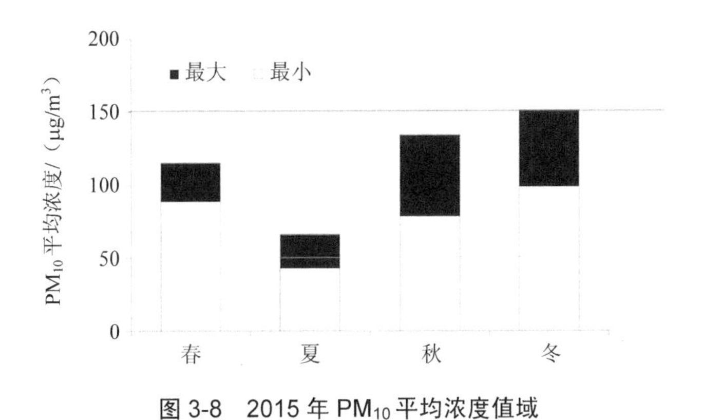

图 3-8　2015 年 PM_{10} 平均浓度值域

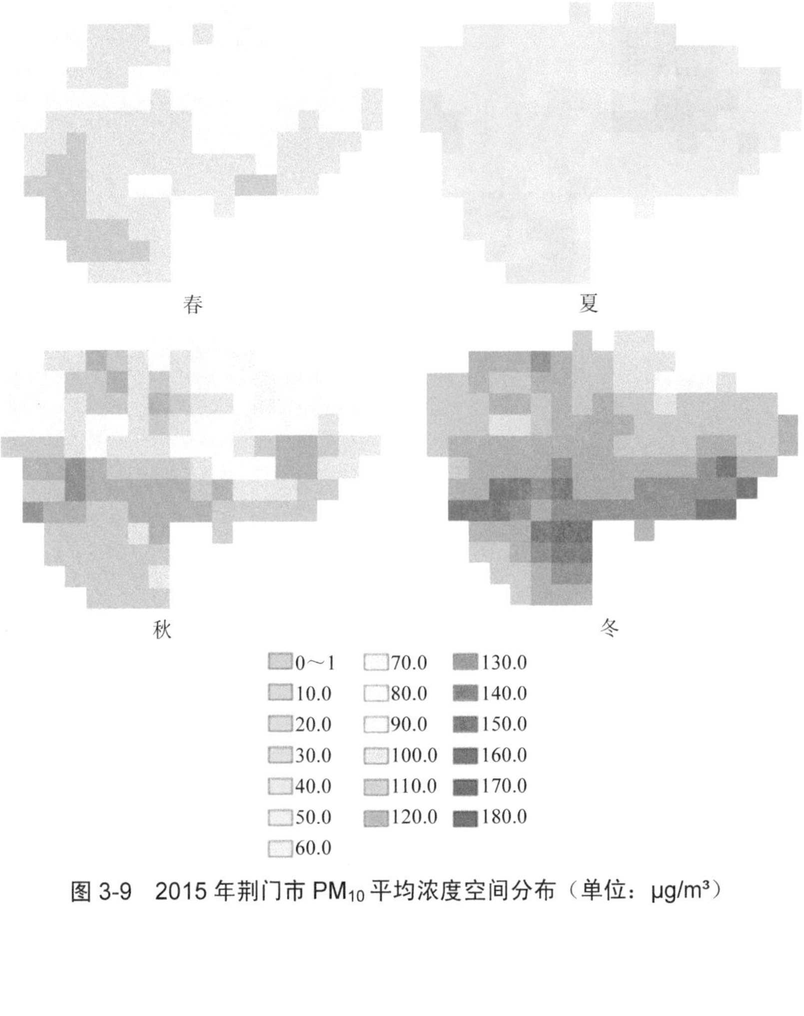

春
夏
秋
冬
0～1
10.0
20.0
30.0
40.0
50.0
60.0
70.0
80.0
90.0
100.0
110.0
120.0
130.0
140.0
150.0
160.0
170.0
180.0

图 3-9　2015 年荆门市 PM_{10} 平均浓度空间分布（单位：μg/m³）

荆门市 PM_{10} 冬季的空间浓度最大值整体下降了 20%，可见荆门市冬季空气质量防治成效明显（图 3-10）。2016 年荆门市春季 PM_{10} 空间浓度最大值降幅达到约 15%，居民居住环境全部达到 PM_{10} 的国家二级标准范围（参考日均浓度标准）以内（图 3-11）。

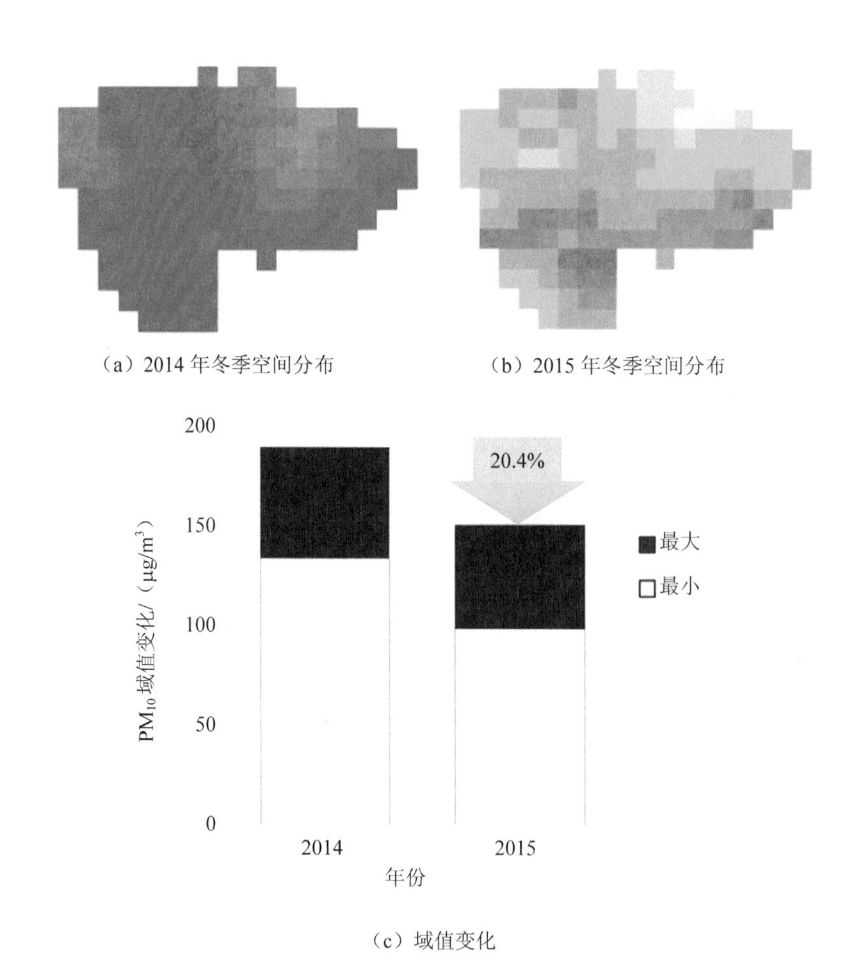

图 3-10　2014—2015 年冬季 PM_{10} 空间分布及域值变化

（a）2015 年春季空间分布　　　　（b）2016 年春季空间分布

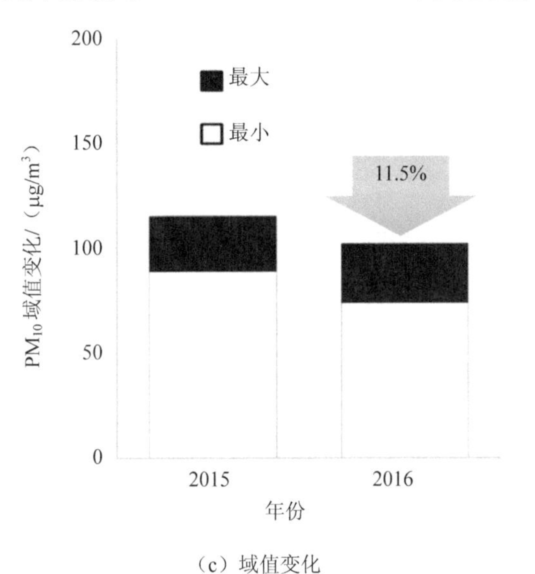

（c）域值变化

图 3-11　2015—2016 年春季 PM_{10} 空间分布及域值变化

针对上述结果，笔者认为主要基于以下原因：

（1）污染物扩散条件不佳

污染企业下风向易形成 PM_{10} 高浓度区，其超标的区域主要集中在沙洋县、钟祥市大部分区域（除东北部）以及有管控企业分布的中心城区，其中，中部、南部的 PM_{10} 水平比较高，主要是受风向和地形因素的影响，所以在规划企业格局时应充分考虑城市的主导风向及地形等与污染物扩散密切相关的因素，尽量将企业规划在城市主导风向的下风向处（图 3-12），避开人口密集区域。应该建设配套的通风廊道，及时疏导大气污染物，降低大气污染物的浓度。

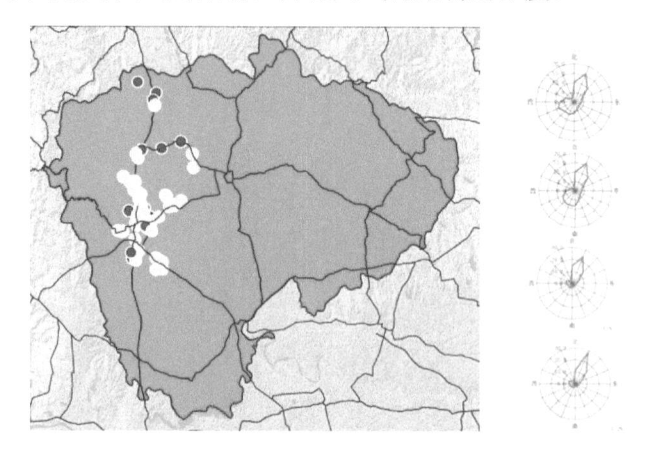

图 3-12 荆门市大气污染重点管控企业空间分布与四季风玫瑰图

（2）污染源种类多，排放总量亟须控制

“十二五”期间，荆门市二氧化硫（SO_2）、氮氧化物（NO_x）排放总量分别下降 21.7%和 31.7%，但烟粉尘排放总量上升了 31.2%，可能是 PM_{10} 浓度居高不下的重要原因（图 3-13）。在各类大气污染物排放总量中，工业源为最主要的来源。

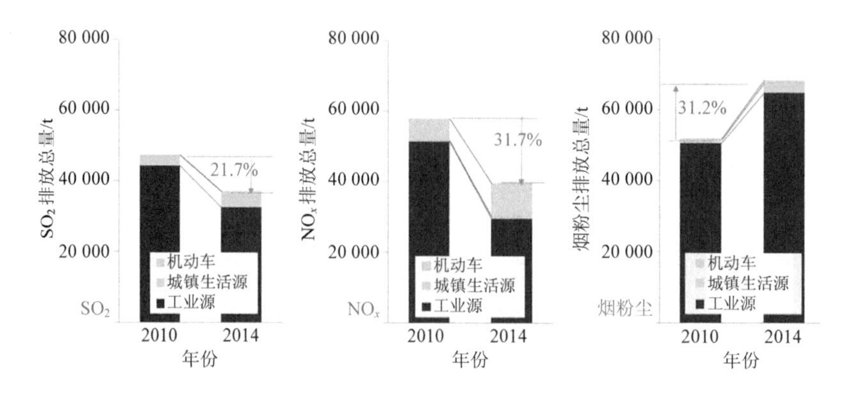

图 3-13 荆门市各类污染物的排放情况

（3）工业行业挥发性有机物（VOCs）排放尚未得到关注

VOCs 具有光化学活性，排放到大气中是形成 $PM_{2.5}$ 和臭氧的重要前体物质，对环境空气质量造成较大影响。除影响环境质量外，一些行业排放的 VOCs 含有三苯类、卤代烃类、硝基苯类、苯胺类等物质，对人体健康有较大危害。此外，部分 VOCs 具有异味，会给周边居民生活造成一定影响。工业是 VOCs 排放的重点来源，排放量占总排放量的 50%以上。排放源复杂，主要涉及产品生产、使用、储存和运输等诸多环节，其中石油炼制与石油化工、涂料、油墨、胶黏剂、农药、汽车、包装印刷、橡胶制品、合成革、家具、制鞋等行业排放量占工业排放总量的 80%以上。工业行业 VOCs 排放具有强度大、浓度高、污染物种类多等特点，回收再利用难度大、成本高是工业领域 VOCs 削减的难点。加快重点行业 VOCs 削减对推动工业绿色发展、促进大气环境质量改善、保障人体健康具有重要意义。（《工业和信息化部　财政部关于印发重点行业挥发性有机物削减行动计划的通知》，2016）

根据前述大气环境诊断中对污染物空间分布特征、大气污染成因的分析，可对应制定出源头治理、传输过程控制和末端治理等几个重点治理方向与领域（图 3-14）。

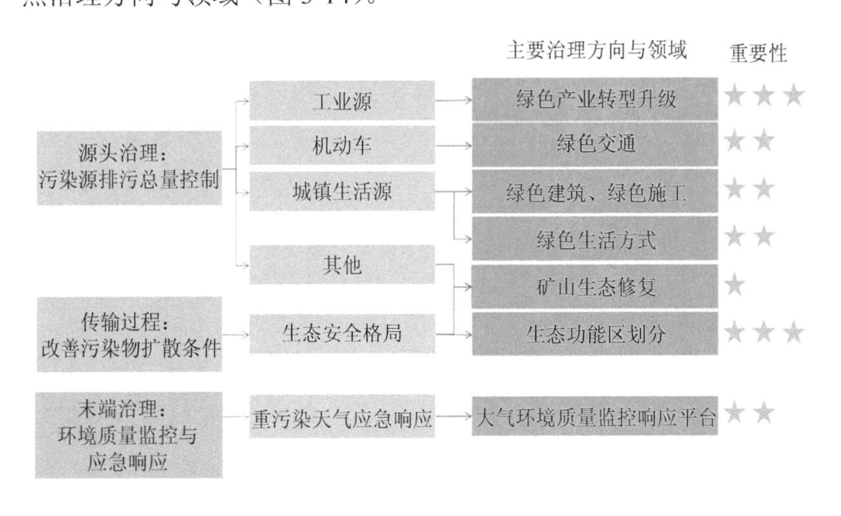

图 3-14　大气环境治理的主要方向与重要性

①源头治理：污染源排污总量控制。大气污染源主要包括工业源、机动车、城镇生活源等。为科学、有效地治理大气环境，应针对不同的污染源采取专项治理方法和措施。其中，治理工业生产带来的大气污染的主要措施就是大力支持绿色产业转型升级；机动车污染源防治方法为打造绿色交通体系；城镇生活源污染防治方法为发展绿色建筑、开展绿色施工及倡导绿色生活方式。由于工业源是大气污染的主要污染源，因此应该把绿色产业转型升级作为大气治理中重要的实施策略。

②传输过程：改善污染物扩散条件。除了源头控制，在大气污染治理过程中，还应注重改善污染物扩散条件。而污染物扩散条件的优化离不开生态安全格局的合理规划，这就需要在城市建设进程中统筹好经济发展与生态保护的关系，正确划分生态功能区，构建通风廊道和生态廊道，提高空气的流通性，加速污染物的扩散。通过生态功能区的划分来改善空气质量，是大气环境治理中不可或缺的一个重要环节。

③末端治理：环境质量监控与应急响应。对于已经排放的大气污染物，应该建立完善的环境质量监控与应急响应机制。尤其是对于重污染天气的应急响应，应构建大气环境监控响应平台，做好重污染天气过程的趋势分析，完善研判机制，提高监测预警的准确度，及时发布监测预警信息，提高对重污染大气环境的应对能力和水平。

3.1.2 大气环境治理目标

到 2020 年，荆门市的 PM_{10} 年均浓度较 2014 年削减 28%，下降至 79 μg/m^3；$PM_{2.5}$ 降至 49 μg/m^3，空气质量优良率达到 85%以上，基本消除重污染天气。二氧化硫排放量减排率较 2015 年减排 20%，重点行业烟粉尘减排率较 2015 年减排 20%。

3.1.3 大气环境治理措施

通过对荆门市既有规划中大气污染防治相关措施的梳理，以及生态诊断中对大气环境治理主要方向与领域的分析，其大气环境主要治理措施如下：

（1）构建生态安全格局，打通城市风道

梳理荆门市全域生态理念，基于生态安全格局、生态敏感性、生态控制红线分析，合理进行城市功能分区，划定严格保护区、限制开发区、优化开发区和重点发展区。合理确定重点产业发展布局、结构与规模。打通城市通风廊道。除了对室内污染源进行源头治理，还应从城市内部构建通风廊道，利用风的流动带走城市中的污染物，这样在给城市送风的同时也能降低驱霾的成本。充分利用自然条件，保障城市生态安全格局。

（2）加快调整能源结构，增加清洁能源供应

控制煤炭消费总量。降低煤炭消费比重，中心城区严禁新建、改建、扩建除热电联产外的燃煤电厂，高污染燃料禁燃区内禁止使用煤炭等高污染燃料。推进煤炭清洁高效利用。加大煤炭清洁高效利用技术开发投入和先进适用技术推广应用力度；严格大型燃煤锅炉排放控制和中小燃煤锅炉、散烧煤排放治理，加快环保设施升级改造，达到燃气机组排放水平；推进散烧煤集中净化处理后再利用工作，推动燃煤电厂采用洁净煤技术，加快中小燃煤锅炉关停改造，推进集中供热工程建设。推进油品升级和替代能力建设。加快推进荆门市石化油品质量升级及适应性改造项目和配套原油、成品油管道工程，汽油和柴油产品全部满足国家标准。科学发展石油替代产品，积极推进电动汽车、混合动力汽车基础设施建设，减少对石油的依赖。增加清洁能源使用比例。加快能源消费结构调整，加大推广天然气、太阳能、水、电等清洁能源使用。加快天然气管道、集中供热管道设施配套建设，逐渐提高清洁能源使用比例。推进清洁能源使用与开发，积极发展热

电联产，加强能源通道建设，实现输煤输电并举，大力引进市外电力、煤炭和天然气等能源资源。积极有序发展水电，开发利用地热能、风能、太阳能、生物质能，安全高效发展核电。加强新建建筑节能监管。大力发展可再生能源建筑应用和绿色节能建筑，努力提升建筑节能工作水平。各地新建建筑在施工图设计阶段和竣工验收阶段严格执行民用建筑节能强制性标准。政府投资新建的国家机关、学校、医院、博物馆、体育馆等建筑，以及单体建筑面积超过 2 万 m^2 的机场、车站、宾馆、饭店、商场、写字楼等大型公共建筑，全面执行绿色建筑标准。

（3）严格节能环保准入，优化产业空间布局

强化节能环保指标约束。提高节能环保准入门槛，健全重点行业准入条件，公布符合准入条件的企业名单并实施动态管理。严格实施污染物排放总量控制，将二氧化硫、氮氧化物、烟（粉）尘和挥发性有机物排放是否符合总量控制要求作为建设项目环境影响评价的前置条件。对未通过能源技术评价、环境影响评价审查的项目，各相关部门和机构不得办理土地供应、各类许可证和新增授信支持等相关业务。优化空间布局。合理布局产业结构，加快各县市区工业园区污染治理设施建设，鼓励玻璃、化工、重金属、水泥等重污染企业环保搬迁、退城进园。淘汰落后产能。进一步排查过剩产业，严禁建设产能严重过剩行业新增产能项目，坚决遏制产能盲目扩张势头，分类妥善处理在建违规项目，全面清理整顿已建成的违规产能，加强规范管理。

（4）深化工业污染治理，推进大气污染减排

加强工业企业脱硫、脱硝、除尘设施建设。严格热电、化工、建材等行业的准入门槛，二氧化硫、氮氧化物、烟（粉）尘和挥发性有机物排放必须符合总量控制要求；新建、改建、扩建火电、水泥、冶炼、化工和燃煤锅炉项目必须执行相对应的大气污染物特别排放限值，采用清洁生产工艺，配套建设高效脱硫、脱硝、除尘设施；加强燃煤锅炉整治和改造。全面整治燃煤小锅炉。加快推进集中供热、“煤

改气”“煤改电”工程建设，在供热供气管网不能覆盖的地区，改用电、新能源或洁净煤，推广应用高效节能环保型锅炉。在化工、造纸、印染、制革、制药等产业集聚区，通过集中建设热电联产机组逐步淘汰分散燃煤锅炉。加强 VOCs 污染防治。在石化、有机化工、表面涂装、包装印刷等行业实施挥发性有机物综合整治，在石化行业开展“泄漏检测与修复”技术改造。限时完成加油站、储油库、油罐车的油气回收治理，在原油成品油码头积极开展油气回收治理。完善涂料、胶黏剂等产品挥发性有机物限值标准，推广使用水性涂料。推进非有机溶剂型涂料和农药等产品创新，减少生产和使用过程中挥发性有机物排放。鼓励生产、销售和使用低毒、低挥发性有机溶剂。在表面涂装行业，通过源头、工艺、末端控制等手段，要求企业使用低挥发性有机物含量的涂料，提高喷涂效率；安装末端废气处理设施，确保已建成的治理设施稳定运行。要求企业建立台账，记录生产原料、辅料的使用量、废弃量、去向以及 VOCs 含量，台账保存不得少于三年。其他产生含 VOCs 的生产和服务活动应当在密闭空间或设备中进行，并按照规定安装、使用污染防治设施，无法密闭的应采取必要的措施减少废气排放。开展全市储油库、加油站、油罐车油气回收综合治理工作。

（5）加强机动车环保管理

加强在用机动车年度环保检验，经检验合格的方可上道路行驶；未经检验合格的不得发放环保合格标志和安全技术检验合格标志。按照《机动车环保检验合格标志管理规定》（环发〔2009〕87 号）联网核发机动车环保合格标志，发标信息实现地市、省、国家三级联网，完成省、市两级监控平台建设；全市环保标志发放率达到 80%以上。推动油品升级配套，按照中石化油品升级改造计划，加速推进中石化油品质量升级工作。加强机动车排污监控管理。建成市级机动车排污监控机构，不断扩大环保监督检查覆盖范围，确保企业批量生产的车辆达到排放标准要求，全面推行机动车环保检验合格标志管理，推进机动车环保检验机构委托工作，落实对全市机动车排放标准进行环保检测。加强机动车环保管理，限期淘汰黄标车，优化交通网络，引入推广新能源汽车。

（6）加强扬尘污染控制，深化面源污染治理

加强施工工地扬尘污染监管，大力推行绿色文明施工。强化中心城区施工工地扬尘控制措施，大力推行施工工地扬尘防治“八个100%”：施工现场100%围挡、路面100%硬化、驶出车辆100%冲洗、运输车辆100%密闭、裸露物料100%覆盖、特殊作业及扬尘地块100%喷淋洒水、出入口路段100%清扫冲洗、暂不开发土地100%绿化。部分重点施工工地应安装扬尘监控摄像装置。加强堆场、物料扬尘控制。贮存煤炭、煤矸石、煤渣、煤灰、水泥、石灰、石膏、砂土等易产生扬尘的物料应当密闭；不能密闭的，应当设置不低于堆放物高度的严密围挡，并采取有效覆盖措施防治扬尘污染。对城区及周边区域已关闭矿山实施复绿措施。继续加强油烟污染整治。要求城区餐饮服务经营场所应安装高效油烟净化设施，并强化稳定运行；推广使用管道煤气、天然气、电等清洁能源。划定中心城区禁止露天烧烤食品的区域和时段，取缔违法露天烧烤摊，规范摊点摊贩。禁止违规露天焚烧，推进秸秆综合利用。大力培育秸秆综合利用市场主体，鼓励发展秸秆加工企业，不断提高秸秆综合利用率，确保秸秆综合利用率达到88%以上。

（7）开展基础研究，持续推行清洁生产

开展大气颗粒物源解析。加强中心城区大气污染物来源解析研究，为污染治理提供科学支撑。加强大气污染与人群健康关系的研究。持续推行清洁生产与循环经济。依法对重点企业开展清洁生产审核，针对节能减排关键领域和薄弱环节实施清洁生产技术改造。鼓励产业集聚发展，实施园区循环化改造，推进能源梯级利用、水资源循环利用、废弃物交换利用、土地节约集约利用，促进企业循环式生产、园区循环式发展、产业循环式组合，构建循环型工业体系。

（8）建立监测预警应急体系，妥善应对重污染天气

及时采取应急措施，将重污染天气应急响应纳入各地政府突发事件应急管理体系，实行各地政府主要负责人负责制。环保与气象部门加强合作，依据重污染天气预警等级迅速启动重污染天气应急预案，各相关部门及时启动响应措施，必要时采取人工增雨的方式改善环境空气质量。

表3-1总结了荆门市的大气环境治理措施及主要责任部门。

表3-1　荆门市大气环境治理措施及主要责任部门

措施	具体治理措施	牵头部门	责任部门
加快调整能源结构，增加清洁能源供应	通过采取逐步增加天然气供应、加大太阳能、生物质能等非化石能源利用强度等措施，控制煤炭消费过快增长；大力推进荆门市集中供热，提高能源利用效率；主城区遵照“两个热源、一套热网、相互补充、确保稳定”的原则对城区管网进行规划，主城区外的工业园区逐步实现集中供热，采取园区内能源梯级利用等相关措施提高工业园的能源利用效率	市发改委	市环保局、各区县环保局和发改委
严格节能环保准入，优化产业空间布局	结合化解过剩产能、节能减排和企业兼并重组，有序推进位于主城区的石化、化工、水泥、平板玻璃等重污染企业环保搬迁或改造，城区不再新建重污染型企业	市环保局	市城乡规划局、市经信委、市发改委、市人民政府
深化工业污染治理，推进大气污染减排	全市所有燃煤火电机组全部配套脱硫、脱销设施，并确保达到相应阶段大气污染物排放标准要求，不能达标的脱硫、脱硝设施应进行升级改造；挥发性有机物排放得到控制，积极开展全市VOCs污染排放摸底调查，实施全过程污染防控，建立重点企业VOCs污染排放在线监控体系，提升VOCs污染治理技术与生产工艺，确保达标排放；实施钢铁烧结机、球团设备及石油石化催化裂化装置烟气脱硫，全省所有石油炼制企业、有机化工和医药化工等重点企业全面应用LDAR技术；强化石油炼制有机废气综合治理，工艺排气、储罐、废气燃烧塔（火炬）、废水处理等生产工艺单元应安装废气回收或末端治理装置；鼓励水泥行业协同资源化处理废弃物，大力发展机电产品再制造，推进资源循环利用产业发展	市环保局	市人民政府、市经信委、市发改委

措施	具体治理措施	牵头部门	责任部门
强化机动车污染防治，加速黄标车淘汰进程	严格执行中心城区黄标车、无标车区域禁行的规定；推动油品配套升级；2018 年 1 月 1 日起全市供应符合国家第五阶段标准的车用燃油；加强油品质量监督抽查力度，随机抽检各县市区域内加油站达标油品的供应情况；大力推广新能源汽车；党政机关、公交行业、环卫部门率先推广使用新能源汽车，新增或者更新的公交车、出租车必须使用新能源或者清洁能源	市交通局	市各区县政府、市环保局、市公安局、市商务局、市环保局、市物价局、市工商局、市质监局、中石化荆门分公司、中石油荆门分公司
加强扬尘污染控制，深化面源污染治理	减少道路扬尘污染，城区主次干道清扫保洁合格率达98%以上，城市主干道机械化清扫率达到85%以上，城市道路每天保持湿润；强化建筑渣土运输抛撒扬尘监管，要求建筑渣土运输车辆必须安装 GPS 定位系统，实施运输动态管控，确保做到“二不一及时”（运输时不遗撒、车轮不带泥、污染路面后及时清洗干净），实现“平车装载、密封运输、清洁上路”	市交通局	市环保局
	所有餐馆必须全部安装油烟净化器，市区及各区县建成区内的餐饮业全部实现污染物排放达到《饮食业油烟排放标准》（GB 18483—2001），加强政府的管理监督能力，随时抽查定期检查；2020 年年底前，取缔漳河新区 17 家拌煤场，城区周边道路的沙场全部关闭，城区及周边涉尘货场（煤场、商业混凝土厂、采石场、砌块砖厂等原料堆场）开展大气环境综合整治措施，采取抑尘网等遮盖，做到中心城区及周边露天堆场全遮盖	市住建局	市城管局、市环保局
	全面落实湖北省人大《关于农作物秸秆露天禁烧和综合利用的决定》，强力推进秸秆综合利用，有效解决秸秆焚烧带来的资源浪费和环境污染问题；到 2020 年，秸秆综合利用率达到 99%，建立完善的秸秆收集储运体系，形成布局合理、多元利用的秸秆还田和产业化利用格局，实现生态效益、经济效益和社会效益大提升，树立全省秸秆综合利用标杆	市环保局	各区县农机局

措施	具体治理措施	牵头部门	责任部门
开展基础研究，持续推行清洁生产与循环经济	推进非有机溶剂型涂料和农药等产品创新，减少生产和使用过程中挥发性有机物排放；积极开发缓释肥料新品种，减少化肥施用过程中氨的排放；到2020年，荆门化工循环产业园以荆门石化、天茂集团为依托，实现由单一炼油向“炼化一体化”转变，荆襄磷化循环产业园以新洋丰肥业、大峪口化工为依托，实现传统磷复肥向复合肥、精细磷化工结合转变，电子废弃物循环产业园以格林美、供销和物资企业为龙头，再生资源回收体系建设为载体，实现电子废弃物及社会废旧资源再生利用，推动社会大循环体系建立；积极支持企业建立副产品互换体系，深度开发利用磷石膏、粉煤灰、农业秸秆等工、农业副产品和废弃资源，延伸资源加工链条，积极引进其他市场主体，推进资源再生利用产业化，提高资源利用效率	市环保局	市人民政府、荆门市工商局
建立监测预警应急体系，妥善应对重污染天气	完成城区自动站优化建设；环境监测对各区全覆盖，一月一考核；每月向社会公布全市重点城市空气质量信息，依据重污染天气的预警等级及时启动应急预案；重污染天气可实施人工增雨措施	市环保局	市气象局

3.2 水环境诊断与治理现状

荆门市2015年局部水环境超标问题较为严重，水资源短缺，应及时采取相应措施加强水资源保护，科学合理地开发利用和保护水资源，进行有效的水资源管理，制定适应现代水资源管理要求的政策、法规、经济和技术措施。

3.2.1 水环境质量诊断

荆门市水污染源分为点源污染和面源污染：形成固定排放点的污

染为点源污染源；通过降雨和地表径流冲刷将大气和地表中的污染物带入受纳水体而引起的水污染考虑为面源污染（图 3-15）。

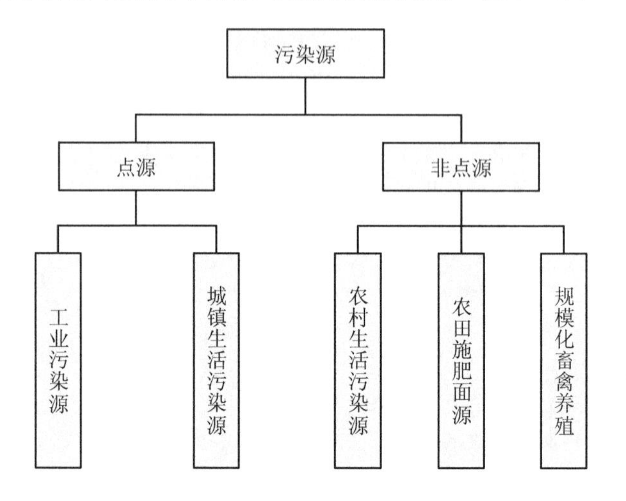

图 3-15　污染源分类

根据污水来源的不同，可将其分为四类，各自的计算公式如下：

①生活污水：

$$Q_1=A_i\times F_i\times P \tag{3-1}$$

$$W_1=A_i\times q_i \tag{3-2}$$

式中，Q_1——规划年生活污水量，万 m^3/a；

W_1——规划年各污染物产生量，t/a；

A_i——规划年人口数，万人；

F_i——规划年用水定额，L/（人·d）；

P——污水产率；

q_i——规划年各污染物负荷，g/（人·d）。

②工业废水：

$$Q_2=S_i\times F_i\times（1+a） \tag{3-3}$$

$$W_2=Q_2\times C_i \tag{3-4}$$

式中，Q_2——规划年工业废水量，万 m^3/a；

W_2——规划年各污染物产生量，t/a；

S_i——工业用地类型面积，km^2；

F_i——规划年单位工业用地用水量指标，$m^3/(km^2 \cdot d)$；

a——地下水渗入率；

Q_i——各规划年工业废水量，万 m^3/a；

C_i——各规划年污染物控制浓度，mg/L。

③禽畜养殖废水：

$$Q_3 = A_i \times T_i \times F_i \tag{3-5}$$

$$W_3 = Q_i \times C_i \tag{3-6}$$

式中，Q_3——规划年禽畜养殖废水量，万 m^3/a；

W_3——规划年各污染物产生量，t/a；

A_i——规划年畜禽年出栏数，万头；

T_i——规划年畜禽存栏时间，d；

F_i——规划年畜禽养殖排水定额，$m^3/(人 \cdot d)$；

Q_i——各规划年禽畜养殖废水量，万 m^3/a；

C_i——各规划年污染物控制浓度，mg/L。

④面源污染：

$$Q_4 = S_i \times P \times R_i \tag{3-7}$$

$$W_4 = Q_i \times C_i \tag{3-8}$$

式中，Q_4——面源污水产生量，万 m^3/a；

W_4——规划年各污染物产生量，t/a；

S_i——土地利用类型面积，km^2；

P——降雨量，mm；

R_i——径流系数；

Q_i——各规划年面源污水产生量，万 m^3/a；

C_i——各土地利用类型中污染物浓度，mg/L。

根据荆门市流域汇水功能区划，各个区县生态功能区污染物排放量=生活废水+工业废水+畜禽养殖废水+农业面源污染总量。

从研究结果来看，城镇生活源对氨氮的贡献较大，接近总量的50%。主要原因在于污水处理及配套管网建设滞后，尤其是乡镇级污水处理设施；工业源污染也不容忽视，部分产业污染排放浓度大，达不到产业政策要求，工业集聚区内的废水处理设施需完善。农业源污染对化学需氧量贡献较大，2014 年占总量的 50%以上，主要原因在于农药化肥的使用和畜禽养殖的发展。

荆门市水体化学需氧量（COD）、氨氮（NH_3-N）尚有一定剩余容量，但局部水环境超标问题严重，长期来看，如不采取措施，2020 年环境容量趋紧，2025 年将严重超限，亟须开展截污、控源、连通、提质与修复工程（图 3-16）。

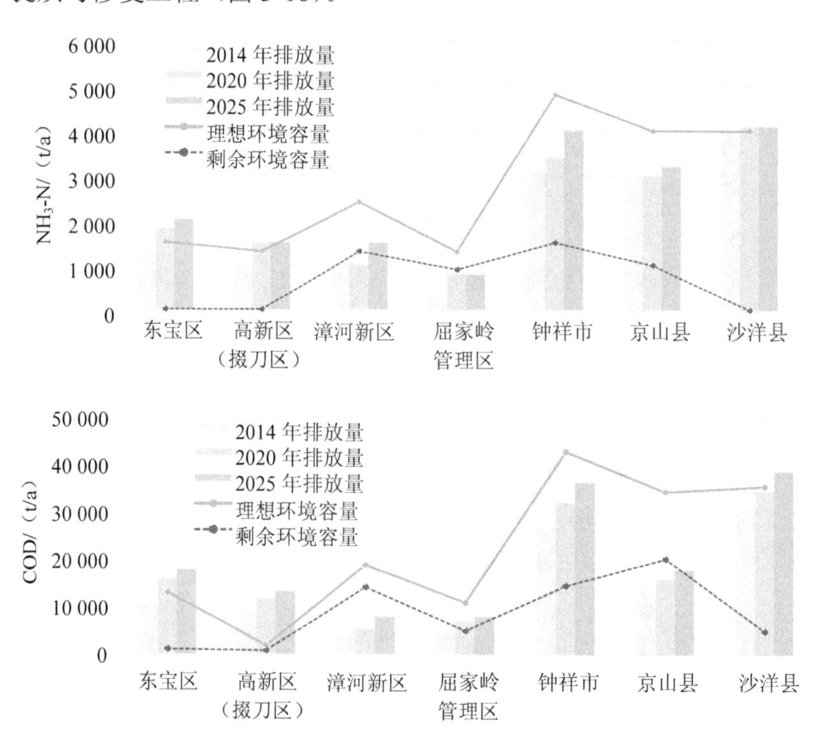

图 3-16 荆门市 2014 年、2020 年、2025 年水环境容量分析

根据各年水资源公报统计，荆门市水资源总量自 2010 年以来下降趋势明显，已连续四年未达到多年平均水资源总量（图 3-17）。荆门市多年平均水资源总量达 40.1 亿 m^3，总人口为 300 万人，人均水资源量为 1 333.20 m^3，低于联合国规定的人均水资源警戒线（1 700 m^3），水资源承载力偏低。

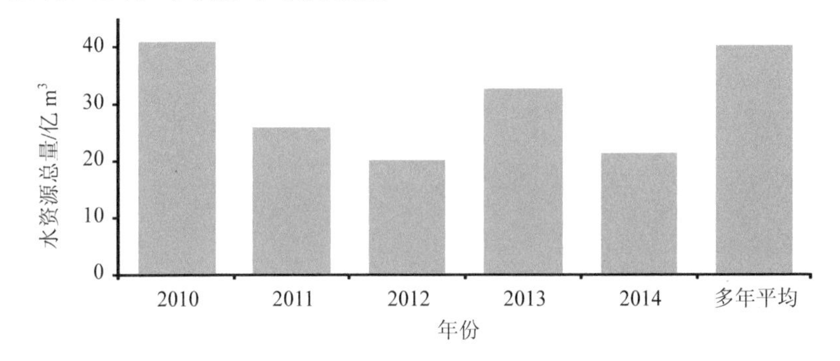

图 3-17　荆门市历年水资源总量

（1）水资源短缺风险评估

鉴于荆门市水资源短缺现状，下面运用水资源风险评估模型对荆门市水资源情况进行分析。

首先，共找出 12 个因素可以导致荆门市水资源短缺风险变化；其次，运用灰色关联度法得出敏感风险因子；最后，对数据进行拟合，运用构建水资源风险评价指数对水资源短缺风险进行评估和预测。根据改进的灰色关联方法，利用下述公式计算比较序列的所有指标对应于参考序列所有指标的关联系数，从而筛选出荆门市水资源敏感性风险因子。关联度越大，比较序列与参考序列关系越密切。

$$\Delta\varepsilon_i(k)=\frac{\min\min\Delta i(k)+\delta\max\max\Delta i(k)}{\Delta i(k)+\delta\max\max\Delta i(k)} \tag{3-9}$$

$$\Delta(k)=|X_0(k)-X_i(k)| \tag{3-10}$$

通过系统分析，结合定性与定量研究结果得出荆门市水资源短缺风险敏感因子为水资源总量、人口规模、GDP、降雨量、农业用水以及城市绿化覆盖率。

依据 2014 年荆门市年鉴统计数据，针对风险基础因子，构建水资源风险评价指数，建立起荆门市水资源风险指数模型以对荆门市各年水资源风险进行综合评价。

$$C=K\times(P\times G)1/R/(10\times W) \quad (3\text{-}11)$$

式中，C——水资源短缺风险指数；

P——人口，万人；

G——GDP 生产总值，亿元；

W——本地水资源总量，亿 m^3；

K——与降雨量有关的系数；

R——降雨量。

由此可以看出，一个地区水资源总量 W 越大，水资源短缺风险指数越小。

水资源短缺风险程度划分见表 3-2。

表 3-2　水资源短缺风险程度

级别	C	水资源评价	对应措施
一级	＞15	极高风险区	控制人口和经济规模，丰水年需要调水
二级	10～15	高风险区	控制人口和经济规模，平水年需要调水
三级	5～10	次高风险区	控制人口，枯水年以上需要调水
四级	2～5	中度风险区	特枯水年需要调水
五级	1～2	低风险区	通过适当调配，可实现平衡
六级	＜1	无明显风险区	水资源充足，不存在明显缺水

人口规模 P 和经济规模 G 越大，水资源风险指数越大；降水量 R 越大，风险系数 K 越小，风险指数越小。根据这一规律，对荆门市水

资源短缺风险程度进行详细的定量划分发现，荆门市目前可通过适当水资源调配控制实现水资源供需平衡；但至规划近期 2020 年，随着人口、GDP 的增长，荆门市水资源总量自 2010 年以来下降趋势明显，已连续四年未达到多年平均水平，若水资源总量继续降低，将极大地增加荆门市水资源短缺风险，无法较好地承载人口和经济规模的发展。

综上所述，荆门市水资源短缺状况处于低风险状态，并且有上升为中度风险乃至次高风险状态的趋势。应及时采取相应的措施加强水资源保护，科学合理地开发利用水资源、保护水资源，进行有效的水资源管理，制定适应现代水资源管理要求的政策、法规、经济和技术措施。

（2）用水效率评估

在对荆门市的用水效率进行分析时，用水效率主要由万元 GDP 用水量、万元工业增加值用水量及农业灌溉亩均用水量三个指标进行评价。

根据荆门市历年水资源公报（2011—2014 年），荆门市历年万元 GDP 用水量如图 3-18 所示，该指标呈下降趋势，但 2014 年的万元 GDP 用水量与《水污染防治行动计划》中提出的 2020 年万元 GDP 用水量较 2013 年下降 35%以上的目标值仍有一定的差距，与《荆门市城市总体规划（2013—2030 年）》（2015 年修改）中提出的 2030 年万元 GDP 用水量为 120 m^3 的目标值仍有不小的差距。对比 2012 年同期湖北省其他城市、湖北省平均及全国平均万元 GDP 用水量，荆门市万元 GDP 用水量高于湖北省平均万元 GDP 用水量，也高于全国平均万元 GDP 用水量。

根据荆门市历年水资源公报（2010—2014 年），荆门市历年万元工业增加值用水量如图 3-19 所示。荆门市万元工业增加值用水量呈下降趋势，且趋势明显。但 2014 年的万元工业增加值用水量与《水污染防治行动计划》中提出的 2020 年万元工业增加值用水量较 2013

年下降30%以上的目标值仍有一定的差距，与《荆门市城市总体规划（2013—2030年）》（2015年修改）中提出的2030年万元工业增加值用水量为29 m^3 的目标值仍有一定的差距。对比2012年同期湖北省其他城市、湖北省平均及全国平均万元工业增加值用水量，荆门市万元工业增加值用水量高于湖北省平均万元工业增加值用水量，也高于全国平均万元工业增加值用水量。

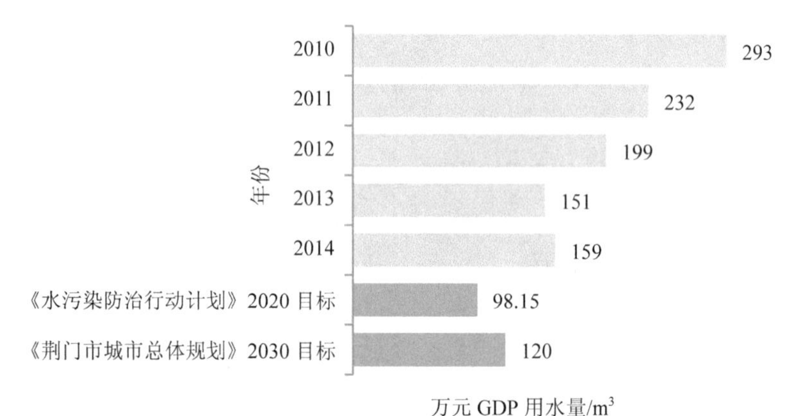

图3-18　荆门市用水效率指标

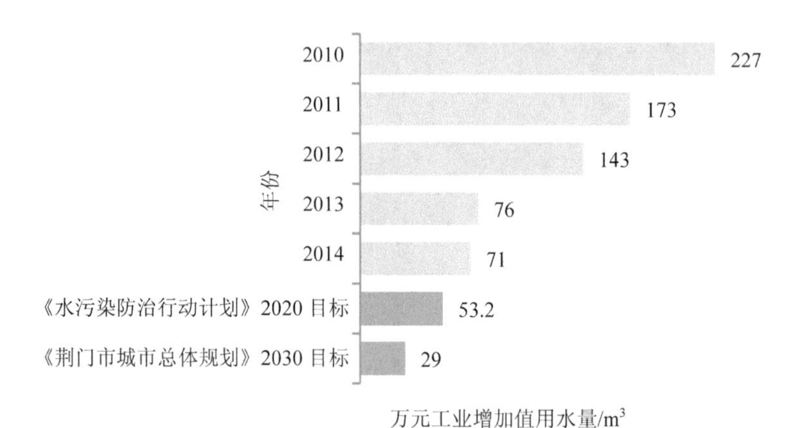

图3-19　荆门市万元工业增加值用水量

根据荆门市历年水资源公报（2010—2014 年），荆门市历年农业灌溉亩均用水量如图 3-20 所示，可见荆门市农业灌溉亩均用水量较为平稳。对比图 3-21 中 2012 年同期湖北省其他城市、湖北省平均及全国平均农业灌溉亩均用水量，荆门市农业灌溉亩均用水量高于湖北省平均农业灌溉亩均用水量，也高于全国平均农业灌溉亩均用水量。

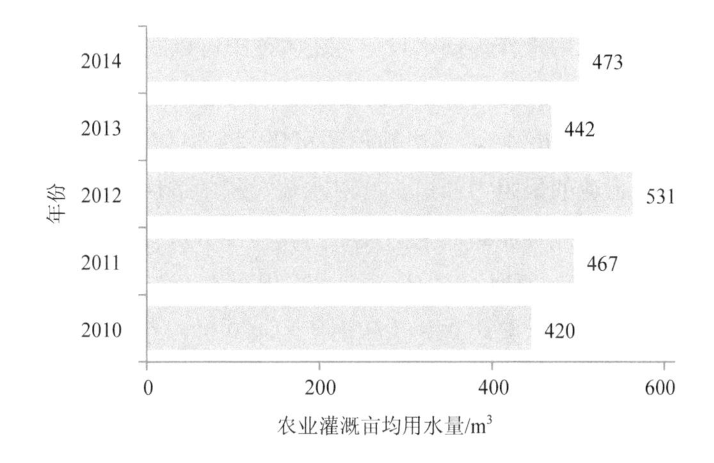

图 3-20　荆门市农业灌溉亩均用水量

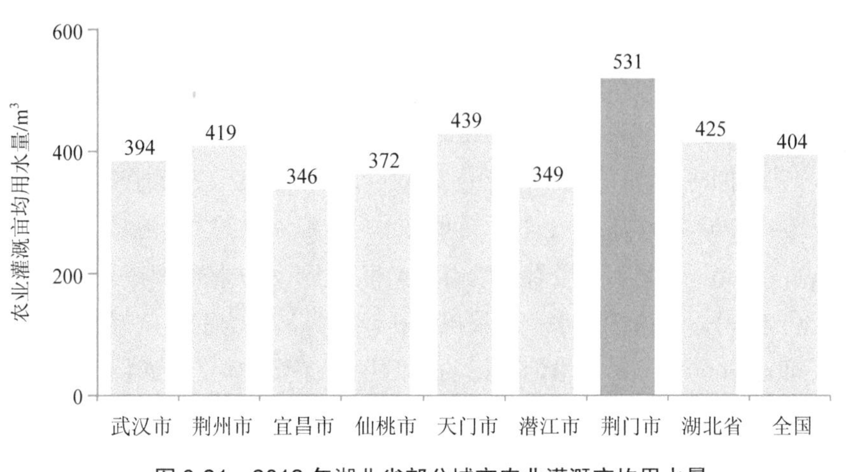

图 3-21　2012 年湖北省部分城市农业灌溉亩均用水量

（3）水安全

荆门市基本径流方向是从西北向东北，与地形趋势一致，属于河流汇集的区域，其中有四块潜在的重要汇流流域；市域内水库星罗、水系密布，水域及水利设施丰富。海绵基底率达到 82.9%，基底条件好，但水系连通性不足，排涝不通畅。

荆门城区境内主要有汉江、伊河、涧河、瀍河等河道水体，在雨洪暴发期间可以用来作为储水设施，在调蓄中可以发挥重要作用。通过 GIS（地理信息系统）可以分析出水系、坑塘、淤积等在雨洪调蓄中发挥重要作用的区域。利用地形图可以判别出作为雨洪汇集的源区。径流是水流的低阻力通道，其对水流过程的健康起关键的作用。破坏径流通道可能要比破坏生态系统的其他部分对径流的干扰更大。相反，保护径流通道要比保护生态系统的其他部分起的作用要大。另外，道路、城市与水系相交处这些部位的水文过程被改变得最剧烈，因而是控制水流和水体质量的关键部位。

荆门市域主要通过汉江径流的 10 条次要汇水通道及 12 个主要泄洪湿地来满足暴雨季节的行洪需求，所以沿河水流动方向应建立尽量多的滞水湿地，充分利用闲置地、未建地（图 3-22）。通过实施水系连通工程，可以建立雨洪安全格局，利用蓄洪和下渗的雨水补充水源。在城市规划和建设之前对控制洪水过程的关键位置和区域进行保护、改造和利用，可以实现城市的生态安全和城市的可持续发展。

荆门市降水量的突出特点是夏秋雨季暴雨强度大、历时长。在山丘区域末端地势较陡，土壤不易吸收水分，汇流时间短、流量大、流速高、河道下泄不畅，极易形成山洪灾害，且洪水传播时间短（3～5 h 至汇流口），在正常洪水位的情况下，浏河、海慧沟汇合口流量一般在 400～600 m^3/s，对沿河两岸的农田住宅有所危害，若遇特大洪水和水库工程失事的情况，将会危害荆门城区人民的生命财产安全。

图 3-22 荆门市径流滞洪分析

荆门市域，包括钟祥、京山、沙洋、屈家岭等位于汉江两岸，属丘陵向平原的过渡地带，主要受汉江及其支流和山洪的威胁，汉江设防水位为 47.0 m（黄海高程系，下同），50 年一遇洪水位 48.83 m，常年水位 44.21 m，相应流量 9 900 m^3/s，最低水位 39.60 m，相应流量 950 m^3/s。堤防防洪标准 50 年一遇，堤顶高程 52.2 m，堤顶宽度 4～6 m，堤面坡度万分之一，堤边坡内坡比 1∶2，外边坡比 1∶3，堤脚禁脚宽度 20～30 m。

根据荆门市域自然地形以及村庄现状和水系分布，在 20 年一遇的暴雨强度下，利用 MIKE FLOOD 软件对荆门地形本底特征系统进行模拟，通过建立内涝风险模型对荆门市域进行内涝风险评估（图 3-23）。

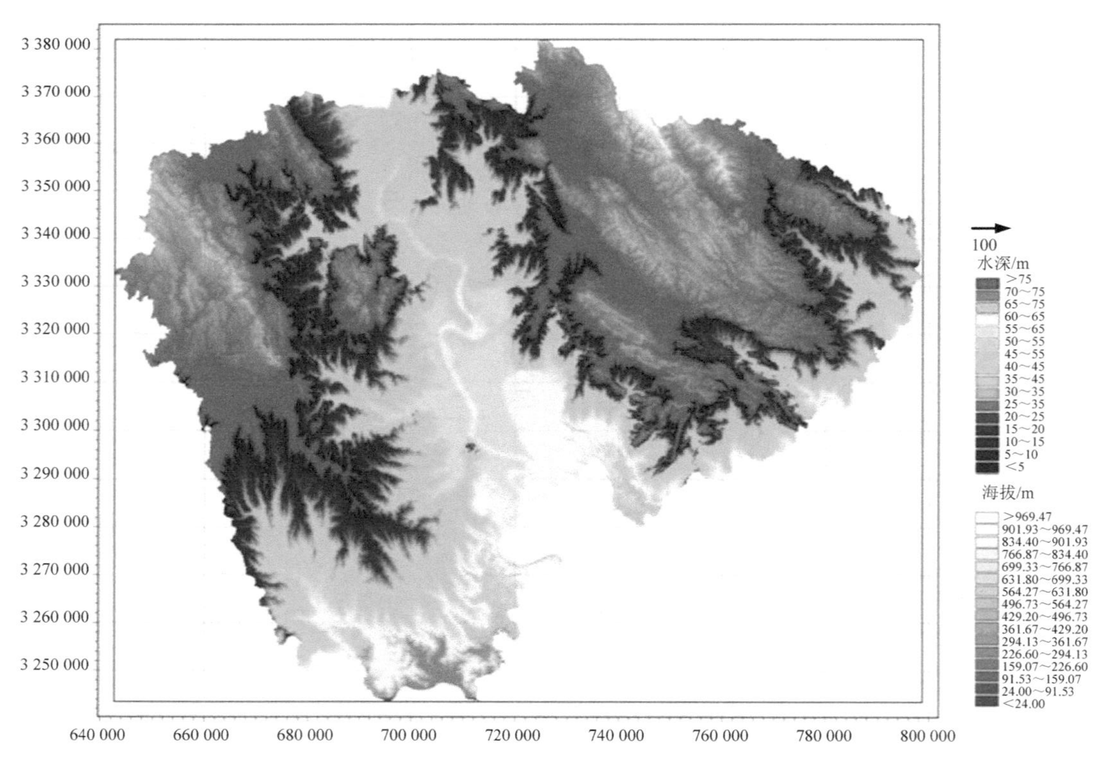

图 3-23　荆门市域范围内涝风险模拟

城市内涝问题，不仅源于排水管道，许多原因还在于城市本身。区域自然肌理比排水管网本身对城市内涝的影响更大。城市的外延扩张会破坏区域自然肌理，大面积地面硬化使所在流域内不透水面积增加、透水面积减少，地表径流量成倍增加。目前，荆门市各县市区的老城区现有排水设施基础较差，均为合流制排水系统，排水沟渠断面偏小，河道的污染和淤塞严重影响了城市排涝的能力。同时，现状水系连通性不足也使排涝不通畅，建成区硬化面积大、坡度大，导致外排能力有限。

（4）水环境

荆门市地表水环境质量总体较好，其中汉江干流、漳河水库、总干渠、四干渠、富水河、京山河等水体水质良好，而长湖、竹皮河等为重度污染，并包含黑臭水体（图 3-24）。

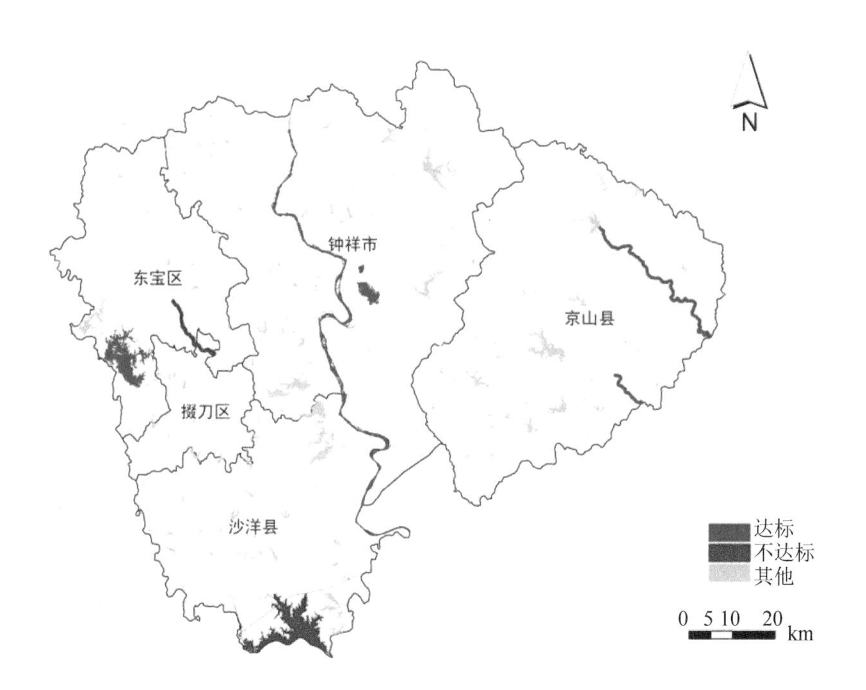

图 3-24　荆门市水质现状

根据《荆门市2015年度环境质量报告书》监测结果显示：涉及荆门市地表水共20个监测断面中Ⅰ～Ⅲ类共有14个，占70%，其余5个断面为劣Ⅴ类，占30%，竹皮河流域内劣Ⅴ类断面较多，马良龚家湾、瓦房店、泗水桥、杨树港革集三组断面为劣Ⅴ类，超标因子为高锰酸盐指数、生化需氧量、氨氮、化学需氧量及总磷等指标；长湖后港断面为劣Ⅴ类，主要超标因子为化学需氧量及氟化物，天门河拖市断面为劣Ⅴ类，主要超标因子为氨氮。

漳河水库水质为优，总体水质类别保持在Ⅱ类，汉江干流、总干渠、四干渠、富水河、京山河水质良好，水质类别在Ⅱ～Ⅲ类，竹皮河、长湖、天门河上游水质较差，污染较为严重，水质类别为劣Ⅴ类。

从“十二五”期间的水质年际变化情况可以看出，荆门市内主要河流总体水质类别年际变化不大；竹皮河污染得到有效控制，水质有所好转，但仍为劣Ⅴ类；长湖水质没有明显改善，仍需加大治理力度。

（5）水生态

荆门市的水生态基本格局是以重点流域“一河（竹皮河——汉江一级支流）、一湖（长湖——长江水系）”，水质较好湖泊“三库（漳河水库——长江水系、温峡水库——汉江水系、惠亭水库——汉江水系）”为基础的。

根据荆门的水文气象特征，荆门市降雨量少、蒸发量大、水资源贫乏，河流是整个生态系统中非常重要的一部分。河流及其滩涂、湿地为生态高敏感区（图3-25）。在高敏感的空间范围应禁止一切与保护无关的开发建设活动，通过实施水源保护、水系恢复、自然保护区建设等措施，促进区域生态环境改善和生态功能恢复。

结合荆门市水资源、水环境和水安全分析，荆门市生态文明建设中水生态保护和修复工作的重点划分为重点流域保护、饮用水水源地保护、湿地保护、水系连通、水资源利用以及海绵城市建设六方面的内容。

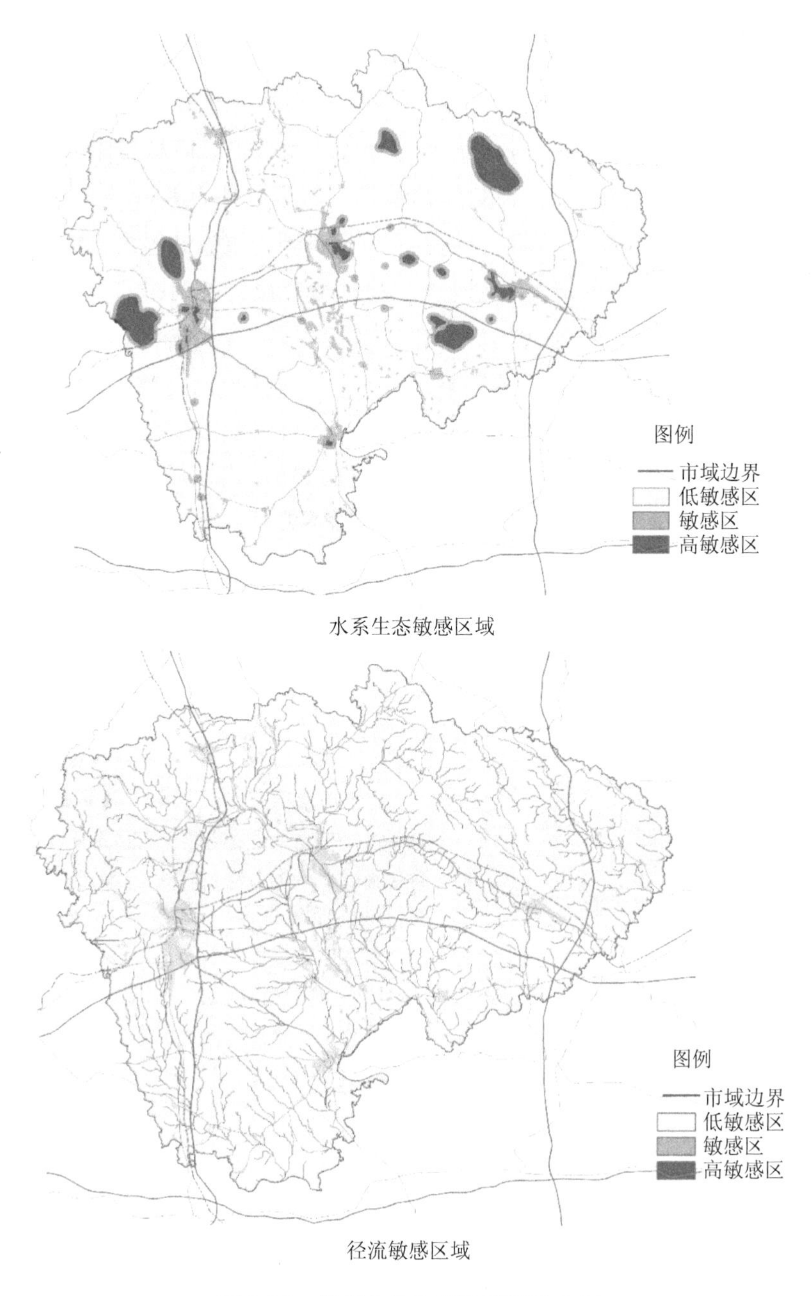

图 3-25　荆门市生态高敏感区域分析

依据荆门市水环境容量分析和水环境敏感性指标分析，荆门市水环境治理应以流域整体水生态格局为理念，以流域水环境保护和治理为中心，从生活、农业、工业源头治理到末端水生态修复与保护工程建设严格实施区域内污染源排污总量控制和达标排放措施，实现水质与水量的综合治理（表 3-3）。基于流域水资源的生态和经济价值，从水资源、水安全、水环境、水生态四个维度突破各部门职能局限，通过涉水职能部门间关于水污染治理信息、方法、工程等的协调合作，逐步建立和完善水生态补偿制度，进而实现各流域水环境治理目标，提升城市绿色发展能力。

表 3-3　荆门市水环境治理的主要方向与领域

治理方向	治理领域	分解项目	重要性
源头控制	农业源	防治畜禽/水产养殖污染	★★★
		农业面源污染控制	★★
	城镇生活源	城乡污水处理及配套管网	★★
		绿色生活方式	★
	工业源	绿色产业转型升级	★★
		用水效率提升	★★★
		城乡固体废物综合处理	★★
生态修复	河湖综合整治	重点流域水体生态修复	★★★
		重点湖泊和湿地保护	★★
	生态水网	水系连通工程	★★★
	海绵城市建设	中心城区海绵城市建设	★
末端治理	污染水体治理	黑臭水体整治	★★★
制度建设	水生态制度	水生态补偿制度	★★

3.2.2　水环境治理目标

到 2020 年，荆门市饮用水安全保障水平持续提升，水环境质量得到阶段性改善，水生态环境状况有所好转。其中，集中式饮用水水源水质持续保持稳定达标；地表水水体水质优良（达到或优于III类）

比例保持稳定，主要水污染物排放量持续削减，水系连通工程初见成效，中心城区海绵城市建成区域达到径流控制和污染削减目标，水生态系统逐步恢复，水环境监测、预警与应急能力显著提高。到 2030 年，地表水全面消除劣Ⅴ类水体，水生态系统功能得到恢复。到 21 世纪中叶，生态环境质量全面改善，生态系统实现良性循环。

3.2.3 水环境治理措施

通过对荆门市既有规划中水污染防治相关措施的梳理，以及生态诊断中对水环境治理主要方向与领域的分析，其水环境主要治理措施如下：

（1）实施工业源水污染防治，加强清洁生产审核

全面整治重污染企业，加强“十小”企业排查，全部取缔不符合国家产业政策的小型造纸、制革、印染、染料、炼焦、炼硫、炼砷、炼油、电镀、农药等严重污染水环境的生产项目。开展化学品制造、农副食品加工、制药等行业及生产工艺调查并实施专项治理，加快实施主要污染企业的污水处理设施升级改造。逐步淘汰竹皮河、长湖、汉江、京山河等流域内的不符合产业政策或环保不达标的重污染企业，促进流域内重污染企业产业转型升级，全面清理、依法取缔无牌无证排污企业。集中开展流域内工业园区（集聚区）水污染治理。工业集聚区治污设施必须满足园区企业治理需求。

积极治理船舶污染。全面排查，依法强制报废超过使用年限的船舶，限期淘汰不能达到污染物排放标准的老旧船舶，严禁新建不达标船舶进入运输市场。继续开展老旧运输船舶和单壳油船提前报废更新行动。对不符合新修订船舶污染物排放标准要求的船舶完成有关设施、设备的配备或改造，经改造仍不能达到要求的，限期予以淘汰；加快取缔各类挂桨机船舶，所有机动船舶要按有关标准配备防污染设备。

增强港口码头污染防治能力。加快垃圾接收、转运及处理处置设

施建设，提高对含油污水、化学品洗舱水等的接收处置能力及污染事故应急能力，加强对饮用水水源地等重点区域危险废物运输等的监管。

提高清洁生产水平，加强清洁生产审核制度。推进工业园区生态化改造，全面推行清洁生产审核，对超标、超总量排污和使用、排放有毒有害物质的企业实施强制性清洁生产审核，加快在化工、印染、食品、制药、造纸等产业深入持续开展清洁生产审核。加强工业固体废物综合利用水平，到 2020 年，工业固体废物综合利用率达到 83% 以上。

依法淘汰落后产能。建立健全落后产能退出机制，依据《部分工业行业淘汰落后生产工艺装备和产品指导目录（2010 年本）》（工产业〔2010〕122 号）、《产业结构调整指导目录（2011 年本）》（2013 年修订）及相关行业污染物排放标准，结合水质改善要求及产业发展情况，制定并实施淘汰落后产能实施方案。大力推进化工、纺织、食品加工、造纸等重污染行业以及高水耗、高污染、低产出等落后产能的淘汰。

按照空间、总量、项目“三位一体”环境准入制度，进一步细化环境准入要求，严格环境准入标准。严守生态红线，对饮用水水源保护区、自然保护区等重要生态敏感区依法实施强制性保护。开展水资源、水环境承载力评价研究，把承载力作为城市发展的刚性约束，统筹生活、生产和生态用水。实行水资源、水环境承载能力监测预警，已超过承载能力的区域要实施水污染削减方案，加快调整发展规划和产业结构。合理确定发展布局、结构和规模。充分考虑水资源、水环境承载能力，鼓励发展节水高效现代农业、低耗水高新技术产业以及生态保护型旅游业。

（2）开展城镇生活污水治理，推进配套设施建设

加快城镇污水处理设施建设和改造力度。完成污水处理厂提标改造，达到一级 A 排放标准。加大对村镇污水处理设施及配套管网项

目的支持指导，加强项目申报和建设力度，积极争取国家、省级资金，引入社会资本。到 2020 年，荆门市县城、城市污水处理率分别达到 85%、95%。加强污水处理设施运行管理，建立和完善污水处理设施第三方运营机制。加强进出水监管，全面实施污水排入排水管网许可证制度，有效提高污水处理厂纳管达标率和出水达标率。

大力推进污水管网建设。加快污水收集管网特别是支线管网建设，进一步提高城镇污水处理厂的负荷水平。在建或拟建城镇污水处理设施应同步规划建设配套管网，做到配套管网长度与处理能力相适应。强化城中村、老旧城区和城乡接合部污水截流、收集。提高管网建设效率，对进水浓度较低的已建城镇污水处理设施要加强对服务区域内雨污合流管网的分流改造，到 2020 年，荆门市建成区污水实现全部处理。

推进污泥处理处置，以减量化、稳定化、无害化和资源化为原则，建立污泥从产生、运输到储存、处置全过程监管体系，禁止不达标的污泥进入耕地，非法污泥堆放点一律予以取缔。因地制宜建成污泥集中处置设施。综合考虑多方面因素，合理确定本地区的主要污泥处置方式或组合，规范处理处置污泥。在具备污泥土地利用条件的地区，结合污泥泥质，鼓励将污泥经厌氧消化或好氧发酵处理后再严格按国家相关标准进行土地利用；在污泥不具备土地利用条件的地区，可考虑采用焚烧及建材利用的处置方式，污泥建材利用应符合国家、行业和地方相关标准和规范要求；大力开展污水处理厂污泥处理设施建设工作，到 2020 年，县以上城镇污水处理厂污泥无害化处置率达到 90%。

（3）强化农村水环境污染整治，建设生态宜居美丽乡村

防治畜禽养殖污染，开展畜禽养殖废弃物综合利用。一是加快划定规模化畜禽养殖禁养区，落实《规模化畜禽养殖污染防治条例》和有关规章制度，以饮用水水源保护区、风景名胜区、自然保护区核心区和缓冲区、城镇居民区、文化教育科学研究区等人口集中区域及法

律、法规规定的其他禁止养殖区域为重点，明确畜禽禁养区、限养区和适养区范围，落实各部门主体责任，加强体制机制保障。二是实施畜禽养殖污染治理行动计划。引导规模化养殖场和养殖小区实施清洁养殖和标准化建设，推广区域化种养结合模式，应用生物发酵床、“堆肥+人工湿地”“污水处理+干粪堆肥”等处理技术，推进畜禽养殖废弃物综合利用，实现区域性种养平衡。到 2020 年，畜禽废弃物综合利用率达到 80%以上。力争到 2025 年，畜禽废弃物综合利用率达到 90%以上。三是强化畜禽养殖业污染减排。实施精准治污，大力推广万头猪场粪污深度治理、中等规模养猪场标准化改扩建、小规模养殖场配套三级沉淀池沉污模式。因场而宜制定畜禽养殖污染减排方案。加强畜禽养殖污染减排工程规模化建设。依托专业合作社，建设畜禽粪污资源化利用设施设备，实行市场化运作。到 2020 年，规模化畜禽养殖场（小区）配套建设废弃物处理设施比例达 75%以上，力争到 2025 年达到 85%以上。

控制农业面源污染，有效控制农药化肥使用量，大力发展生态循环农业，积极开展农业废弃物资源化利用，引导农民科学施肥，在政策上鼓励施用有机肥，减少农田化肥氮、磷流失。加强乡镇面源污染防治，建设坡耕地氮磷拦截、平缓型农田生态沟、面源污水调控净化等措施。设立重金属污染农产品产地预警检测点、农村清洁工程试点、沼气型畜牧养殖业示范区，建立田头有毒有害废弃物收集池，建设坡耕地氮磷拦截工程、平缓型农田生态沟以及区域性面源污水调控净化工程，并在局部区域实施农田土壤质量安全监测与污染修复示范工程。到 2020 年，化肥利用率提高到 40%以上，测土配方施肥技术推广覆盖率达到 90%以上，农作物病虫害统防统治覆盖率达到 40%以上。加强农作物秸秆综合利用水平，到 2020 年，农作物秸秆综合利用率达到 90%以上。

统防统治种植业面源污染，实施化肥、农药减量行动计划。制定化肥、农药施用标准，因地制宜集成推广适用不同作物的全程农药减量控害技术模式。以《测土配方施肥技术规范》（NY/T 1118—2006）为依据，根据当地化肥施用量较大的区县现状、农作物营养特性、土壤供肥性能与肥料增产效应，制定氮、磷、钾及中微量元素的施用品种、数量、比例，确定最适宜施肥时期和最优施肥方法。到2020年，测土配方施肥技术覆盖率达到90%以上，化肥利用率达到40%以上，主要农作物化肥使用量实现零增长。到2025年，测土配方施肥技术覆盖率达到95%以上，化肥利用率达到45%以上。逐步推广低毒低残留农药，重点加大水稻、油菜、水果和蔬菜等农副产品生产区域的农药使用管控。建立经营台账和销售记录制度，实行可追溯管理。到2020年，化学农药用量较2013年大幅下降，达到科学合理水平，生物农药、绿色农药用量占比达到70%以上，农药利用率达到40%以上，主要农作物农药使用量实现零增长。到2025年，生物农药、绿色农药用量占比达到75%以上，农药利用率达到45%以上。

有效建立农村垃圾收集处理体系，因地制宜科学确定不同地区农村垃圾收集、转运和处理模式，推进农村垃圾就地分类减量和资源回收利用。优先利用城镇处理设施处理农村生活垃圾；选择符合农村实际和环保要求、成熟可靠的终端处理工艺，因地制宜推行卫生填埋、焚烧、堆肥或沼气处理等方式。边远村庄垃圾就地减量、处理，不具备处理条件的应妥善储存、定期外运处理。严控、查处在农村地区非法倾倒、堆置工业固体废物的行为，推动农村地区工业固体废物的综合利用，因地制宜发展能源化、建材化等综合利用技术。依托现有危险废物处理设施集中处置农村地区工业危险废物。

加快农村环境综合整治，落实“以奖促治”“以奖代补”政策，实施农村环境综合整治项目，以治理农村生活污水、垃圾为重点，深入推进农村环境连片整治。以县级行政区域为单元，实行农村污水处理统一规划、统一建设、统一管理，积极推进城镇污水处理设施和服务向周边农村延伸。因地制宜选择经济实用、维护简便、循环利用的生活污水治理工艺，科学制定农村生活污水治理规划。鼓励人口集聚和有条件区域建设有动力或微动力的农村生活污水治理设施，在适宜地区推广客店“明灯”生态污水处理模式。到 2020 年，农村环境综合整治率达到 60%以上，农村生活垃圾处理率达到 90%以上。

（4）完善河湖综合整治，科学保护水资源

加强江河湖库水量调度，完善水量调度方案。采取闸坝联合调度、生态补水等措施，合理安排闸坝下泄水量和泄流时段，维持河湖基本生态用水需求，重点保障枯水期生态流量。加大水利工程建设力度，发挥好控制性水利工程在改善水质中的作用。科学确定生态流量，充分考虑基本生态用水需求，维护河湖生态健康。开展河湖生态流量研究分析，并将其作为水量调度的重要参考，综合分析从漳河水库、汉江引水入竹皮河的可行性，并制定补水调度方案，研究多水源系统水资源优化调控方案，开展长湖流域引水入湖工程，连通长湖和长江，形成引江河济湖机制，实现河湖连通，增大枯水期长湖入河量。

严格城市规划蓝线管理，确保在城市规划区内保留足够的水域面积，城市规划区范围内应保留一定比例的水域面积，新建项目一律不得违规突破城市规划蓝线。严格水域岸线用途管制，土地开发利用应按照有关法律法规和技术标准要求，留足河道、湖泊、湿地的管理和保护范围，非法挤占的全部限期退出。

强化水环境红线空间管控，研究制定生态保护红线，实施水环境区域空间管控。红线区内禁止新（改、扩）建高污染排放和有毒有害污染物排放行业，行业企业须严格执行相应行业规范、标准要求，保证污染物稳定达标排放；新（改）建项目不得增加区域污染负荷。着力打造水生态空间，严格河湖滨岸保护和管理，清理非法开垦土地，采取租用、补偿、激励等多种经济政策，释放滨岸生态空间。提升农田、农村集水区河段滨岸植被面源污染截留功能，提高城市河段植被的固岸护坡和景观等功能。恢复重要一、二级支流河流上下游纵向和河道—滨岸横向的自然水文条件，拓展河湖横向滩地宽度。

积极推进河道整治工作，推进中心城区雨污分流和中水回用工程，开展河湖流域水环境综合整治，抓紧推进河道整治、截污清淤、景观配套等工程进度，尽早呈现“河道有水、两岸成景”的生态河道景观；积极实施中心城区截污清淤工程，完善城区截污干管；积极开展污水处理厂尾水深度处理补充河湖水量，实施治理清淤工程；大力推进化工循环产业园污水处理厂提标升级改造工程及工业园污水处理厂建设，提升杨树河流域城镇污水处理厂排水标准为一级 A 标准；深入推进杨树港污水处理厂委托第三方专业化运营相关工作；大力支持城区以外竹皮河两岸各县（市）开展生态廊道建设。实现河面无大面积漂浮物、河岸无垃圾、无违法排污口，达到地表水Ⅳ类标准；到 2020 年，市域地表水水质达标率达到 80%以上，建成区黑臭水体基本消除。加大城市周边河流湖库黑臭水体治理力度，基本消除劣Ⅴ类水体。

综合治理黑臭水体。在全面摸底、逐一排查的基础上，全面掌握全市城市黑臭水体状况，建成区于 2016 年年初完成水体排查，公布黑臭水体名称、责任人及达标期限。采用控源减污、垃圾清理、清淤疏浚、生态修复等措施，加大黑臭水体、城市内河综合整治力度，每半年向社会公布治理情况。实现河面无大面积漂浮物、河岸无垃圾、无违法排污口，基本消除黑臭水体，到 2020 年年底前完成黑臭水体治理目标。

完善水环境监测预警网络建设。统一规划设置监测断面（点位），实现监测网络全覆盖，逐步开展农村集中式饮用水水源地水质监测。建立常规监测、移动监测、动态预警监测“三位一体”的水环境质量监测网络，推进环境监测信息化建设，完善水环境质量自动化监测网络。推进各级监测机构水环境监测标准化能力建设，提升饮用水水源水质全指标监测能力、地下水环境监测、化学物质环境风险防控技术支撑能力。提高环境监管能力，加强环境监测、环境监察、环境应急等专业技术培训，到 2020 年全面实现环境监管网格化管理。

加强基层环境监管能力建设。加强各级环境监管执法队伍建设，加强环境监测、环境监察、环境应急等专业技术培训，严格落实执法、监测等人员持证上岗制度。统筹配备各级环境监管执法力量，具备条件的乡镇（街道）及工业集聚区配备必要的环境监管人员。切实加强环境监管人才队伍和环境监管能力建设。健全环境监管执法经费保障机制，将环境监管执法经费纳入财政全额保障范围。

（5）加强良好水体保护，保障饮用水水资源安全

开展河湖生态环境安全评估，全面开展现状水质达到或优于III类的江河湖库生态环境安全评估。大力推进水库生态环境保护工作，严格控制污染排放，加强生态保护与修复，开展生态环境安全评估，制定实施生态环境保护方案。加强水源涵养，加大水库等区域水生野生动植物类自然保护区和水产物种资源保护区建设力度。从水源到水龙头全过程监管饮用水安全，各区（县）人民政府及供水单位应定期监测、检测和评估本辖区内饮用水水源、供水厂出水和用户水龙头水质等饮水安全状况。明确水源到水龙头全过程中环保、住建、水务、卫生等部门和单位监管责任，健全水质常规监测和定期抽查机制，强化各部门和单位协作，建立信息共享和反馈机制。市级饮水安全状况信息每季度向社会公开。

强化饮用水水源环境保护，科学划定饮用水水源保护区，落实保护区污染源清理整治，加强对道路、水路危险化学品运输安全管理，落实水源保护区及周边沿线公路等必要的隔离和防护设施建设。全面取缔非法采砂行为，清除汉江钟祥市及沙洋县水源地周边建筑及采砂等违法作业区。强化饮用水水源保护区环境应急管理，积极推进城市应急备用饮用水水源地建设。进一步完善一级保护区隔离围网，对水源保护区进行封闭管理，完成惠亭水库、漳河水库、长湖隔离围网建设。

（6）加快重点流域生态治理，建立长效监督管理

加强污染防治综合治理和企业自身的污水处理力度，使其排放的主要污染物达到相应行业标准后排入河流，加强农村生活污水处理设

施建设、生活垃圾收集及转运管理。加强流域沿岸种植面源污染防治，通过引导农民科学施肥及农药喷灌、政策上鼓励施用有机肥，减少农田化肥氮磷流失。同时，针对某些地区畜禽养殖污染严重的问题，实施畜禽养殖场关停取缔，开展综合利用工程，强化其污染治理，建设沼气池、化粪池等污水处理设施，严格控制养殖总量及污染物排放量，调整优化畜牧业布局，大力发展农牧紧密结合的生态畜牧业，促进畜牧业转型升级。

深化重污染水域治理，加快推进重污染水体综合治理。针对污染较为严重的流域，继续采取加大控源减污力度、优化产业结构、增加河道流量、推进水资源优化等措施；加强畜禽、水产养殖及农业面源污染综合治理，完善乡镇生活污水处理设施建设，采取节水利用、加强水生态综合治理等措施。到 2020 年，水体水环境质量得到显著改善，河道生态得到明显恢复。

有序推进河湖流域水生态修复。严格落实水资源管理制度，确定水资源开发利用控制红线和用水效率控制红线。推进流域水环境综合整治，制定流域生态环境保护总体规划和水环境综合整治方案，控制湖泊水体富营养化，实施水体修复工程。以拆除围网养鱼养殖为重点，开展流域环境综合整治，按照“以奖促防”的模式推动湖水污染防治。实施支流水生态修复工程，加强周边工矿企业污染防治与监管，强化对城镇生活垃圾和污水的治理力度，实施流域周边城镇污水处理厂提标改造工程，出水达到一级 A 标准。规范水产养殖管理，推广传统优良的生态养殖模式。实施流域湿地保护与污染综合治理，促进水环境质量改善。

按照不同养殖区域的生态环境状况、水体功能和水体承载能力，科学划定禁养区、限养区，并将其中的养殖池塘、网箱、围栏等一律取缔，合理设定养殖结构模式，鼓励季节性捕捞。落实禁渔区、禁渔期制度，推进渔业生产节能减排并达标排放。开展禁止投肥养鱼行动，取缔江河、湖泊、水库等水域围箱、围栏养殖。加强水产养殖集中区域水环境监测，对达不到淡水池塘养殖水排放要求、严重污染水体的水产养殖场所进行全面清理整顿。有序完成禁养区围栏养殖拆围工作，大力推广配合饲料养殖。

（7）达成水系互联互通，凸显生态文明示范作用

实施汉江以西水系连通及城市备用水源工程，逐步实现“水清、水满、水生态”。从汉江钟祥段沿山头闸引水至西大河，利用国家刚投资已更新改造的郑家湾一、二级泵站引水至备用水源地——东宝区牌楼镇寨子坡水库，然后自流到城区王林港，再通过筑坝拦水自流到江山水库，同时通过泵站提水进入城区竹皮河苏畈桥段。该工程是竹皮河系统治理工程的重要组成部分，是减少南水北调对荆门生态环境影响的重要补偿工程，集城市备用水源、农业灌溉用水、工业用水、生态补水等功能于一体。该工程引水线路总长 47.2 km，其中利用已有渠系线路长 25.73 km（占 54.5%）、新建线路长 21.47 km。

大力开展“五湖连通”工程。重点推进烂泥冲、车桥、乌盆冲、杨家冲、凤凰五座水库连通工程，实施生态水网构建工程，恢复湖与湖、江与湖之间的自然连通，实现湖泊生态平衡，明显改善湖泊水质，形成以“一线串珠”为构架的水系网络，工程可更好地利用、调度和保护水源，增强湖水自我调控能力，形成动态水网，改善水生态系统循环，带动周围休闲旅游产业发展。项目计划总投资 50 亿元，到 2020 年，实现五湖水系连通和航运互通，实施生态引水，水环境质量明显改善。

沙洋县“汉江—小江湖—西荆河”水系连通工程从汉江童元寺闸、丰收闸引水，经御堤闸入城中踏平湖、城西太乙湖（规划新建项目），连通西荆河南下殷家河，经双店闸连通长湖。实现汉江—太乙湖水库—西荆河—引江济汉渠—长湖的整体连通。主要工程内容包括童元寺闸拆除重建，丰收闸改建，渠道硬化、渠堤整治，沿渠建筑物改造，御堤闸拆除重建，太乙湖水库新建，西荆河、殷家河河道整治以及生态环境治理，河道建筑物配套改造，双店闸除险加固。

（8）实施严格的节水制度，创新水生态补偿机制

2014 年荆门市节能、节水器具普及率为 50%，与国家生态文明建设示范市考核目标值（70%）存在一定的差距。因此，应加大宣传力度，推广普及使用节能、节水器具，力争到 2020 年，节能、节水器具普及率达到 92%，到 2025 年达到 95%。

提高用水效率，建立万元国内生产总值水耗指标等用水效率评估体系，把节水目标任务完成情况纳入地方政府政绩考核。强化节水“三同时”管理，重点用水企业和用水大户实施节水改造，推广节水新工艺、新设备，推进节水载体建设。抓好工业节水，开展节水诊断、水平衡测试、用水效率评估，严格用水定额管理。推动重点行业开展企业用水定额对接工作，以工业用水重复利用、热力和工艺系统节水、工业给水和废水处理等领域为重点，支持企业积极应用减污、节水的先进工艺技术和装备。到 2020 年，化工、食品、纺织、石化、造纸等高耗水行业达到先进定额标准。

加强城镇节水。禁止生产、销售不符合节水标准的产品、设备，公共建筑必须采用节水器具，限期淘汰公共建筑中不符合节水标准的水嘴、便器水箱等生活用水器具，对使用超过 50 年和材质落后的供水管网进行更新改造。到 2020 年，全市城市节水器具普及率达 90%以上。有效降低管网漏损率，到 2020 年控制在 20%以内。积极推行低影响开发建设模式，建设滞、渗、蓄、用、排相结合的雨水收集利用设施。鼓励缺水地区建设屋顶雨水收集系统及储水水窖。

发展农业节水。推广渠道防渗、管道输水、喷灌、微灌等节水灌溉技术，完善灌溉用水计量设施。全面开展农业节水，积极建设现代化灌排渠系。加快灌区节水改造，扩大管道输水和喷微灌面积。加强灌溉试验工作，建立灌区墒情测报网络，提高农业用水效率。

加强水资源综合利用，鼓励石油石化、化工、纺织印染等高耗水企业废水深度处理回用。推进生活再生水利用工程及配套设施建设，工业生产、城市绿化、道路清扫、车辆冲洗、建筑施工以及生态景观

等用水要优先使用再生水。加强重点行业再生水管理，积极推动新建住房安装建筑中水设施，自 2018 年起，单位建筑面积超过 2 万 m^2 的新建公共建筑应安装建筑中水设施。到 2020 年，全市再生水利用率达到 10%以上。

健全取用水总量控制指标体系，加强相关规划和项目建设布局水资源论证工作，国民经济和社会发展规划以及城市总体规划的编制、重大建设项目的布局应充分考虑当地水资源条件和防洪要求。加强用水需求管理，以水定需、量水而行，抑制不合理用水需求，促进人口、经济等与水资源相均衡。实行年度用水总量控制，确定各乡镇的用水权指标；各乡镇在已分配的水量指标基础上，对不同地区和行业进行再分配，初步建立水权制度。严格执行水资源开发利用控制红线，严格实施取水许可制度，对纳入取水许可管理的单位和其他用水大户实行计划用水管理。新建、改建、扩建项目用水要达到行业先进水平，节水设施应与主体工程同时设计、同时施工、同时投运。

研究建立南水北调中线工程建设区（荆门）生态补偿机制政策，按照“问题导向、突出重点、补足短板”的原则，组织各区县、各有关部门开展南水北调生态补偿重大项目策划。研究建立受水区、水源区和受影响区对口支援机制、产业合作机制；创新新生态补偿融资方式，实行融资市场化。建立生态环保投资基金，对中小微环保型企业直接提供资本支持。加快南水北调生态补偿工程项目建设，主要在环境治理、生态修复、国土整治、交通航运、民生水利这五方面开展建设。

积极探索漳河水库流域跨界治理新机制。漳河水库主要的管理主体有荆（门）、襄（樊）、宜（昌）三方联席会议（以下称三方会议）和湖北省水行政主管部门。在三方会议制度的基础上，一是各治理主体，首先是地方政府要转变思想观念，树立多元治理理念，与其他治理主体建立伙伴关系，综合运用多种治理工具，共同开展治理活动；二是培育跨域治理新主体，在长湖水污染防治中，当务之急是培育企业、非营利组织、社会公众等治理主体，只有这些主体的数量增加、功能完善，才谈得上发挥作用；三是市政府要与企业、非营利组织、社会公众建立伙伴关系，企业、非营利组织、社会公众等治理主体之间也要建立伙伴关系；四是综合运用多种治理工具，争取实现污染防治、生态保护、生态建设的“三次飞跃”和从区域管理到流域管理、从单一管理到协同管理、从部门履职到人人参与、从例行监测到在线监控的管理模式的“四大转变”。

（9）推进城区海绵城市建设，提升城市绿色发展力

推进“海绵型”生态绿地建设，以海绵城市创建为契机、以中心城区“一心六廊多点”城市绿地体系为主体，推进海绵型公园绿地建设。通过建设雨水花园、下凹式绿地、人工湿地等措施，借助自然生态修复，消纳自身雨水，并为蓄滞周边区域雨水提供空间。建设海绵城市，统筹发挥自然生态功能和人工干预功能，有效控制雨水径流，实现自然积存、自然渗透、自然净化的城市发展方式，有利于修复城市水生态，涵养水资源，增强城市防涝能力，扩大公共产品有效投资，提高新型城镇化质量，促进人与自然和谐发展。此外，还应加大市政地下管网建设改造力度，实施截污改造与雨污分流工程，适时开展地下综合管廊试点。

大力推进漳河新区打造示范工程，全方位应用海绵城市技术，实现在 2020 年城镇人均公园绿地面积达到 11 m^2，在 2020 年达到 13 m^2/人。到 2020 年，城镇新建绿色建筑比例不低于 35%，太阳能应用普及率达到 80%，城镇新建建筑执行绿色建筑省级认定标准的比例达 30%，中心城区达到 50%以上，城镇新型墙体材料的建筑应用比例达 100%；到 2025 年，太阳能应用普及率达 95%，城镇新建建筑执行绿色建筑省级认定标准的比例达 35%。

荆门市在水安全、水资源、水环境、水生态四方面的工作任务归纳总结见表 3-4 至表 3-7。

表 3-4　水安全工作任务明细表

优先控制项目类别	指标名称	目标值（2020 年）	具体治理措施	牵头单位	责任单位
饮用水水源地安全保障达标率	村镇饮用水卫生合格率/%	100	从水源到水龙头全过程监管饮用水安全：各区县人民政府及供水单位定期监测、检测和评估本辖区内饮用水水源、供水厂出水和用户水龙头水质等饮水安全状况；明确水源到水龙头全过程中环保、住建、水务、卫生等部门和单位的监管责任，健全水质常规监测和定期抽查机制，强化各部门和单位协作，建立信息共享和反馈机制	市环保局	市发改委、市住建委、市水务局、市卫计委
	集中式饮用水水源地水质优良比例/%	100	强化饮用水水源环境保护：科学划定饮用水水源保护区，落实保护区污染源清理整治，加强对道路、水路危险化学品运输安全管理，落实水源保护区及周边沿线公路等必要的隔离和防护设施建设；全面取缔非法采砂行为，清除汉江钟祥市及沙洋县水源地周边建筑及采砂等违法作业区；强化饮用水水源保护区环境应急管理，积极推进城市应急备用饮用水水源地建设；进一步完善一级保护区隔离围网，对水源保护区进行封闭管理，完成惠亭水库、漳河水库、长湖隔离围网建设	市环保局	市水务局、市住建委、市发改委

表 3-5　水资源工作任务明细表

优先控制项目类别	指标名称	目标值（2020 年）	重点工作内容及时间表	牵头单位	责任单位
用水总量控制达标情况	全市用水总量控制	≤28.1 亿 m^3	健全取用水总量控制指标体系，加强相关规划和项目建设布局水资源论证工作，国民经济和社会发展规划以及城市总体规划的编制、重大建设项目的布局应充分考虑当地水资源条件和防洪要求；实行年度用水总量控制，确定各乡镇的用水权指标，各乡镇在已分配的水量指标的基础上对不同地区和行业进行再分配，初步建立水权制度；严格执行水资源开发利用控制红线，严格实施取水许可制度，对纳入取水许可管理的单位和其他用水大户实行计划用水管理；新建、改建、扩建项目用水要达到行业先进水平，节水设施应与主体工程同时设计、同时施工、同时投运；到 2020 年，全市用水总量控制在 28.1 亿 m^3 以内	市水务局	市发改委、市经信委
	人均水资源消费量	不超过 500 m^3/人			
万元工业增加值取水量	万元 GDP 水耗	不超过 100 m^3，比 2014 年下降 35%	抓好工业节水，开展节水诊断、水平衡测试、用水效率评估，严格用水定额管理；推动重点行业开展企业用水定额对接工作；以工业用水重复利用、热力和工艺系统节水、工业给水和废水处理等领域为重点，支持企业积极应用减污、节水的先进工艺技术和装置；到 2020 年，化工、食品、纺织、石化、造纸等高耗水行业达到先进定额标准	市住建委	市发改委、市水务局
	万元工业增加值用水量	降低到 52 t/万元，比 2014 年下降 30%			

优先控制项目类别	指标名称	目标值（2020 年）	重点工作内容及时间表	牵头单位	责任单位
供水管网漏损率	公共供水管网漏损率	≤10%	加强城镇节水，限期淘汰公共建筑中不符合节水标准的水嘴、便器水箱等生活用水器具；禁止生产、销售不符合节水标准的产品、设备，公共建筑必须采用节水器具，限期淘汰公共建筑中不符合节水标准的水嘴、便器水箱等生活用水器具，对使用超过 50 年和材质落后的供水管网进行更新改造，到 2020 年，全市节水器具普及率达 90%以上；有效降低管网漏损率，到 2020 年控制在 10%以内；积极推行低影响开发建设模式，建设滞、渗、蓄、用、排相结合的雨水收集利用设施；鼓励缺水地区建设屋顶雨水收集系统及储水水窖	市住建委	市发改委、市水务局
生活节水器具普及率	全市节水器具普及率	≥90%			
水资源综合利用	工业用水重复利用率	≥80%	抓好工业节水，开展节水诊断、水平衡测试、用水效率评估，严格用水定额管理；推动重点行业开展企业用水定额对接工作；以工业用水重复利用、热力和工艺系统节水、工业给水和废水处理等领域为重点，支持企业积极应用减污、节水的先进工艺技术和装备；到 2020 年，化工、食品、纺织、石化、造纸等高耗水行业达到先进定额标准	市经信委	市发改委、市水务局
	全市再生水利用率	≥20%	加强水循环利用，鼓励石油石化、化工、纺织印染等高耗水企业废水深度处理回用；推进生活再生水利用工程及配套设施建设，工业生产、城市绿化、道路清扫、车辆冲洗、建筑施工以及生态景观等用水要优先使用再生水；加强重点行业再生水管理，积极推动新建住房安装建筑中水设施，自 2018 年起，单位建筑面积超过 2 万 m^2 的新建公共建筑，应安装建筑中水设施；到 2020 年，全市再生水利用率达到 10%以上	市住建委	市发改委、市经信委、市环保局、市水务局

优先控制项目类别	指标名称	目标值（2020 年）	重点工作内容及时间表	牵头单位	责任单位
农田灌溉节水	农田灌溉水有效利用系数	≥0.55%	发展农业节水，推广渠道防渗、管道输水、喷灌、微灌等节水灌溉技术，完善灌溉用水计量设施；全面开展农业节水，积极建设现代化灌排渠系；加快灌区节水改造，扩大管道输水和喷微灌面积；加强灌溉试验工作，建立灌区墒情测报网络，提高农业用水效率；到 2020 年农田灌溉水有效利用系数提高到 0.55 以上，新增改善灌溉面积 100 万亩	市水务局	市发改委、市农业局
	畜禽养殖场粪污资源化利用率	≥80%	防治畜禽养殖污染，排查全市畜禽养殖清单，掌握各畜禽养殖场（小区）和养殖专业户具体信息；调整优化畜牧业布局，加速畜牧业产业整合，提倡种养平衡，发展集中养殖、种植配套的生态循环农业，促进畜牧业的转型升级；严格执行禁养区、限养区制度，依法关闭或搬迁禁养区内的畜禽养殖场（小区）和养殖专业户；严格控制养殖总量及污染物排放量，调整优化畜牧业布局，大力发展农牧紧密结合的生态畜牧业，促进畜牧业转型升级；加强京山县永漋河、雁门口、石龙镇、钱场镇，钟祥市石牌镇、旧口镇、罗汉寺镇，东宝区石桥驿镇、子陵铺镇、牌楼镇，沙洋县长湖及入户河流沿岸等主要区域的畜禽养殖规范化建设，新建、改建、扩建规模化畜禽养殖场（小区）要实施雨污分流、粪便污水资源化利用；到 2017 年前，完成屈家岭管理区有机肥厂建设；加强病死动物无害化处理，做到设施先进、运作机制完善、政策保障到位，到 2020 年，完成京山县大量病死畜禽无害化集中处理中心建设	市畜牧局	市环保局

表 3-6　水环境工作任务明细表

优先控制项目类别	指标名称	目标值（2020年）	重点工作内容及时间表	牵头单位	责任单位
水功能区限制纳污控制率	化学需氧量减排率	10%	建立健全落后产能退出机制，依据《部分工业行业淘汰落后生产工艺装备和产品指导目录（2010 年本）》《产业结构调整指导目录（2011 年本）》（2013 年修订）及相关行业污染物排放标准，结合水质改善要求及产业发展情况，制定并实施淘汰落后产能实施方案；大力推进化工、纺织、食品加工、造纸等重污染行业以及高水耗、高污染、低产出等落后产能的淘汰，加快取缔不符合产业政策等严重污染水环境的生产项目，加快关停荆门市福岭化工有限公司硫酸、过磷酸钙生产线，于 2016 年年底完成；未完成淘汰任务的区县，暂停审批和核准其相关行业新建项目	市发改委	市经信委、市环保局
	氨氮排放总量减排率	10%	按照空间、总量、项目“三位一体”环境准入制度，进一步细化环境准入要求，严格环境准入标准；严守生态红线，对饮用水水源保护区、自然保护区等重要生态敏感区依法实施强制性保护；开展水资源、水环境承载力评价研究，把承载力作为城市发展的刚性约束，统筹生活、生产和生态用水；实行水资源、水环境承载能力监测预警，已超过承载能力的区域要实施水污染削减方案，加快调整发展规划和产业结构；到 2020 年，组织全市及各区县水资源、水环境承载力现状评价	市环保局	市住建委、市水务局
	重点流域总氮、总磷减排率	—	暂无	—	—

优先控制项目类别	指标名称	目标值（2020年）	重点工作内容及时间表	牵头单位	责任单位
水功能区水质达标率	主要湖泊水质达到相应环境功能区类别的比例	50%	全面开展现状水质达到或优于III类的江河湖库生态环境安全评估。大力推进漳河水库生态环境保护工作，严格控制污染物排放，加强生态保护与修复，开展生态环境安全评估，制定实施生态环境保护方案，于2018年年底完成；加强水源涵养，加大漳河水库等区域水生野生动植物类自然保护区和水产物种资源保护区建设力度；继续保持京山河、大富水河、漳河、涢水等优良水体稳定达到水环境功能要求	市环保局	市林业局、市水务局
	河流断面水质达到相应环境功能区类别的比例	90%	加快推进竹皮河、长湖等重污染水体综合治理，针对竹皮河流域，继续采取加大控源减污力度，优化产业结构，增加河道流量，推进水资源优化等措施，针对长湖流域，加强畜禽、水产养殖及农业面源污染综合治理，完善乡镇生活污水处理设施建设，采取节水利用、加强水生态综合治理等措施；到2020年，竹皮河、长湖水体水环境质量得到显著改善，河道生态得到明显恢复	市环保局	市水务局、市住建委、市发改委
	地表水环境质量	水质达到或优于III类比例≥78.6%，基本消除劣V类水体	暂无	—	—

优先控制项目类别	指标名称	目标值（2020年）	重点工作内容及时间表	牵头单位	责任单位
污水集中处理率	开展生活污水处理的行政村比例	≥65%	加快城镇污水处理设施建设和改造力度，完成夏家湾污水处理厂、杨树港污水处理厂、钟祥市污水处理厂、沙洋县污水处理厂提标改造，达到一级 A 排放标准，于 2017 年年底前完成；加大对村镇污水处理设施及配套管网项目的支持指导，加强项目申报和建设力度，积极争取国家、省级资金，引入社会资本；以宋河、钱场、绿林、官垱、沈集、高阳、柴湖、旧口、客店、双河、石牌、子陵铺、牌楼、石桥驿、漳河 15 个重点镇污水处理设施建设为重点，加强钟祥汉江沿岸、沙洋汉江沿岸、长湖周边、京山县及屈家岭管理区、掇刀区团林、麻城等地区镇级污水处理厂建设，于 2020 年年底前全部完成；到 2020 年，县城、城市污水处理率分别达到 85%、95%；加强污水处理设施运行管理，建立和完善污水处理设施第三方运营机制；加强进出水监管，全面实施污水排入排水管网许可证制度，有效提高污水处理厂纳管达标率和出水达标率	市环保局	市住建委
	乡镇人民政府所在地生活污水处理率	≥60%		市住建委	市环保局
	县城污水处理率	85%		市住建委	市环保局
	城市污水处理率	95%		市环保局	市住建委
	农村卫生厕所普及率	≥85%	暂无	市住建委	市环保局

表 3-7　水生态工作任务明细表

优先控制项目类别	指标名称	目标值（2020 年）	重点工作内容及时间表	牵头单位	责任单位
生态流量满足程度	重点河湖生态需水量满足程度	≥80%	充分考虑基本生态用水需求，维护河湖生态健康；开展竹皮河生态流量研究分析，并以此作为水量调度的重要参考，综合分析引漳河水库、汉江引水入竹皮河的可行性，并制定补水调度方案，研究多水源系统水资源优化调控方案，开展长湖流域引水入湖工程，连通长湖和长江，形成引江河济湖机制，实现河湖连通，增大枯水期长湖入河量	市水务局	市环保局、市发改委
河道有效整治率	河道生态修复合格率	≥80%	积极推进河道整治工作，推进中心城区雨污分流和中水回用工程，优先开展竹皮河流域水环境综合整治，抓紧推进浏河示范段（万华城段）940 m的河道整治、截污清淤、景观配套等工程进度，尽早呈现“河道有水、两岸成景”的生态河道景观；积极实施中心城区截污清淤工程，完善城区截污干管；积极开展夏家湾污水处理厂尾水深度处理补充竹皮河水量工作，实施夏江山水库治理清淤工程；大力推进化工循环产业园污水处理厂、夏家湾污水处理厂提标升级改造工程及东宝工业园污水处理厂建设，提升竹皮河流域城镇污水处理厂排水标准为一级 A 标准；深入推进杨树港污水处理厂委托第三方专业化运营相关工作；大力支持城区以外竹皮河两岸各县（市）开展生态廊道建设；到 2017 年年底前实现河面无大面积漂浮物、河岸无垃圾、无违法排污口，达到地表水Ⅳ类标准，到 2020 年，市域地表水水质达标率达到 80%以上，建成区黑臭水体基本消除；加大钟祥护城河、南湖、京山县南河、沙洋西荆门河等城市周边河流湖库黑臭水体治理力度，基本消除劣Ⅴ类水体	市环保局	市水务局、市住建委、市发改委

优先控制项目类别	指标名称	目标值（2020年）	重点工作内容及时间表	牵头单位	责任单位
海绵城市建设	新建城区硬化地面，可渗透面积	≥40%	推进“海绵型”生态绿地建设，以海绵城市创建为契机，以中心城区“一心六廊多点”城市绿地体系为主体，推进海绵型公园绿地建设，通过建设雨水花园、下凹式绿地、人工湿地等措施，借助自然生态修复，消纳自身雨水，并为蓄滞周边区域雨水提供空间；建设海绵城市应统筹发挥自然生态功能和人工干预功能，有效控制雨水径流，实现自然积存、自然渗透、自然净化的城市发展方式，有利于修复城市水生态、涵养水资源，增强城市防涝能力，扩大公共产品有效投资，提高新型城镇化质量，促进人与自然和谐发展；加大市政地下管网建设改造力度，实施截污改造与雨污分流工程，适时开展地下综合管廊试点	市住建委	市水务局、市环保局
黑臭水体整治	黑臭水体治理	全部消除	综合治理黑臭水体，在全面摸底、逐一排查的基础上，全面掌握全市城市黑臭水体状况，建成区于2016年年初完成水体排查，公布黑臭水体名称、责任人及达标期限；采用控源减污、垃圾清理、清淤疏浚、生态修复等措施，加大黑臭水体、城市内河综合整治力度，每半年向社会公布治理情况；于2018年年底前实现河面无大面积漂浮物、河岸无垃圾、无违法排污口，基本消除黑臭水体，到2020年年底前，完成黑臭水体治理目标	市住建委	市环保局、市水务局、市农业局

3.3　土壤环境诊断与治理现状

荆门市土壤污染主要表现为重金属污染、工业污染，产生行业主要分布在基础化学原料制造业。经过治理，目前土壤环境质量有所改善，但是治理任务仍然严峻。

3.3.1　土壤环境质量诊断

（1）土壤环境现状《荆门市环境保护“十三五”规划》

荆门市重金属污染产生行业主要集中在基础化学原料制造业：硫铁矿制酸（生产线）、高浓度磷化业、铅酸蓄电池极板生产、废旧电池及废料（含镍、钴、铜、锌、镉）回收利用、废旧电器拆解循环再利用、机械加工电镀生产等行业。区域上相对集中分布于钟祥市胡集经济技术开发区磷化工业园区、荆门中心城区竹皮河流域、京山经济技术开发区。

（2）水土流失现状

荆门市属于湖北省政府确定的水土流失重点治理区的汉江中游片区。2006 年荆门市水土流失总面积 3 748 km^2，占国土总面积的 31%，年土壤流失 700 多万 t。形成水土流失的原因在于毁林开荒、陡坡开垦、公路建设、矿山开垦等活动对自然生态系统的破坏。

（3）矿山环境现状

目前荆门市绝大多数磷矿、石膏矿、石灰石矿和煤矿等矿山开采企业均是粗放经营，开采方式落后，资源利用率低，多以出售原矿为主。矿山开采造成植被破坏、水土流失、地表塌陷等生态灾害，大量固体废物未得到合理处置，成为二次污染源，影响周围生态环境。

作为一个典型的资源型城市，目前荆门市中心城区有矿山 17 km^2，经过多年开采，留下大量矿坑、渣场等矿山废弃地，矿山废弃地约占矿山面积的 35%，对生态环境造成了一定的影响。矿山由于植被遭到严重破坏，恢复状况不佳，土地贫瘠、植被退化，最终导致矿区大面积人工裸地的形成，极易被雨水冲刷，严重时甚至可能暴发泥石流，矿井关闭后，地下水侵蚀废弃矿井，矿井支柱“遇水软化”，引发采空区塌陷，成为威胁矿区民众生命和财产安全的隐患，易形成地质灾害。采石场、取土场、磷矿、石膏矿、石灰矿、煤矿等点多面广，挖山开矿、炸山碎石等频繁的开采活动留下很多如“阴阳山”“石壁窗”“锅底坑”等景观“硬伤”，在很大程度上对当地的土壤造成景观及理化性质上的损坏。

（4）土壤环境破坏主要原因分析

一是产业发展方式粗放，污染企业布局有待调整。长期以来，荆门市涉重金属行业企业多集中在钟祥胡集、双河、磷矿等区域，部分分散在高新技术产业园区、工业开发区内，一些高投入、高耗能、高污染、高环境风险的落后企业依然存在。工业发展地域差别及资源、交通等因素匹配形成的工业结构布局使污染集中在钟祥市胡集区域和一些主要排污行业，导致磷化工业园区污染排放高度集中，局部重金属环境质量恶化。

根据已有资料和遥感影像显示，化工园区的空间布局有待调整，与农田之间安全距离较短（图 3-26）。

图 3-26　化工园区的空间布局遥感影像图

二是重金属污染数据监测未实现常规化，信息公开不够透明。目前各地对土壤、空气、地下水及非常规地表水监测断面的环境质量只统计了常规性指标，对铅、汞、铬、镉、砷等重金属未做常规监测。此外，多数涉重金属企业的环保治理设施数量偏少、陈旧简陋，处理能力、运转率不足，全市污染源监控管理力度和措施不完善。例如，在荆门市企业自行监测信息平台上共有 11 家企业为重金属污染源，以磷化、化工企业为主，但仅有部分企业按要求公开了污染物监测信息。

根据前述土壤环境诊断中对土壤环境破坏主要原因及污染源的分析，可以对应总结出源头治理和末端治理等几个重点治理方向与领域。土壤环境治理重在标本兼治，其中提高对工业企业的监管、危险废物的综合整治以及土壤矿山生态修复的重要性更为突出（图 3-27）。

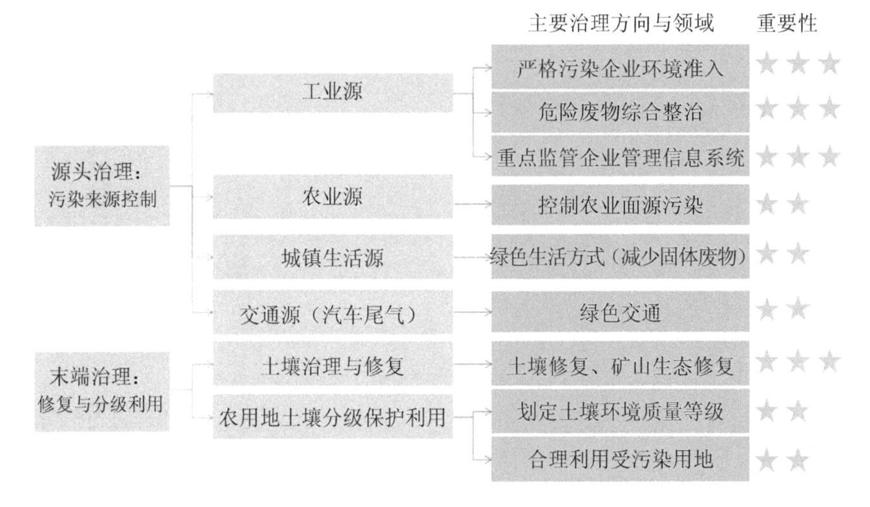

图 3-27　土壤环境治理主要方向与重要性等级

①源头管理：污染来源控制。土壤的污染来源分为工业源、农业源、城镇生活源和交通源（主要为汽车尾气）四类，应针对不同的污染源制定治理方向和领域。工业源的主要治理方向和领域包括三个方面：严格污染企业环境准入、危险废物综合整治、重点监管企业管理信息系统。这三个方面对于控制工业源来说具有同等的重要性。农业源的主要治理方向与领域为控制农业面源污染。对于城镇污染源则需要提倡绿色生活方式（减少固体废物的产生量）。对于交通源，应推行绿色交通，鼓励绿色出行，减少汽车尾气的排放。

②末端治理：修复与分级利用。主要包括土壤治理与修复、农用地土壤分级保护利用两类。土壤治理与修复的主要治理方向与领域分为土壤修复、矿山生态修复两部分。农用地土壤分级保护利用方面，需要划定土壤质量等级以及根据质量等级合理利用受污染用地。

3.3.2 土壤环境治理目标

到 2020 年，耕地土壤环境质量达标率≥80%；受保护地区占国土面积比例≥22%，农作物测土配方施肥普及率达到 100%，畜禽养殖场粪污资源化利用率≥80%；90%以上的退化土地得到有效治理；矿山生态修复率达到 95%，修复面积 5.5 km^2。

3.3.3 土壤环境治理措施

通过荆门市既有规划中土壤污染防治相关措施的梳理，以及生态诊断中对土壤环境治理主要方向与领域的分析，土壤环境主要治理措施如下：

（1）划定农用地土壤环境质量及矿区类别

按污染程度将农用地划为三个类别：未污染和轻微污染的划为优先保护类，轻度和中度污染的划为安全利用类，重度污染的划为严格管控类，以耕地为重点分别采取相应管理措施，保障农产品质量安全。以土壤污染状况详查结果为依据，开展耕地土壤和农产品协同监测与评价，在试点基础上有序推进耕地土壤环境质量类别划定，逐步建立分类清单，2020 年年底前完成。划定结果由各省级人民政府审定，数据上传至全国土壤环境信息化管理平台。根据土地利用变更和土壤环境质量变化情况，定期对各类别耕地面积、分布等信息进行更新。争取逐步开展林地、草地、园地等其他农用地土壤环境质量类别划定等工作。

将矿区开采与生态保护相结合，在科学调研和论证的前提下，确定矿山的禁采区、限采区及鼓励开采区。规划禁采区（包括禁采地段）内不得新开办矿山，现有矿山应视各自情况采取不同政策措施限期关迁。规划限采区要逐步压缩矿山数量和开采总量，严格控制新建矿山。原则上不颁发新的采矿许可证，不设置新的矿山；原有的采矿许可证到期后，确需保留的矿山应当制定合理科学的开采利用方案，采取严格的环境保护措施和安全生产措施，使资源开发与环保相结合，经济效益和社会效益相统一。规划开采区要在查明矿产资源储量的基础上编制详细规划，科学划分开采项目区块，合理设置矿山。严格新办矿山的技术、环保、安全、规模等准入条件，公开出让采矿权；鼓励原有实力的矿山以资产为纽带联合、兼并中小型矿山，实现规模化开采。

（2）加强土壤污染源头综合治理，控制污染源排放

严格荆门市金属冶炼、采矿、选矿、医药、水泥等行业工矿企业环境准入，防止新建项目对土壤环境造成污染。建立重点监管企业管理信息系统及清单，实施综合分析和动态管理。建立企业环境信息披露制度，每年向社会发布企业年度环境报告并接受社会监督，促进污染源稳定达标排放。开展尾矿、磷石膏、脱硫石膏、煤矸石、粉煤灰和炉渣工业固体废物贮存场所及历史遗留危险废物堆放场所的排查，制定综合整治方案。

（3）强化农业农村面源污染防治，优化畜禽养殖业发展布局

总结梳理技术成果，建立健全技术体系。重点对各地各部门在畜禽生态养殖、畜禽排泄物无害化处理和资源化利用、农田土壤重金属污染修复技术、农田化肥农药减量增效和作物秸秆综合利用等农业面源污染治理方面取得的成功经验和技术研究成果进行全面总结、梳理，根据地域差异性和农业面源污染特点，因地制宜，通过技术集成和创新，建立健全实用、高效的农业面源污染治理技术体系。研究开发关键技术，提升污染治理效率。组织力量对畜禽污水深度处理、畜禽排泄物资源化转化、“三沼”综合利用、农田化肥流失控制、农药合理施用等关键技术进行攻关研究和重点开发。在自主研究开发的同时，积极吸收国内外农业面源污染治理先进技术和实用成果，通过自主技术创新和先进技术引进相结合，全面提升荆门市农业面源污染治

理效率。

（4）加强污染场地修复，规范污染场地开发利用

农用地土壤修复方面，研究制定农用地土壤污染修复管理的相关政策，确保全市土壤修复工作顺利开展；将农用地土壤修复工作纳入镇（街道）生态环境保护工作体系；建立目标责任制，成立督促领导小组，按年度对农用地土壤修复落实情况进行督促、检查，向政府报告、向社会公开并接受社会监督。

矿山环境修复方面，新建矿山和生产矿山按照“谁破坏，谁恢复，谁开发，谁治理”的原则，严格执行“三同时”制度，及时履行矿山环境恢复治理义务，并缴纳矿山环境恢复治理保障金；国土资源行政主管部门应加强对采矿权人履行矿山地质环境恢复治理义务情况的监督检查，加大矿山地质环境保护和治理力度，实施矿山地质环境恢复治理重点工程，重点开展矿山采空区地面塌陷等环境问题的治理工作，改善矿区及周边地区的生态环境；通过严格实施土地复垦方案、加强复垦土地权属管理、实施矿区土地复垦重点工程等，积极推进矿区土地复垦。

矿山生态治理恢复分区方面，《矿山地质环境保护与恢复治理方案编制规范》（DZ/T 0223—2011）提到矿山地质环境保护与恢复治理分区可根据矿山地质环境影响评价结果划分为重点防治区、次重点防治区、一般防治区。根据矿山地质环境保护与恢复治理的现状评估、预测评估可将荆门市防护区进行分类，进而根据区内矿山地质环境问题类型的差异细分为不同的防护区域。

（5）大力推进绿色矿山建设

贯彻落实科学发展观，实现资源利用与矿山发展相协调的重要举措，对建设资源节约型和环境友好型社会具有重要意义。绿色矿山是矿产资源开发利用与经济社会发展、生态环境保护相协调的矿山，应该达到资源利用节约集约化、开采方式科学化、企业管理规范化、生产工艺环保化、闭坑矿山生态化的有关标准和要求。

总体上看，绿色矿山建设应该遵循科技进步、改进生产工艺、不

断提高资源利用水平和环境保护水平的理念，包含的内容应比较宽泛，而不仅仅体现在环境保护水平的提高方面，在资源节约、综合利用、矿山开发与社会和谐方面明显先进，而且随着矿业发展和科技进步，绿色矿山将被赋予更加丰富的内涵。

表 3-8 是对荆门市土壤环境治理工作的梳理总结。

表 3-8　土壤环境治理工作任务明细表

措施	具体措施	牵头单位	责任单位
深入开展土壤环境质量调查	在现有相关调查的基础上，以农用地和重点行业企业用地为重点，开展土壤污染状况详查，2018 年年底前查明农用地土壤污染的面积、分布及其对农产品质量的影响；2020 年年底前掌握重点行业企业用地中的污染地块分布及其环境风险情况；制定详查总体方案和技术规定，开展技术指导、监督检查和成果审核；建立土壤环境质量状况定期调查制度，每十年开展一次	市环保局	财政局、国土资源局、农业局、各区县人民政府
防治畜禽养殖污染	荆门市各区县都编制了畜牧业发展规划和畜禽养殖污染防治规划。畜牧业发展规划应当统筹考虑环境承载能力以及畜禽养殖污染防治要求，合理布局、科学确定畜禽养殖的品种、规模、总量；畜禽养殖污染防治规划统筹考虑畜禽养殖生产布局，明确畜禽养殖污染防治目标、任务、重点区域，明确污染治理重点设施建设，以及废弃物综合利用等污染防治措施。依法关闭或搬迁禁养区内的畜禽规模养殖场，实现城市规划范围内规模养殖场全部退出	市畜牧兽医水产局	市环保局、农业局、京山县、沙洋县、东宝区、钟祥市等相关县市区政府
开展畜禽养殖废弃物综合利用	自 2016 年起，新建、改建、扩建规模化畜禽养殖场（小区）实施雨污分流、粪便污水资源化利用。鼓励和支持采取种植和养殖相结合的方式就近就地消纳利用畜禽养殖废弃物，加强病死畜禽无害化处理。到 2017 年年底前，生猪调出大县基本建立集中病死畜禽无害化处理中心；2018 年年底前，全面完成流域内适养区、限养区内年出栏生猪 500 头以上规模养殖场的养殖设施改造，对年出栏生猪 500 头以下的养殖场加强环境监管，做到种养平衡、养殖废水不直排	市畜牧兽医水产局	市环保局、农业局以及京山县、沙洋县、东宝区、钟祥市等相关县市区政府

措施	具体措施	牵头单位	责任单位
控制农业面源污染	利用现有沟、塘、窖等配置水生植物群落、格栅和透水坝，建设生态沟渠、污水净化塘、地表径流集蓄池等设施，净化农田排水及地表径流	市环保局	各区县环保局
	加速生物农药、高效低毒低残留农药推广应用，开展农作物病虫害绿色防控和统防统治。实行测土配方施肥，推广精准施肥技术和机具。完善高标准农田建设标准规范，明确环保要求，新建高标准农田要达到相关环保要求。2018 年年底，实现流域内农田排水得到净化。流域内主要农作物测土配方施肥技术推广覆盖率达到 70%以上，主要农作物病虫害专业化统防统治覆盖率达到 30%以上，化学农药使用总量减少 12%以上	市农业局	市环保局和相关县市区政府
落实监管责任	土壤监管方面，地方各级城乡规划部门结合土壤环境质量状况，加强城乡规划论证和审批管理；地方各级国土资源部门依据土地利用总体规划、城乡规划和地块土壤环境质量状况，加强土地征收、收回、收购以及转让、改变用途等环节的监管；地方各级环境保护部门加强对建设用地土壤环境状况调查、风险评估和污染地块治理与修复活动的监管；建立城乡规划、国土资源、环境保护等部门间的信息沟通机制，实行联动监管。 矿山监管方面，加强对荆门市现存采矿企业的日常监管，严格禁止生态控制红线内的采矿行动；按照矿山地质环境准入条件和采矿权设置方案严格审批新建矿山，对不符合矿产资源开发利用规划的一律不予批准，对规模小、布局不合理、采矿技术方法落后、严重破坏地质环境的已建矿山，按照规模化开采、集约化利用原则进行整合或淘汰；对矿山企业提出的矿山地质环境治理验收申请，及时组织人员严格按照矿山地质环境保护治理方案进行审查验收，对达不到治理要求的不予通过，并责令其继续治理，做到验收一家、合格一家。将荆门市持证矿山的生态环境恢复治理方案实施情况纳入矿山年检内容；依照“谁破坏、谁恢复、谁开发、谁治理”的原则，督促采矿权人制定落实生态恢复治理方案，按时缴纳矿山环境恢复治理保证金	市国土局	市环保局、住建委

措施	具体措施	牵头单位	责任单位
开展地质环境监测和灾害防治	监测内容包括矿山建设及采矿活动引发或可能引发的地面塌陷、地裂缝、崩塌、滑坡、泥石流、含水层破坏、地形地势景观破坏等矿山地质环境问题，以及矿山区地质环境恢复情况;购置相关监测仪器、设备、软件、数据，并培训相关监测人员以及技术分析人员；完善施工安全意识培训教育及安全措施，保证人工现场量测安全性。 及时排查已发现或潜在的地质灾害，制定相关的治理方案，做到“因地制宜，长期高效”；建立应急预案，定制应急方案，进行应急储备	市国土局	京山县、沙洋县、钟祥市等各区县国土局、环保局、环科院、监测站

3.4 声环境诊断与治理现状

总体而言，荆门市 2014 年区域环境噪声等效声级平均值约为全省平均水平，声环境质量较好，但仍有待改善。

3.4.1 声环境质量评估

（1）声环境质量现状（《2014 年湖北省环境质量状况》）

与 2014 年相比，2015 年荆门市中心城区三类工业区的噪声上升，一类居民文教区夜间噪声略有上升，道路交通噪声等效声级上升了 0.3%，其他各类功能区的噪声值变化不大。总体而言，声环境质量较好。（《荆门市环境保护“十三五”规划》）

与湖北省其他城市相比，荆门市区域环境噪声等效声级平均值约为全省平均水平，声环境质量较好。道路交通噪声高于全省平均水平，仍有待改善（图 3-28）。

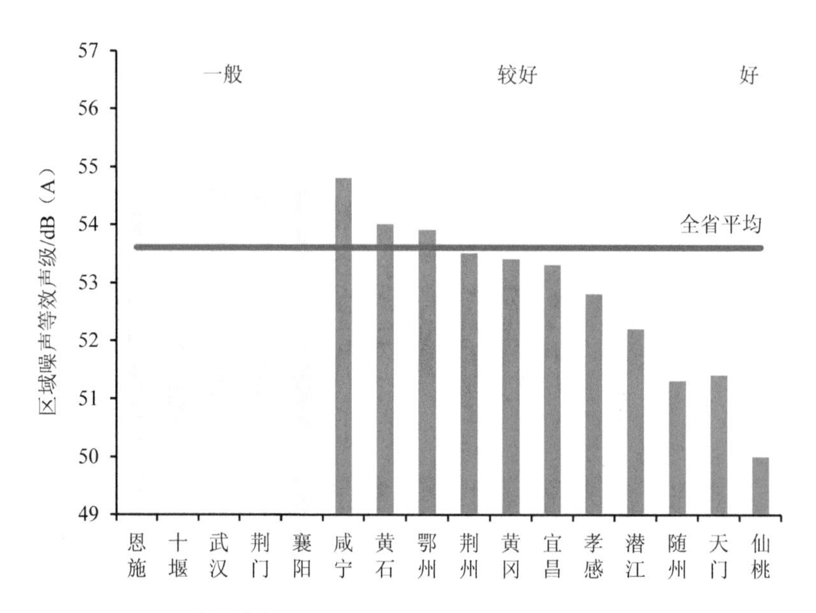

湖北城市区域环境噪声等效声级平均值（2014 年）

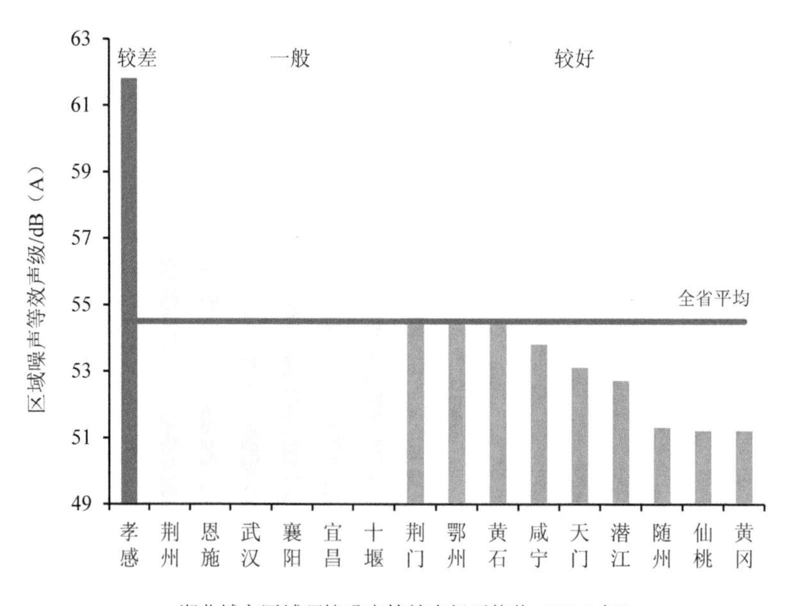

湖北城市区域环境噪声等效声级平均值（2015 年）

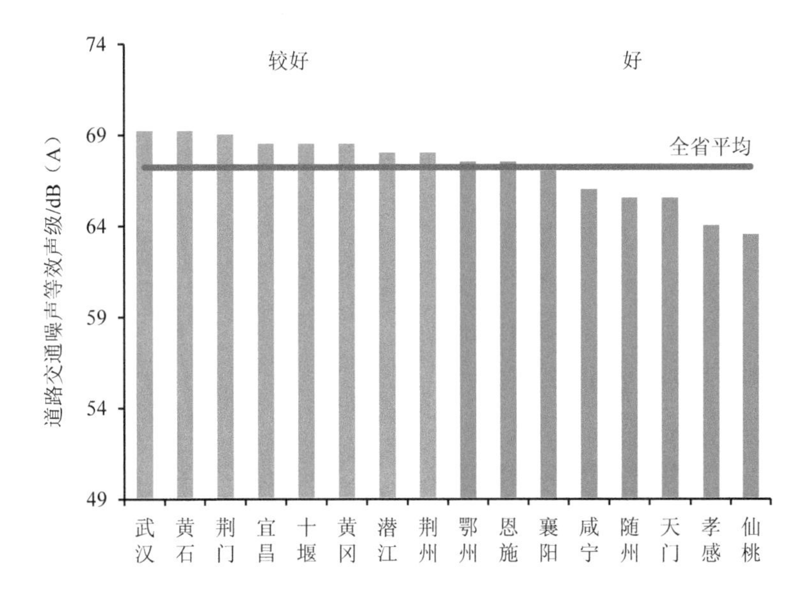

湖北城市道路交通噪声等效声级平均值（2014 年）

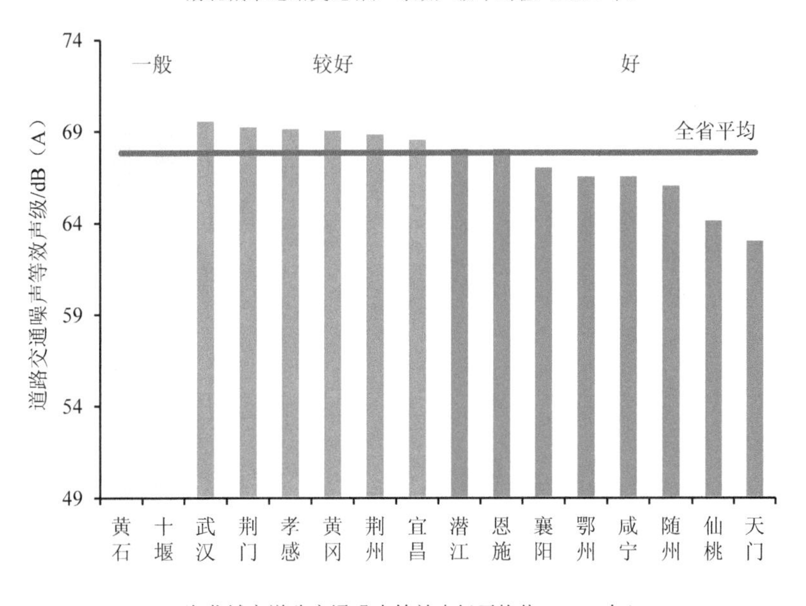

湖北城市道路交通噪声等效声级平均值（2015 年）

图 3-28　湖北省城市区域/道路噪声等效声级平均值变化情况（2014—2015 年）

（2）声环境污染成因分析

对荆门市的环境噪声来源进行调研可以发现（图 3-29），在城市各区域环境噪声监测占位数据统计得到的声源构成比例中，交通噪声影响范围较大，其次是工业噪声，生活噪声所占比例不大。但从环境噪声对居民生产生活的影响来看，建筑施工噪声对于人们生活的影响最大，参考《中国环境噪声污染防治报告（2016 年）》，建筑施工噪声占中部地区噪声投诉的 46.9%。此外，工业企业噪声占比达 29.8%，超过全国平均水平近 13 个百分点。同时，噪声管理职能交叉，主体不明确。我国《环境噪声污染防治法》赋予了环保、公安、交通、文化、工商等部门环境噪声监管职责，而各部门的部分管理职能又移交给了城市管理部门，因而出现管理交叉、执法主体不明确等情况。

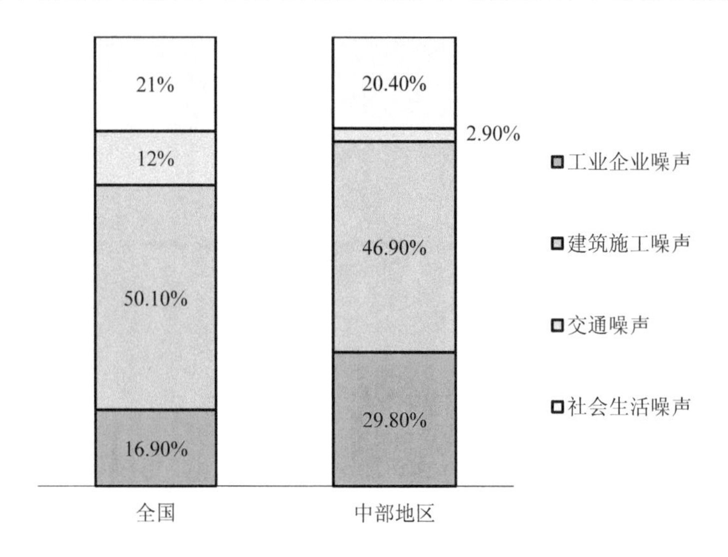

图 3-29　2015 年噪声投诉中声源分布

（3）声环境污染治理方法

根据前述声环境诊断中对噪声主要原因的分析，对应制定出源头治理和过程控制的几个重点治理方向与领域。声环境治理重在源头控制，其中合理规划声环境功能布局、发展绿色建筑及噪声源监管对于声环境治理的重要性相对较高（图 3-30）。

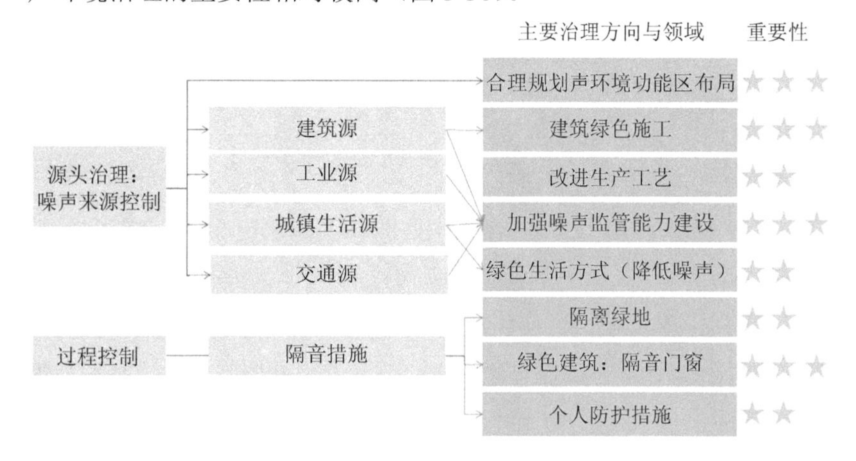

图 3-30　声环境治理主要方向与重要性等级

降低声源本身的噪声是噪声污染治理的根本方法，可根据生态安全格局、建设适宜性等进行分析，合理规划声环境功能分区布局；从建筑源、工业源、城镇生活源和交通源入手，提出改进生产工艺、建筑绿色施工、倡导绿色生活的方式方法，并加强城市噪声监管能力建设。从对荆门市居民生产生活的影响来看，绿色施工的重要性最高。

在噪声的传播途径上进行过程控制：采取一定的隔音措施，如利用自然地形、隔离绿地等降低噪声；采用声学控制措施降低噪声，如隔音门窗等；采用接受者个体保护的末端控制，如防护耳塞、防声棉、耳罩等。

3.4.2　声环境治理目标

到 2020 年，通过加大交通、施工、工业、社会生活等领域噪声污染防治力度，合理规划声环境功能区，强化城市声环境达标管理，加强噪声监管能力建设，做好重点噪声源控制，着力解决噪声扰民的突出问题，建设荆门宁静社区、宁静城市。

3.4.3 声环境治理重点方向

按照前述声环境诊断中对治理主要方向与领域的分析，荆门市声环境治理的主要措施如下：

（1）加强交通噪声污染控制

建设完备的城市交通干线噪声监测体系，在市区对机动车实施限速、禁鸣。禁止不符合国家机动车噪声排放标准要求的车辆上路行驶。拖拉机、农用车禁止进城，工程车、货运车按规定时间与路线进城。完善城市道路系统，改善道路交通状况，逐步采用弹性大、减振和吸声性能好的改性沥青铺制路面。加强道路两侧绿化带的建设，有效降低噪声污染。

加大城市道路新建、改建的力度，提高道路通行能力和路面质量，如道路黑化等措施，减轻道路交通噪声的影响；加强交通管理，实行机动车、非机动车、行人分流，对主要交通干线继续完善交通管理措施，切实改善车辆通行能力，进一步扩大中心城区“禁鸣”区域并严格执行禁鸣规定。

（2）加强建筑噪声污染控制，使用隔音门窗

严格执行建筑施工申报审批制度，限制施工作业时间。推广使用商品混凝土，加大建筑施工现场监督管理，确保各项减噪降噪措施落实到位。强化建筑施工噪声现场管理，加大对噪声污染严重、居民投诉反映强烈的案件的查处力度。加强建筑施工的全过程管理，实行建筑施工噪声排污登记，加大对建筑噪声扰民事件和超标排污行为的处罚力度。发展绿色建筑，采用隔音效果良好的门窗。

（3）加强社会噪声污染控制

严格审批排放噪声的营业性饮食、服务和娱乐场所，确保选址合理，边界噪声达标。规范商场、商店、市场的商业行为，提倡文明经商，禁止高音揽客。对营业性餐饮、娱乐场所、农贸市场和商场的边界噪声不达标的实行限期整改。开展建设环保文明小区活动，提高市

民素质，自觉抵制各种导致噪声扰民的行为。深入开展居住区小型加工企业噪声污染专项整治。严格限制商业促销宣传活动，加强娱乐业以及夜市摊点的规划和管理，加强生活噪声污染的预防，提高广大市民的环境保护意识。

（4）重点监管特殊时期、特殊区域的噪声

加强特殊时期（如中、高考期间，旅游黄金周等）和特殊区域（如学校、医院、疗养院等）的噪声污染监督管理，降低噪声敏感区域内的噪声污染。

（5）加强工矿企业噪声污染控制

对工业噪声严格实行噪声排污登记制度，加强噪声污染处理力度。强化对产生噪声的工矿企业的监督，确保工矿企业厂界噪声达标。调整工业布局，搬迁噪声污染严重而治理无望的企业。城市建成区严格控制新建噪声污染工业企业，新建工业项目要求严格执行“三同时”制度，严格进行环境影响评价，加强厂区绿化，减少噪声污染；实行清洁生产，预防噪声污染，确保厂界噪声达标排放。

表 3-9 是对荆门市声环境治理工作的梳理总结。

表 3-9　声环境治理工作任务明细表

具体治理措施	牵头单位
督促协调各单位噪声污染整治工作；严格实行工业企业建筑项目、文化娱乐等项目的环评审批及“三同时”制度，加强对文化娱乐场所的环境监管，对达不到国家规定噪声排放标准的文化娱乐场所依法予以处罚	市环保局
在确定城市建设布局时，中心城区内不再新建、扩建有噪声污染的工业生产企业；加强对民用建筑隔音设计和施工强制性标准执行情况的监督管理，推广使用降噪、防振的产品和材料；在建筑设计管理中严格执行国家噪声污染防治有关规定，从源头上把好噪声污染防治关	市住建委

具体治理措施	牵头单位
适时调整荆门市的声环境功能区划，按照声环境质量标准提出划定噪声敏感建筑物与可能产生环境噪声污染的工业企业和城市公共设施的噪声控制要求；根据国家《声环境质量标准》（GB 3096—2008）和《民用建筑隔声设计规范》（GB 50118—2010），合理划定建筑物与交通干线的噪声防护距离，并提出相应的规划设计要求	市规划局
对在商业经营活动中使用高音喇叭、大功率音响器材或者采用其他发出高噪声的方法招揽顾客及在街道、广场、公园开展宣传庆典、文化娱乐、体育健身等活动中使用音响、抽打陀螺、甩响鞭、夜市、烧烤等社会噪声源进行集中整治；监管渣土清运噪声，会同荆门市公安局严格控制渣土车辆运行路线的审批	市城管局、市公安局
严格监管切割、加工金属、石材、木材等材料产生噪声；装修、动物经营产生噪声；在室内使用电器、乐器、家庭饲养动物、居民住宅空调室外机、进行其他娱乐和体育锻炼等活动产生噪声	市公安局
改善道路交通条件，在城市道路和对外公路建设中推广使用低噪路面；规划和建设省道、国道、市政道路及两侧的防噪设施，对有噪声污染的路段进行治理；做好公交车、出租车等营运车辆的交通噪声防治监管工作，督促公交车、出租车加强维修和保养，保持其技术性能良好，消声器和喇叭符合国家规定；整治全市重点区域及禁噪路段的机动车鸣笛、声响装置及飙车噪声，查处建筑垃圾清运车辆的噪声超标问题；主要交通干线的环境敏感路段应规划设置声屏障，减少交通噪声对居民生活的影响；协调督促车站控制广播喇叭音量，减轻噪声对周围生活环境的影响	市交通局
严格审批露天机动车修理和黑白铁、铝合金制品加工等项目，依法取缔无照经营的机动车修理和黑白铁、铝合金加工点；按照政府相关部门对违法排放噪声污染的单位下达的取缔、关闭决定，依法注销或吊销其营业执照；积极协调配合相关部门依法查处各种无照经营和超范围经营行为	市工商局
组织市级各新闻媒体在整治期间加大宣传工作力度，开设专栏，丰富形式，扩大宣传面，营造氛围，动员人民群众参与和监督	市委宣传部

4  生态环境治理重点领域确定

4.1 生态环境治理技术路线

为了更好地了解生态环境治理的实际需求、把握治理的重点方向，本书从顶层政策研究、标杆经验借鉴、既有规划梳理、生态环境诊断、治理需求评价五个方面进行基础研究（图 4-1）。

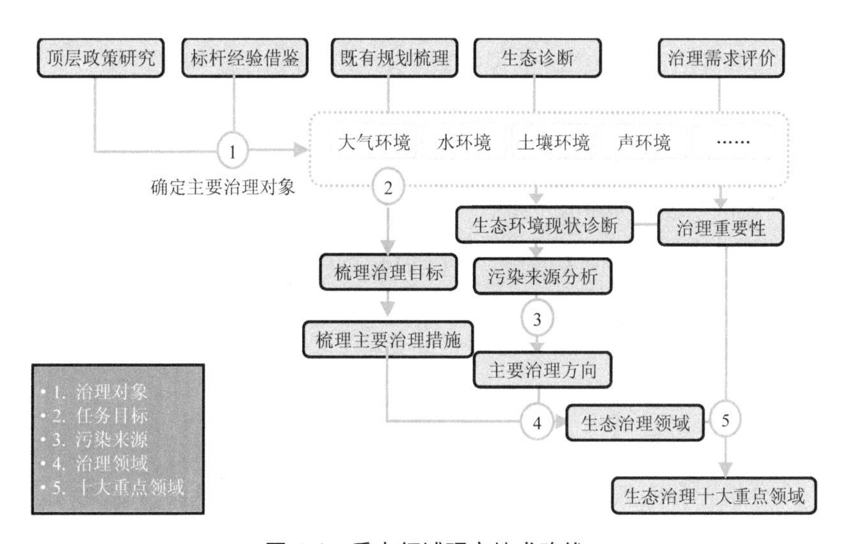

图 4-1　重点领域研究技术路线

首先，通过顶层政策研究和标杆经验借鉴（第 1 章），确定了国内外主要生态治理对象。其次，从守住生态质量底线出发，进行了大气环境、水环境、土壤环境、声环境板块的相关规划梳理和现状诊断，

由既有规划梳理（第 2 章）确定了治理目标和主要治理措施，通过生态诊断（第 3 章）分析了污染空间特征与污染源特征，并针对性地确定了守住各项底线的主要治理目标和治理方向。最后，基于本书前三章的客观研究，再加上本章对荆门市利益相关者治理需求的主观评价，最终确定了荆门市生态治理的十大重点领域。

4.2 生态环境质量现状对标分析

4.2.1 生态环境质量横向对标分析

（1）大气环境质量对标分析

选取空气质量优良率、二氧化硫减排率、PM_{10} 年均浓度这三项空气质量指标进行对标分析。由对比图 4-2 可以清楚看出，空气质量优良率和 PM_{10} 两个指标的现状值和本治理目标值之间呈现梯级变化趋势，而二氧化硫减排率则相差不大。观察空气质量优良率可以看出，本治理目标到相关标准目标值需要提升近 16 个百分点，说明本治理目标与相关标准目标值（其他城市生态治理目标）之间存在明显的差距，这主要是考虑荆门市空气质量状况在全国近 300 个地级市的排名中处于中下游及空气质量优良率较低的状况。比较三种水平下的 PM_{10} 浓度，从现状值达到其他城市的相关标准目标值需要降低 50 个百分点，这说明荆门市的可吸入颗粒物（PM_{10}）水平与其他城市之间存在较大的差异，与其他治理目标之间差距还比较大。

分析三种大气指标中现状值与本治理目标值之间的关系，从对比图（图 4-2）可以看出，空气质量优良率从现状值 60%到治理目标值需要提高至少 20 个百分点，比较三种水平下的 PM_{10} 浓度，可以看出从现状值到本治理目标值需降低 29 个百分点。

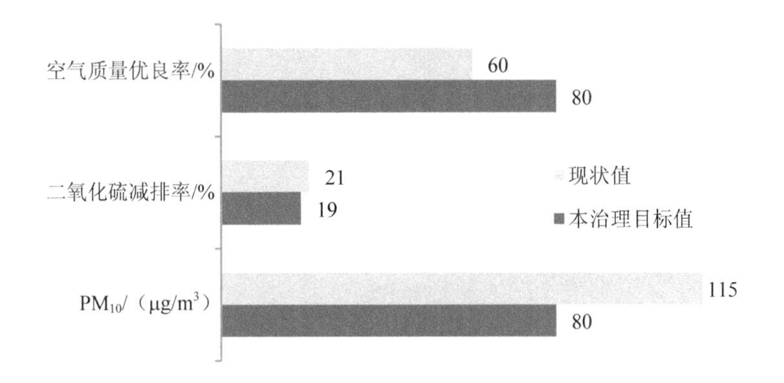

图 4-2　荆门大气质量指标值与理想值对比

（2）水环境质量对标分析

荆门市作为一座水资源丰富的城市，水质是衡量其生态治理水平的重要指标。

采用饮用水水源地水质达标率和 COD 减排率两个指标对本治理和相关标准所设的目标值进行对比（图 4-3），结果表明饮用水水源地达标率两种目标值是相同的，均达到 100%，这是因为饮用水水源地关系到人民群众的生命安全，在城市、城镇规划和建设时都必须将饮用水水源地保护放在首要位置。在 COD 减排率上本治理目标值与相关标准目标值相比，明显偏低了 18 个百分点，造成这种差距的主要原因在于荆门市工业结构以化石等重工业为主，单位万元产值排放的 COD 相比于其他以高新技术或第三产业占比较大的城市是明显偏高的，目前荆门正处于产业升级转型期，在设定减排目标时必须立足现实，考虑现状。从 COD 的减排率与相关标准的差距上也可以看出荆门市在生态建设的道路上任重道远，需要付诸更多的努力。同时在水环境质量上，荆门市设定了“2020 年水环境质量主要指标（COD、氨氮、总磷）基本达到Ⅳ类标准，基本消除劣Ⅴ类水体”的目标，这与其他城市，如天津在中新生态城指标体系达到Ⅳ类水质标准是基本持平的。

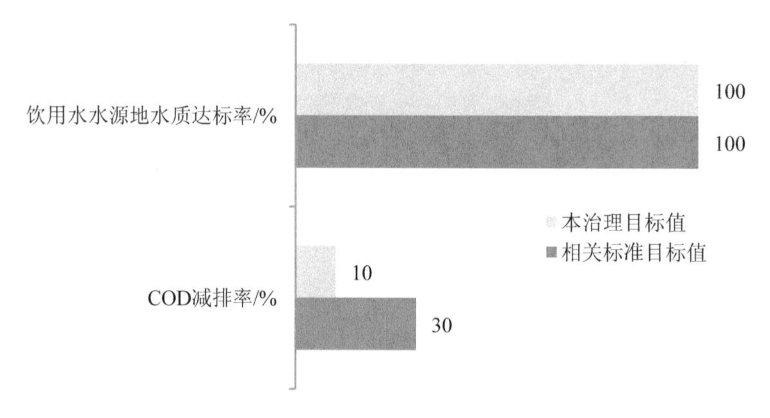

图 4-3　荆门市水质指标目标值与理想值对比

4.2.2　生态环境质量纵向对标分析

统计荆门市空气质量优良率 2010—2014 年在全国 287 个地级及以上城市的排名情况（图 4-4），结果发现荆门市的空气质量优良率排名呈现逐年上升的趋势，从 2010 年的第 267 名上升到 2014 年的第 173 名，排名上升了 94 位，这反映出近年来荆门市对大气治理卓有成效。结合上述荆门市空气质量优良率目标的设定，充分说明荆门市目标的可行性。

图 4-4　2010—2014 年荆门空气质量优良率全国排名

4.3 生态环境治理公众意愿评估

4.3.1 调查样本描述

对荆门市的调查问卷共发放并回收 684 份，其中常住荆门的人群样本有 602 份（占荆门常住人口的 88%），另有 82 份问卷来自其他城市的样本。对回收的数据处理分析之后发现，调查人群呈现以下特点：调查人群的男女比例为 51∶49，基本达到 1∶1；调查人群年龄段为 8～67 岁，其中 26～30 岁、31～35 岁、36～40 岁年龄段分布的样本数较多；调查人群的教育水平以高中到大学本科为主；调查人群的职业组成以企业员工、个体经营者和公职人员为主，另外进城务工人员、在校学生、科研人员、务农、离退休人员、农村居民等各行业人群都有一定的覆盖；调查人群地域分布基本全面覆盖。因此，本次调查样本从男女比例、年龄段、受教育水平、职业以及区域来说均有一定的代表性。

4.3.2 生态环境治理满意度分析

总的来说，大部分调查人群对于荆门市的生态环境基本满意，其占比高达 80%，但同时也有部分人群表达了不满意的态度（约 20%）。为了详细分析不同类型调查人群对生态环境治理的感受，主要从以下几个方面进行分析：

（1）不同年龄段人群对荆门市居住环境满意度的平均分都较为合理（图 4-5），60～69 岁人群给出的分数最高（78.6 分），最低的为 40～50 岁人群给出的分数（52.4 分）。差异原因在于随着物质生活的丰富，年轻人对生活环境有更高的要求；老年人经历过城市的发展历程，比起 20 世纪重工业飞速发展的阶段，现阶段的居住环境问题已得到政府的重视并不断改善，因此给分较高。

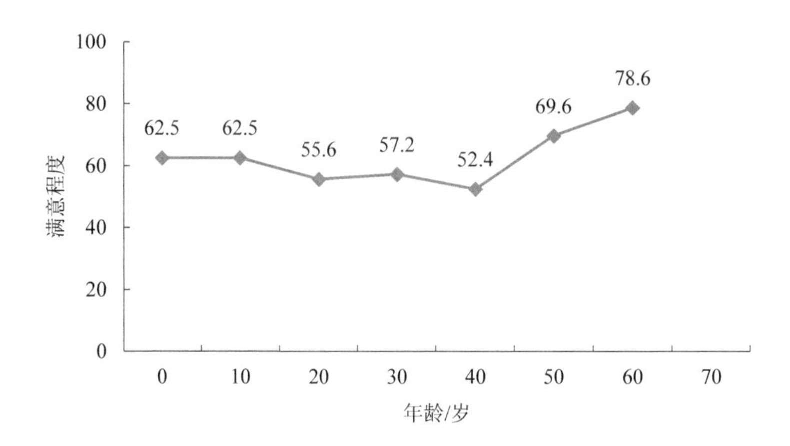

图 4-5　不同年龄人群的满意程度比较

（2）对不同行业人群来说，对环境满意度较高的是个体经营者、公职人员和农民等，对环境满意度较低的是进城务工人员和科研人员/教师。出现这种差异与不同行业人群的生活和工作环境有很大的关系：进城务工人员的生活环境较差，离工地、城乡交界处近，工作环境污染严重；科研人员/教师接受文化程度高，对环境质量要求高；公职人员、个体经营者和在校学生的居住环境及生活环境较好，对周围环境满意度高（图 4-6）。

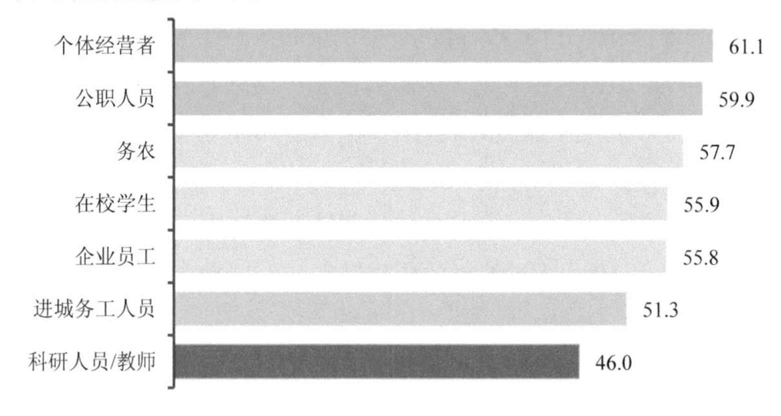

图 4-6　不同职业人群的满意程度比较

（3）对不同地区的调查人群来说，钟祥市居民对环境满意度较高，达 54.6%，高出东宝区居民 20 个百分点；东宝区、掇刀区居民的满意度最低，其中东宝区仅 35.4%，见图 4-7。

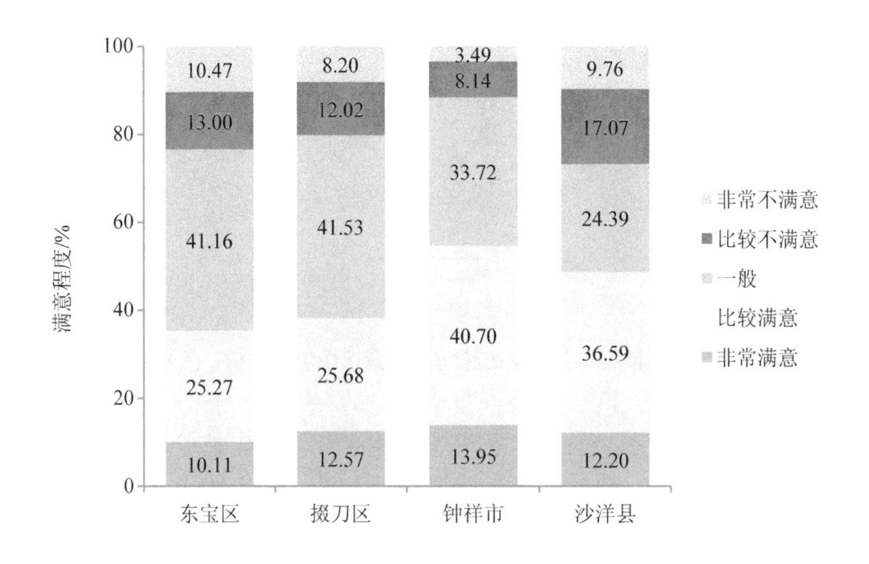

图 4-7　不同区县人群的满意程度比较

4.3.3　生态环境治理重点工作分析

目前，荆门市生态治理工作的重点主要从紧迫程度、重要程度及不同人群关注重点三方面综合考虑。

（1）从生态治理工作的紧迫程度来说，就荆门市整体而言，对于生态环境治理工作有 45.03%的调查人群认为大气污染治理紧迫性较高，其次是水环境（河道、湖泊）改善和城市垃圾综合治理。而认为土壤、湿地保护和农村环境治理、预防并减少自然灾害损失这类问题非常紧迫的人群相对较少，不到 25%，见图 4-8。另外，除图中所列的 9 项生态治理工作外，荆门市民还提出了其他需要关注的问题，如公路的扩建以及道路两边的排水系统、菜市场秩序管理、改造高污染企业。

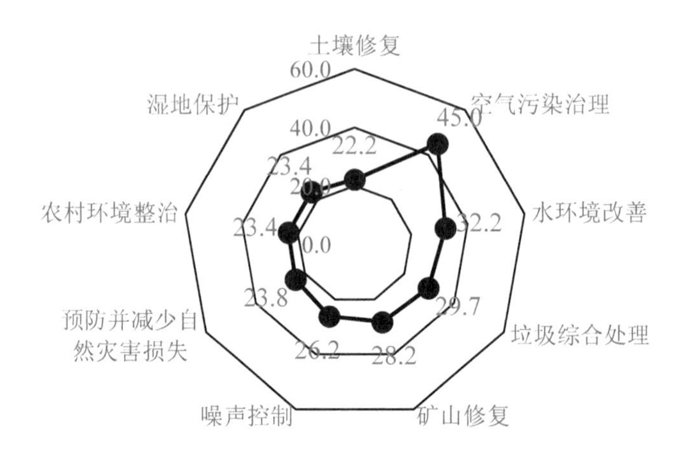

图 4-8　荆门市各项生态环境治理紧迫情况（单位：%）

就荆门市各区县而言，不同区县的生态环境工作重点有一定的差异，但是紧迫性排在前两位的分别是大气污染治理和水环境改善，其中大气污染治理的紧迫性最高，说明大气污染问题、水污染问题引起了人民群众的重视。其他一些紧迫性问题之间的差异主要是因为不同区县人民的生活、工作环境及产业结构不同（图 4-9）。

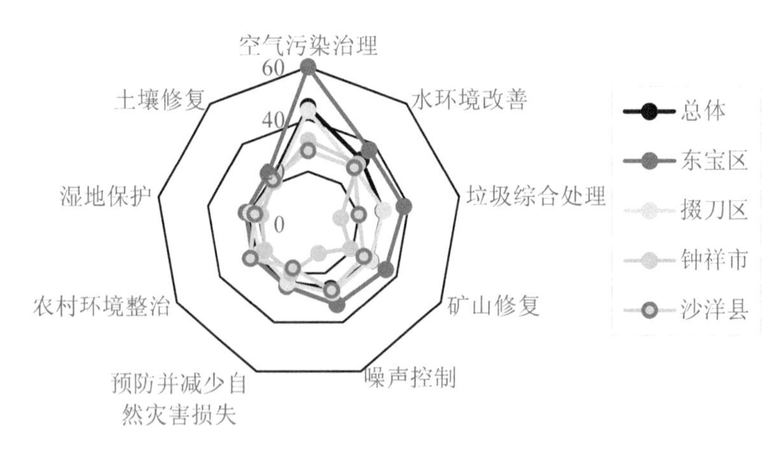

图 4-9　荆门市不同区县的生态治理工作紧迫情况（单位：%）

（2）从生态治理工作的重要程度而言，整体来看，受访人群认为从提升幸福感的角度来看排在前三位的应该是大气污染治理（48.10%）、水环境改善（12.13%）、城市垃圾综合处理（11.70%），其次是农村环境整治、噪声控制等（图 4-10）。而荆门市不同区县的调查人群虽然在重要性方面各有侧重，但是综合来看，除了沙洋县外其余区县的重要性程度排在第一位的都是大气污染治理。

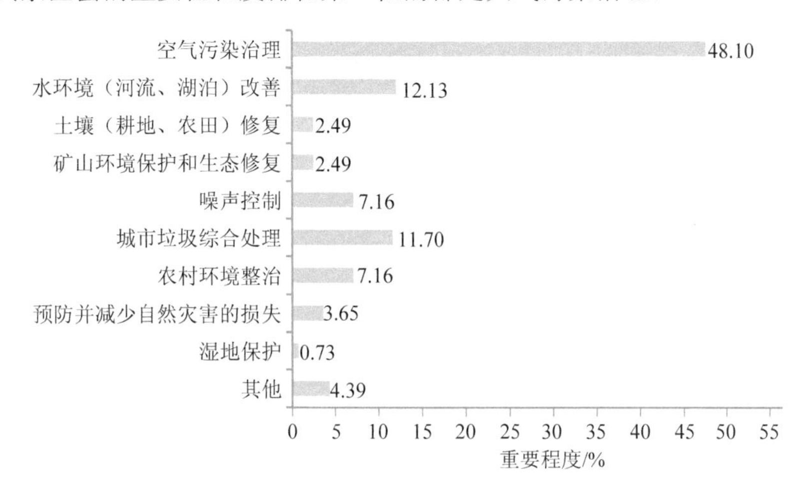

图 4-10 荆门市生态治理工作的重要程度情况

（3）就不同人群的关注重点而言，虽然不同年龄段、不同学历以及不同职业人群所关注的重点也不同，但是大部分人群均认为排在前五位的治理重点应该是大气污染治理、水污染治理、噪声防治、城市垃圾治理以及土壤环境治理。

4.4 生态环境治理重点领域

按照 4.1 中重点领域确定的研究技术路线，从守住环境质量底线出发，综合主要治理方向，最终可以确定荆门市生态治理工作方案的十个重点领域是生态控制红线、绿色产业转型升级、水环境综合治理、矿山生态修复、固体废物综合管理、美丽乡村推进、绿色交通连通、绿色建筑推广、生态环境监控平台建设和生态文化宣教（图 4-11）。

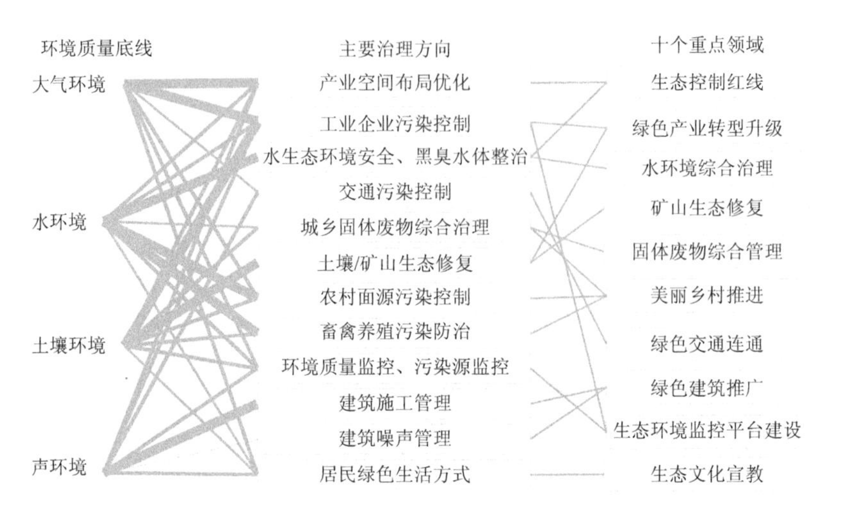

图 4-11　十个重点治理领域的确定过程

第2部分 生态环境治理重点领域分项研究

本部分针对前面总结出的重点治理领域开展具体分析，主要分为生态安全格局、绿色产业转型、新型城镇化建设和美丽乡村建设四大板块进行专项研究。其中，生态安全格局涵盖生态控制红线、矿山生态修复的内容，新型城镇化建设涵盖水环境综合治理、固体废物综合治理、绿色交通连通与绿色建筑推广四个部分内容。

5 生态安全格局

5.1 综合指数评估

5.1.1 生态宜居发展指数（优地指数）评估

由中国城市科学研究会生态城市研究专业委员会发布的生态宜居发展指数（以下简称“优地指数”），提出从行为强度和建设成效两个维度对中国287个地级以上城市的生态宜居建设水平进行持续、动态的综合评估，每年定期发布评估成果。按照过程-结果两个维度的评估结果，可将城市分为四类，分别是提升型城市、本底型城市、发展型城市和起步型城市，并依此寻求城市的生态发展路径。

2011—2015年，荆门市优地指数建设成效稳步提升（图5-1），全国排名由第183位上升至第95位，尤其是2012—2013年的建设成效提升最快，2014—2015年次之，目前建设成效初显（表5-1）。荆门市在全国287个地级以上城市及湖北省内12个地级以上城市中的排名也在逐步提升。2011年，荆门市结果类指数全国排名第183位、省内排名第8位，过程类指数全国排名第228位、省内排名第9位；2015年，结果类指数全国排名第95位、省内排名第5位，过程类指数全国排名第127位、省内排名第7位。四年间结果类指数实现了全国排名、省内排名分别提升30%、25%，过程类指数在全国排名的提升幅度高达35%。这与荆门市2011—2015年以来开展的生态、宜居建设密不可分，持续的建设力度投入是城市可持续、良好的生态宜居水平的重要保证。

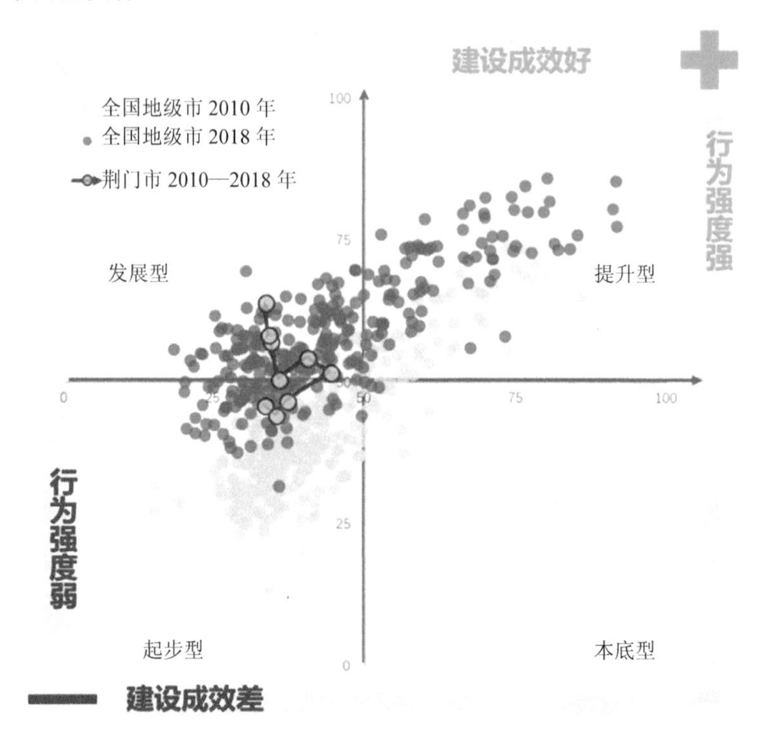

图 5-1 2010—2018 年荆门市优地指数发展历程

表 5-1 荆门市优地指数全国及省内排名（2011—2015 年）

年份	2011	2012	2013	2014	2015
结果类指数（成效）	30.6	33.5	43.7	45.5	46.4
全国（省内）排名/位	183（8）	178（8）	159（6）	119（6）	95（5）
过程类指数（力度）	42.8	45.3	42.1	45.3	52.7
全国（省内）排名/位	228（9）	203（8）	207（10）	170（6）	127（7）
城市类型	起步型	起步型	起步型	起步型	发展型

2015 年，荆门市首次进入发展型城市阶段，即行为强度好、生态成效仍待提升，建设成效与建设力度均在全省 12 个地级市中位于中上水平。通过对比发现，荆门市的行为强度以 95 排在第 5 位，而

生态成效为127，排名较为靠后（图5-2）。其中，荆门市的行为强度与水平最高的武汉相比还有一定的差距，有待加强；其生态成效与水平最好的宜昌相比差距较小，但治理形势依然严峻。荆门市需在城镇化建设、产业转型、绿色交通、绿色建筑、环境质量提升等方面加大建设力度，促进城市生态环境建设的持续改善。

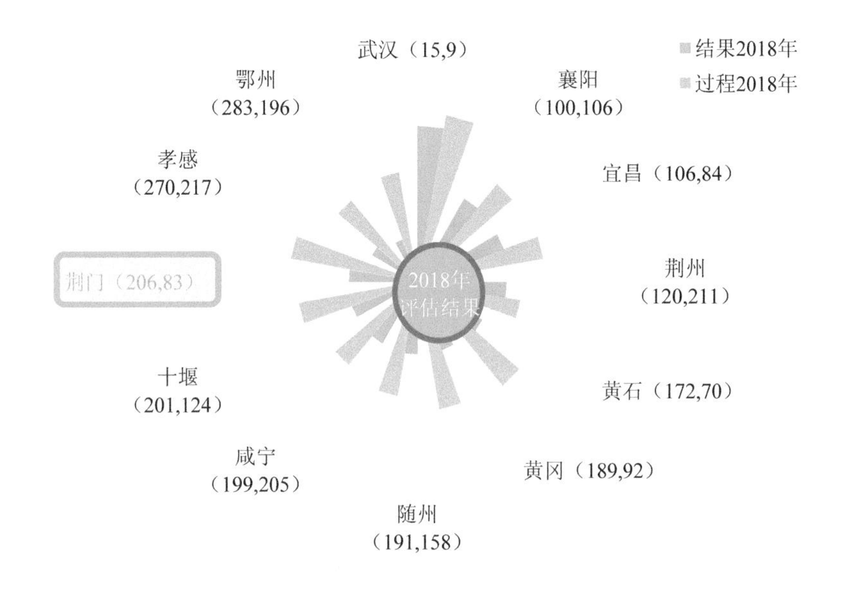

图5-2　荆门与湖北省其他城市的2018年优地指数对比

5.1.2　生态承载力评估

生态承载力与生态足迹分析显示（图5-3），2015年荆门人均生态足迹为2.8 hm^2，与全国平均水平（2.75 hm^2/人）接近，高于武汉的2.4 hm^2/人和深圳的2.5 hm^2/人，而低于北京的3.8 hm^2/人和上海的3.7 hm^2/人，与欧盟、美国等发达国家的平均水平有一定距离。这说明荆门的生态足迹还有进一步提升的空间。而与人均生态足迹相比，荆门的人均生态承载力仅有0.98 hm^2，人均生态赤字达到了1.94 hm^2，生态足迹接近生态承载力的 3 倍，生态赤字状况十分严重。此外，荆门市目前仍处于经济快速发展阶段，随着经济的发展和居民生活消费水平的提高，生态足迹的扩大不可避免，如何实现生态足迹与经济增长脱钩，是荆门市未来需要解决的问题之一。

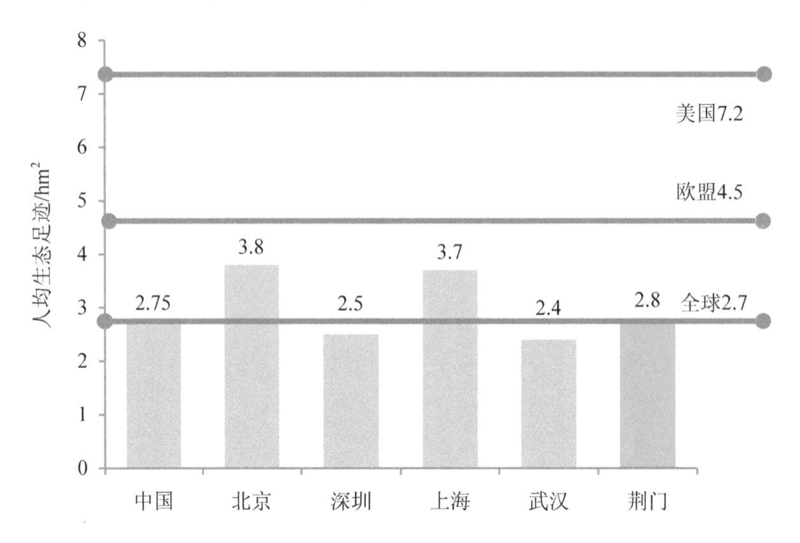

图 5-3　荆门与中国及重点城市的生态足迹对比（2015 年）

据世界银行的研究（2010 年），生态足迹与城镇化率和经济发展水平有一定的正相关性。荆门市目前的经济发展水平高于全国平均水平（2014 年人均 GDP 42 188 元），随着城镇化率的提升，生态赤字将愈加严重（图 5-4）。

基准情景分析表明，由于耕地保育、城市建设等因素，荆门市的生态承载力将略有上升；由于食品消费、能源消耗等的持续增加，人均生态足迹将在 2018—2023 年分别超过日本、韩国、新加坡等国家，并在 2030 年左右达到美国的 7.2 hm^2/人的水平。此时，荆门市的生态足迹将超过生态承载力的 6 倍以上，生态赤字严峻。

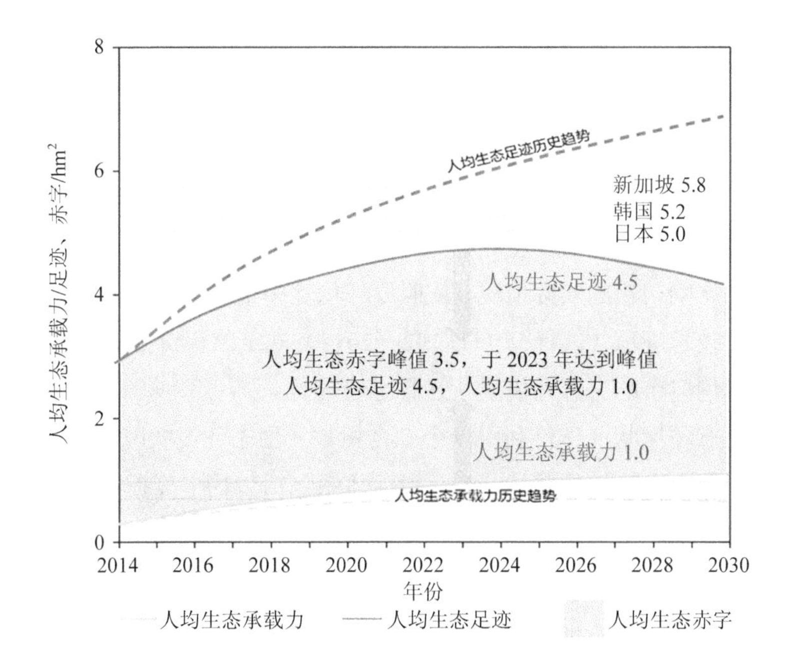

图 5-4 基于 EMD 分析的荆门市未来生态承载力、足迹与赤字情景预测结果

生态转型情景下，由于耕地、林地、草地、水域等的保育，荆门市的生态承载力将有一定程度的上升；由于绿色消费、节能降耗、清洁能源利用，荆门市的人均生态足迹增加幅度将被极大地减小。根据估计，荆门市生态足迹的最高值将达到 4.5 hm^2/人的水平，是历史趋势下同期水平的 75%左右，生态资源紧张程度较历史趋势下有较大程度的缓解。

因此，生态转型及治理有利于人均生态足迹增速减缓（降低碳足迹），人均生态承载力下降的态势也将实现扭转（小幅上升），人均生态赤字有望于 2023 年达峰（中国达峰时间估计为 2040 年）。荆门市未来迫切需要通过实施具体的生态治理措施来改善环境，从而提高生态承载力。

5.2 生态环境敏感性

5.2.1 生态环境质量评价指标

根据荆门市的实际情况，依照原环境保护部制定的《生态环境状况评价技术规范（试行）》（HJ 192—2015）规定的评价指标和计算方法，对荆门市的生态环境质量进行综合评价。

生态环境状况评价利用一个综合指数（生态环境状况指数，EI）反映区域生态环境的整体状态，指标体系包括生物丰度指数、植被盖度指数、水网密度指数、土地胁迫指数和污染负荷指数五个分指数，分别反映被评价区域内生物的丰贫、植被覆盖的高低、水的丰度程度、遭受的胁迫强度、承载的污染物压力。

（1）生态环境状况评价方法

①权重：各项评价指标的权重见表 5-2。

表 5-2　各项评价指标权重

指标	权重	指标	权重
生物丰度指数	0.35	土地胁迫指数	0.15
植被盖度指数	0.25	污染负荷指数	0.10
水网密度指数	0.15		

②生态环境状况计算方法：

$$
\begin{aligned}
\text{生态环境状况指数（EI）} = {} & 0.35\times\text{生物丰度指数}+\\
& 0.25\times\text{植被盖度指数}+\\
& 0.15\times\text{水网密度指数}+\\
& 0.15\times(100-\text{土地胁迫指数})+\\
& 0.10\times(100-\text{污染负荷指数})
\end{aligned}
\qquad (5\text{-}1)
$$

（2）生物丰度指数计算方法

$$生物丰度指数=（BI+HQ）/2 \quad （5\text{-}2）$$

式中，BI——生物多样性指数，评价方法执行《区域生物多样性评价标准》（HJ 623—2011）；

HQ——生境质量指数。

当生物多样性指数没有动态更新数据时，生物丰度指数变化等于生境质量指数的变化。

$$\begin{aligned}生境质量指数 = A_{bio} \times (&0.35\times林地+0.21\times草地+\\&0.28\times水域湿地+0.11\times耕地+\\&0.04\times建设用地+\\&0.01\times未利用地)/区域面积\end{aligned} \quad （5\text{-}3）$$

式中，A_{bio}——生境质量指数的归一化系数，参考值为 511.26。

生境质量指数各生境类型的分权重见表 5-3。

表 5-3　生境质量指数各生境类型分权重

	权重	结构类型	权重
林地	0.35	有林地	0.6
		灌木林地	0.25
		疏林地和其他林地	0.15
草地	0.21	高覆盖度草地	0.6
		中覆盖度草地	0.3
		低覆盖度草地	0.1
水域湿地	0.28	河流（渠）	0.1
		湖泊（库）	0.3
		滩涂湿地	0.5
		永久性冰川雪地	0.1
耕地	0.11	水田	0.6
		旱地	0.4

	权重	结构类型	权重
建设用地	0.04	城镇建设用地	0.3
		农村居民点	0.4
		其他建设用地	0.3
未利用地	0.01	沙地	0.2
		盐碱地	0.3
		裸土地	0.2
		裸岩石砾	0.2
		其他未利用地	0.1

（3）植被盖度指数计算方法

$$植被指数区域=\mathrm{NDVI}_{区域均值}=A_{veg}\times\left(\frac{\sum_{i=1}^{n}P_i}{n}\right) \qquad (5\text{-}4)$$

式中，P_i——5—9 月像元 NDVI 月最大值的均值，建议采用 MOD13 的 NDVI 数据，空间分辨率 250 m，或者采用分辨率和光谱特征类似的遥感影像产品；

n——区域像元数；

A_{veg}——植被覆盖度的归一化系数，参考值 0.012。

（4）水网密度指数计算方法

水网密度指数=[A_{riv} ×河流长度/区域面积+ A_{lak} ×水域面积（湖泊、水库、河渠和近海）/区域面积+ A_{res} ×水资源量*/区域面积]/3　　（5-5）

式中，A_{riv}——河流长度的归一化系数，参考值为 84.37；

A_{lak}——水域面积的归一化系数，参考值为 591.79；

A_{res}——水资源量的归一化系数，参考值为 86.39。

$$
^{*}\text{水资源量}=\begin{cases} \text{水资源量} & \dfrac{\text{水资源量}}{\text{水资源量}_{\text{年均值}}}\leqslant 1.4 \\ \text{水资源量}_{\text{年均值}}=\left(2.4-\dfrac{\text{水资源量}}{\text{水资源量}_{\text{年均值}}}\right) & 1.4<\dfrac{\text{水资源量}}{\text{水资源量}_{\text{年均值}}}\leqslant 2.4 \\ 0 & \dfrac{\text{水资源量}}{\text{水资源量}_{\text{年均值}}}>2.4 \end{cases}
$$

（5-6）

（5）土地胁迫指数计算方法

$$
\text{土地胁迫指数}=A_{ero}\times(0.4\times\text{重度侵蚀面积}+0.2\times\text{中度侵蚀面积}+0.2\times\text{建筑用地面积}+0.2\times\text{其他土地胁迫})/\text{区域面积} \quad (5\text{-}7)
$$

式中，A_{ero}——土地胁迫指数的归一化系数，参考值为236.04。

土地胁迫指数的分权重见表5-4。

表5-4 土地胁迫指数分权重

类型	权重	类型	权重
重度侵蚀	0.4	建筑用地	0.2
中度侵蚀	0.2	其他土地胁迫	0.2

（6）污染负荷指数计算方法

$$
\begin{aligned}
\text{污染负荷指数}=&0.22\times A_{COD}\times\text{COD排放量/区域年降水总量}+\\
&0.22\times A_{NH_3}\times\text{氨氮排放量/区域年降水总量}+\\
&0.22\times A_{SO_2}\times SO_2\text{排放量/区域面积}+\\
&0.12\times A_{YFC}\times\text{烟（粉）尘排放量/区域面积}+\\
&0.22\times A_{NO_x}\times\text{氮氧化物排放量/区域面积} \quad (5\text{-}8)
\end{aligned}
$$

式中，A_{COD}——COD 的归一化系数，参考值为 4.39；

A_{NH_3}——氨氮的归一化系数，参考值为 40.18；

A_{SO_2}——SO_2 的归一化系数，参考值为 0.06；

A_{YFC}——烟（粉）尘的归一化系数，参考值为 4.09；

A_{NO_x}——氮氧化物的归一化系数，参考值为 0.51。

污染负荷指数的分权重见表 5-5。

表 5-5　污染负荷指数分权重

类型	权重	类型	权重
化学需氧量	0.22	烟（粉）尘	0.12
氨氮	0.22	氮氧化物	0.22
二氧化硫	0.22		

（7）生态环境状况分级

根据生态环境状况指数，将生态环境分为五级，即优、良、一般、较差和差，见表 5-6。

表 5-6　生态环境状况分级

级别	指数	描述
优	EI≥75	植被覆盖度高，生物多样性丰富，生态系统稳定
良	55≤EI＜75	植被覆盖度较高，生物多样性较丰富，适合人类生活
一般	35≤EI＜55	植被覆盖度中等，生物多样性一般水平，较适合人类生活，但有不适合人类生活的制约因子出现
较差	20≤EI＜35	植被覆盖较差，严重干旱缺雨，物种较少，存在着影响限制人类生活的因素
差	EI＜20	条件较恶劣，人类生活受到限制

5.2.2 生态环境质量时空分布

利用 2015 年高分一号卫星影像解译结果，结合统计年鉴及水资源公报中水资源量、年降水量和主要污染物排放量等数据，计算荆门市东宝区、掇刀区、钟祥市、京山县和沙洋县 5 个县（区）的植被盖度指数、生物丰度指数、水网密度指数、土地胁迫指数、污染负荷指数，以分析各区域的生态环境质量状况。

（1）生物丰度指数

经计算，东宝区、掇刀区、钟祥市、京山县和沙洋县 5 个县（区）的土地区域分异特征明显，拥有良好的自然山水优势，土地覆被以耕地和林地为主，多为水田；土地资源丰富，开发利用程度较高，气候适宜，土地自然生产力高。2015 年荆门市生物丰度指数分布图与比较图分别见图 5-5、图 5-6。

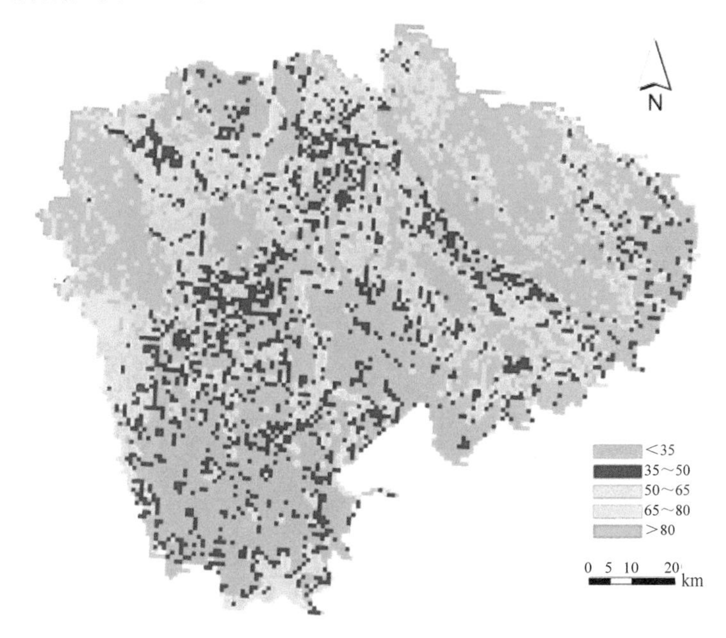

图 5-5 荆门市生物丰度指数分布

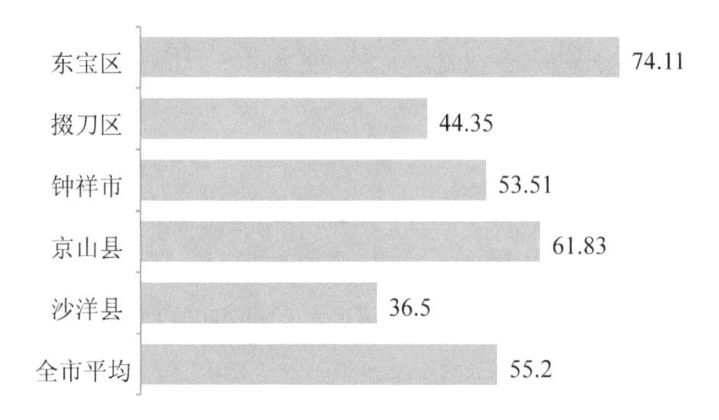

图 5-6　荆门市各区县生物丰度指数比较

（2）植被盖度指数

五个县（区）同属于亚热带常绿落叶阔叶林区，森林植被尤为丰富，森林面积 38.5 万 hm^2，活立木蓄积量 1 323 万 m^3。受地形影响，山区森林植被垂直地带性分布明显，海拔 500 m 以下为人工垦殖栽培区，以常绿阔叶和针叶林为主；海拔 500 m 以上，自下而上依次为常绿阔叶林、常绿落叶阔叶混交林、落叶阔叶林、山地短林、山地草甸。2015 年植被覆盖分布与植被盖度指数比较分别见图 5-7、图 5-8。

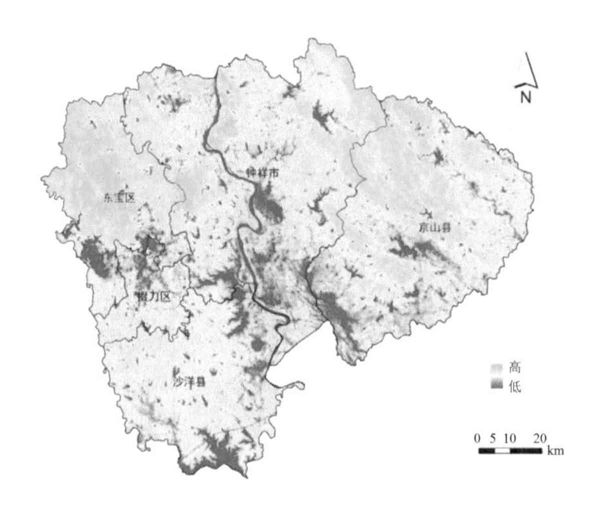

图 5-7　荆门市植被盖度指数分布

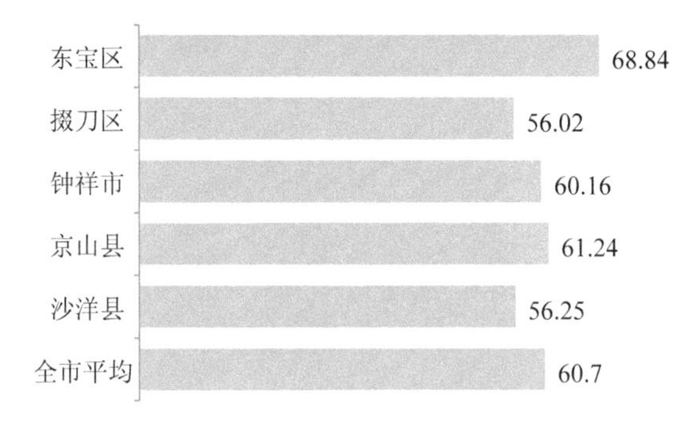

图 5-8　荆门市各区县植被盖度指数比较

（3）水网密度指数

经统计，东宝区、掇刀区、钟祥市、京山县和沙洋县 5 个县（区）的水体面积分别为 90.28 km^2、18.25 km^2、225.55 km^2、117.43 km^2 和 218.67 km^2（图 5-9、图 5-10）。

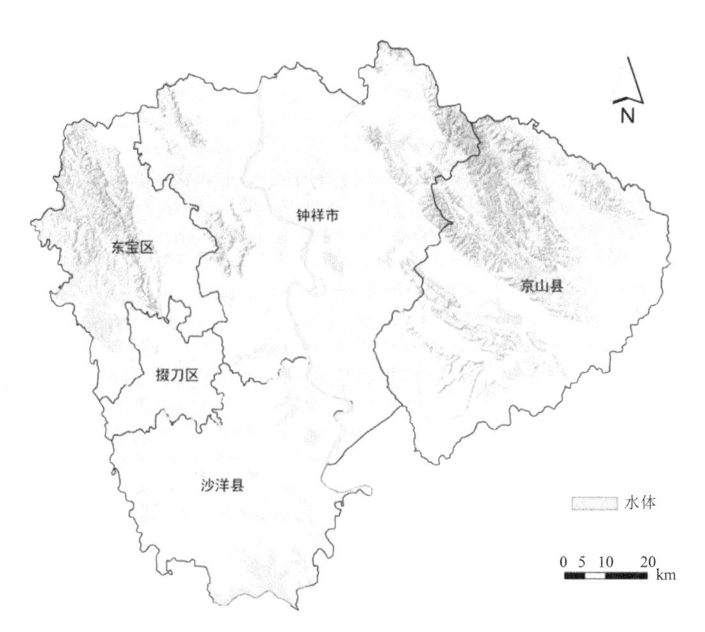

图 5-9　荆门市水体分布

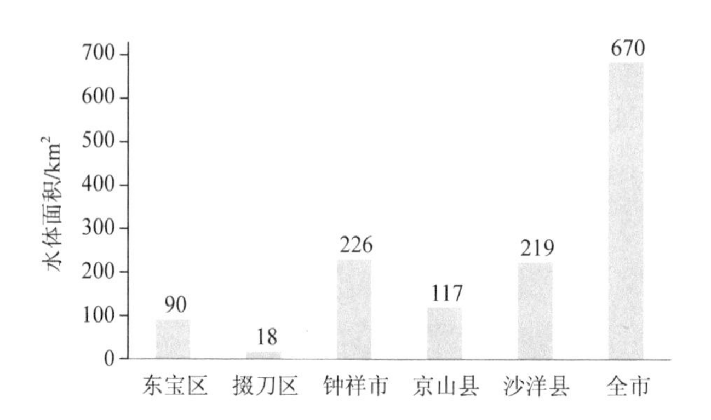

图 5-10　荆门市各区县水体面积对比

经统计，东宝区、掇刀区、钟祥市、京山县和沙洋县 5 个县（区）的水网密度指数如图 5-11 所示：荆门市总体水网密度指数不高，水网密度指数比较高的为沙洋县。

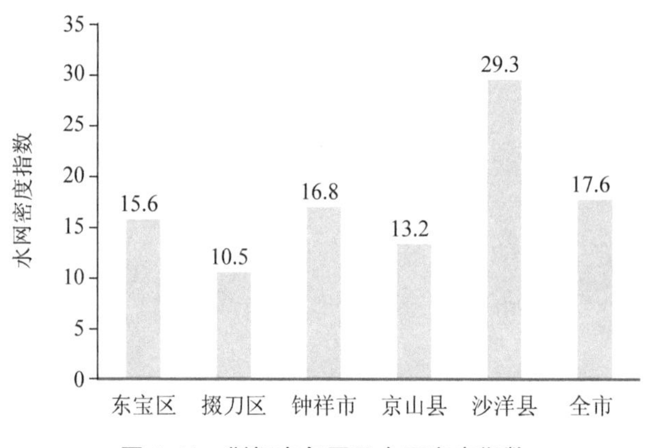

图 5-11　荆门市各区县水网密度指数

（4）土地胁迫指数

荆门市是湖北省水土流失较严重的地区之一，其水土流失以水力侵蚀为主。根据统计数据可知，荆门市的水土流失以轻度、中度为主。而在 5 个县（区）中，钟祥市的水土流失情况最为严重（图 5-12、图 5-13）。

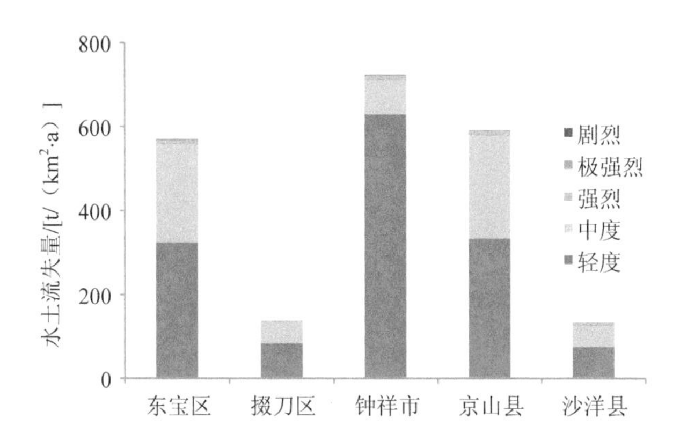

图 5-12　荆门市各区县水土流失程度对比

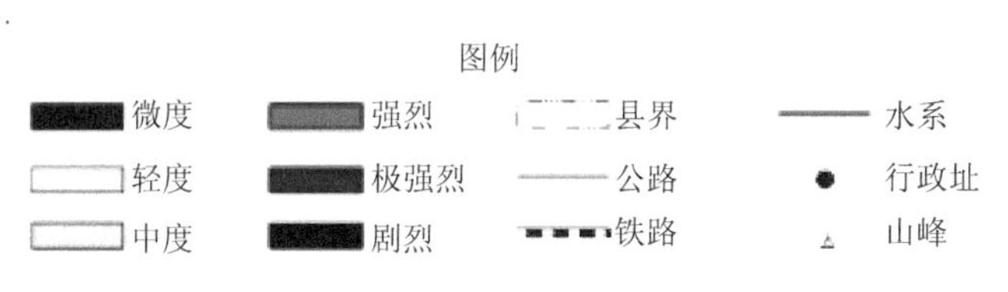

图 5-13　荆门市水土流失分布

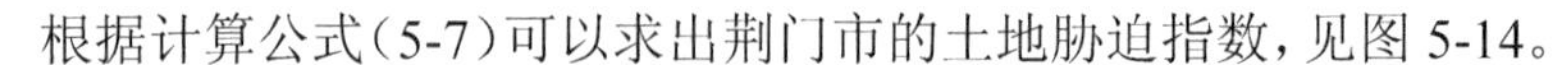
根据计算公式（5-7）可以求出荆门市的土地胁迫指数，见图 5-14。

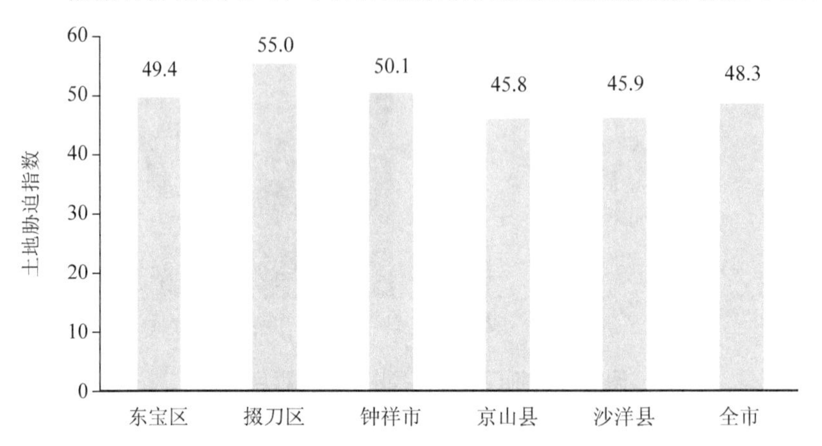

图 5-14　荆门市各区县土地胁迫指数对比

从分析结果可见，掇刀区的土地退化程度最严重，京山县的土地退化程度最低。

（5）污染负荷指数

污染负荷指数的基础数据见图 5-15。

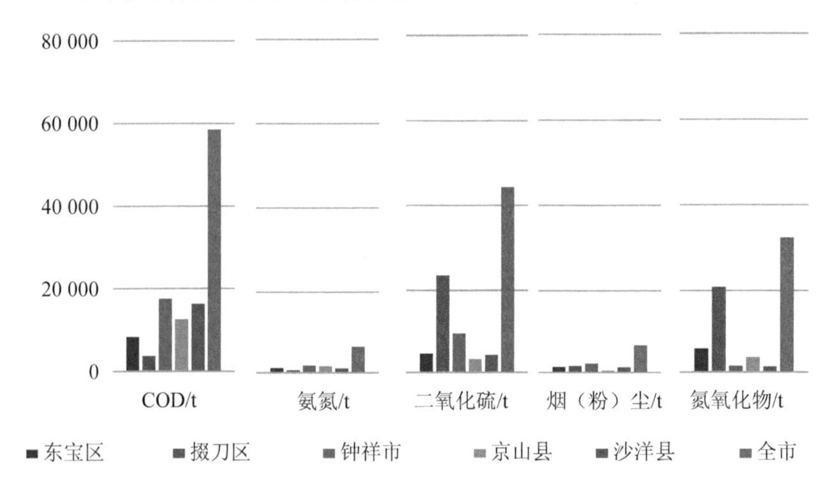

图 5-15　荆门市各区县不同污染物污染负荷指数基础数据

根据相应的归一化系数和计算公式（5-8）可以求得各县（区）的污染负荷指数，见图 5-16。分析可知，钟祥市是荆门市污染负荷指数最高的，钟祥市与沙洋县的污染负荷指数均高于荆门市平均水平，说明钟祥市与沙洋县的环境破坏比较严重，要尽量限制污染物排放量。

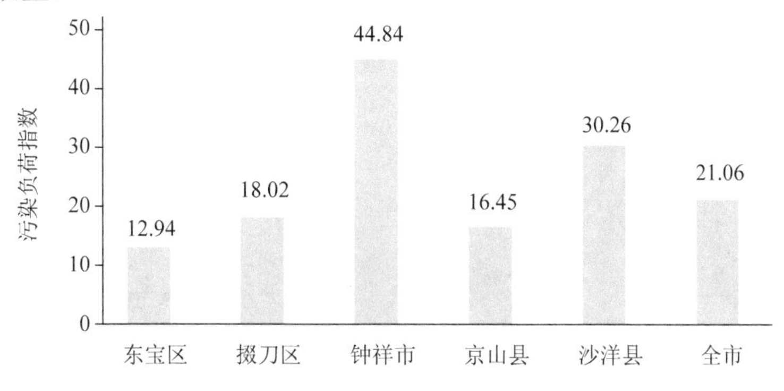

图 5-16　荆门市各区县污染负荷指数统计

（6）生态环境状况

根据相应计算公式可以得出荆门市各区县不同评价指标的指数（图 5-17），并由此获得荆门市生态环境状况分布图 5-18。

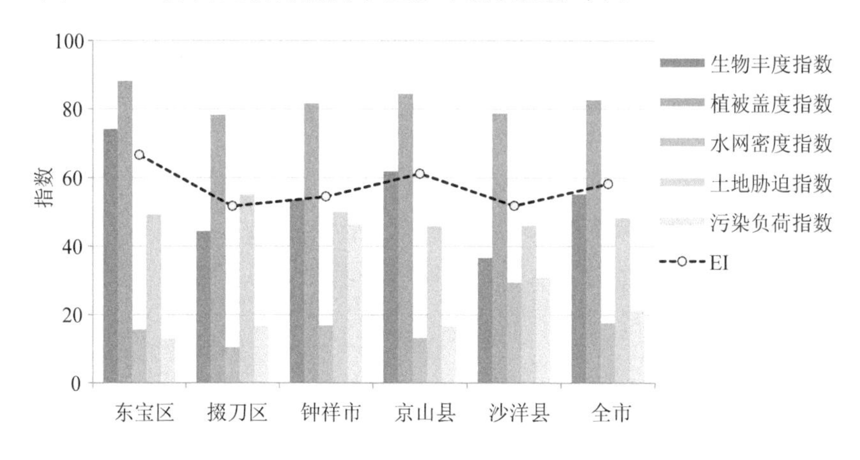

图 5-17　荆门市生态环境状况指数统计结果

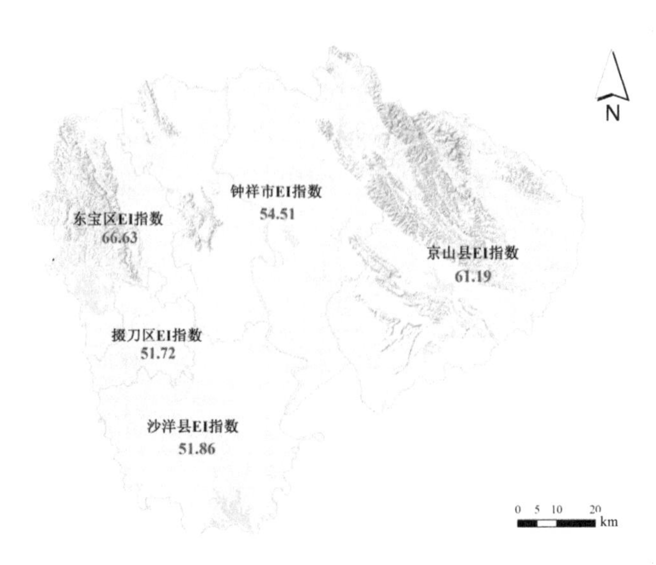

图 5-18　荆门市生态环境状况指数分布

由此可知，荆门市的 EI 大约在 55，东宝区和京山县的 EI 均高于 60，说明相对于其他区县来讲，东宝区和京山县的生态环境质量较好，植被覆盖度较高，生态系统相对稳定，适宜居住。根据上述的研究过程也可以明显看到东宝区的生物丰度指数和植被盖度指数在全市都处于最高水平，但同时该区的土地胁迫指数也较高，说明在水土保持方面应适当采取一些措施，保证在土地胁迫方面不再恶化并且尽量往好的方向发展。生态环境最差的是掇刀区，这与该区城市化明显、人口密集、人类活动活跃从而导致垃圾、废气等排放量多且城区植被覆盖度低等原因有关。沙洋县的生物丰度指数和植被盖度指数都处于最低水平，说明应该增加生物量，适当提高植被覆盖率。

5.2.3　生态环境敏感因素遴选分析

（1）生态环境敏感因素客观评价排序

根据对生态环境敏感因素（包括大气、水、土壤等）的时空分布差异评价，可以分析出不同生态环境敏感因素在荆门市市域及各区县内遭到破坏的严重程度，筛选出在不同空间尺度上需要优先进行治理的生态环境敏感因素（表 5-7）。

表 5-7　荆门市生态环境敏感因素客观选择

区（县）	生物丰度	植被覆盖度	水网密度	土地胁迫	污染负荷
东宝区			★★	★★★	
掇刀区		★★★		★★★	
钟祥市				★★	★★★
京山县					★★★
沙洋县	★★★	★★			★★

注：★★★表示最为重要，★★表示次重要。

从各区县尺度来看，东宝区的生态环境质量最佳，但其土地胁迫指数也较高，在水土保持方面应适当采取一些措施，保证在土地胁迫方面不再恶化并且尽量往好的方向发展。掇刀区的生态环境质量状况最差，对植被覆盖度的提升与土地退化的预防最为迫切。钟祥市的污染负荷指数最高，要加强对该区域的污染物排放监督，减少污染物的排放。此外，钟祥市的水土流失情况也最为严重，需优先安排水土保持。京山县的污染负荷指数较高，要加强污染物排放的监管，减少污染物的排放。沙洋县的生物丰度指数和植被盖度指数都处于最低水平，应该增加生物丰度，适当提高植被覆盖率。根据生态环境状况评价模型可以看出，生物丰度指数的影响力最大，因此在提高生态环境质量方面最直接的办法就是增加生物丰富度以便更快地提高生态环境质量，但是仍然要保持各方面的同步提升。

（2）生态环境敏感因素主观评价排序

通过对荆门市民进行生态环境感受满意度调查，了解了市民对城市总体、各区县的生态环境敏感因素的主观感受，形成了主观评价下的生态环境治理紧迫度。从全市角度看，荆门市生态治理工作重点的总体排序为空气污染治理、城市垃圾综合处理、农村环境整治、噪声控制、预防并减少自然灾害的损失、矿山环境的保护和生态修复、湿地保护。从区域角度看，东宝区、掇刀区及钟祥市的工作重点是空气污染治理，沙洋县的工作重点是农村环境整治（表 5-8）。

表 5-8　荆门市生态环境敏感因素主观选择

区（县）	空气污染治理	农村环境整治	水环境改善	垃圾综合治理	噪声控制
东宝区	★★★			★★	
掇刀区	★★★				★★
钟祥市	★★★			★★	
沙洋县	★★	★★★			

（3）生态环境敏感因素遴选

综合生态环境敏感因素的客观评价以及荆门市民对生态环境敏感因素的主观评价，可以从政策制定的角度得出各生态环境因素的优先治理顺序（表 5-9）。

表 5-9　荆门市生态环境敏感因素遴选

区（县）	重要性 1	重要性 2	重要性 3
东宝区	土地胁迫（加强水土保持工作）	空气污染治理	垃圾综合治理
掇刀区	植被覆盖（植树造林，增加植被覆盖）	土地胁迫（加强水土保持工作）	空气污染治理
钟祥市	污染负荷（加强污染物排放的监管，减少污染物的排放）	土地胁迫（加强水土保持工作）	空气污染治理
京山县	污染负荷（加强污染物排放的监管，减少污染物的排放）	土地胁迫（加强水土保持工作）	植被覆盖（植树造林，增加植被覆盖）
沙洋县	生物丰度	植被覆盖（植树造林，增加植被覆盖）	农村环境整治

5.3 生态控制红线

依据生态优先、社会-经济-自然统筹发展以及可持续发展的原则，在重点生态功能区、生态环境敏感区和脆弱区等区域划定生态保护红线，实行严格保护来确保生态功能不降低、面积不减少、性质不改变，这是实现生态城市建设的重要措施之一。因此，本节基于荆门市生态环境现状，重点对水系、林地、矿山三个生态控制红线的划定进行详细介绍。

5.3.1 治理目标

到 2020 年，主体功能区布局基本形成，发展方式转变取得重大进展，生态环境质量明显改善，生态文明意识显著增强，率先在湖北省建成国家生态文明试验区。经济、人口布局向均衡方向发展，城镇化格局、产业发展格局、生态空间格局科学合理。到 2020 年，受保护地区占国土面积的比例不低于 22%，森林覆盖率不低于 35%，人均建设用地面积不超过 100 m^2。老城区改造要贯彻绿色思维，减压疏解，增加绿地和公共空间；城市新区要以“绿”为脉，打造山水、人居等要素共存共荣的生态系统。到 2020 年，城市绿地覆盖率达到 39%，城市建成区人均公共绿地面积达到 13 m^2。

5.3.2 中心城区生态控制红线划定

生态控制红线的划定过程包括场地解读、建设适宜性分析、生态安全格局和生态控制红线四部分（图 5-19）。

场地解读：利用 ArcGIS 空间数据、遥感影像解译 2G 的原始空间数据，形成近 60 余幅过程图。

建设适宜性分析：利用高程、坡度、水系、林地、矿山等基本因子进行建设阻力和叠加形成建设适宜性分析。

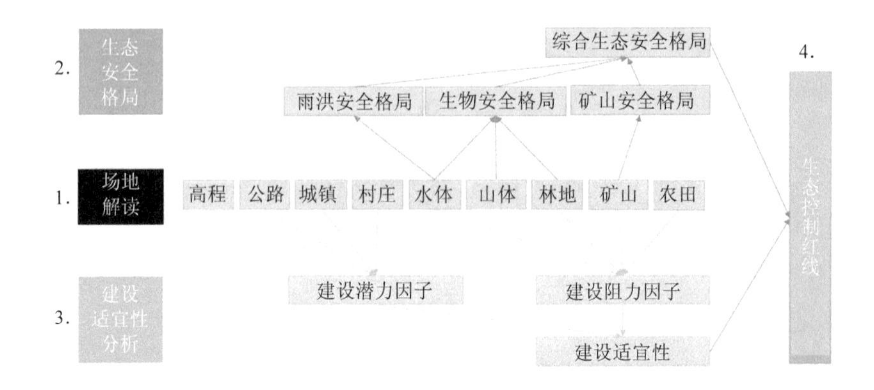

图 5-19　中心城区生态控制红线研究技术路线

生态安全格局：利用 GIS 阻力面分析模拟雨洪、生物、矿山等生态过程，形成综合生态安全格局。

生态控制红线：将安全格局与建设适宜性叠加成果与现有规划协调，构建生态控制红线。

荆门市东、西、北三面高，中、南部低，主要由荆山山脉构成，海拔 1 000 m 以下。由北向南高程由高转低（389～138 m），北部边缘地区可达 627 m。东部和南部掇刀区由于江河冲积和湖泊淤积，形成平原湖区，东部和南部边缘地区高程最低，在部分水系分布区可达到 42 m。

中心城区以平原、台地地形为主，在西北部拥有丰富的低山资源（主要由大巴山东延保康、南漳的荆山山脉构成）：荆山余脉呈楔形由西北向东南渗入城市中，并在城区中形成许多小山头（东宝山、西宝山、白虎山等），成为中心城区西北部的生态屏障（图 5-20）。

荆门市中心城区的林地总面积为 3.42 万 hm^2，主要分布于东宝区西北部的山区，有圣境山、白龙山、西宝山等几个较大的山体森林，但是中心城区的森林覆盖率仅为 22.86%，低于全市的 40.5%，需要进一步提升（图 5-21）。荆门市中心城区的建成区内部未能充分利用或引入周边的山体资源，建成区中林地零星分布，未形成规模效应。林地资源主要分布在东宝区西北部山区，西北部和东部山体之间缺乏连通，没有形成有效的生物廊道，山体向城市渗透不足。

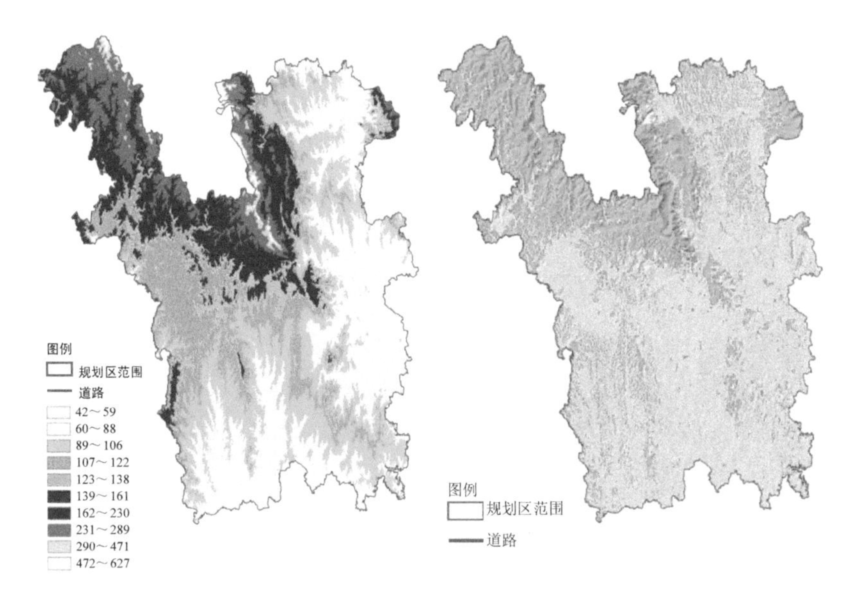

图 5-20　荆门市中心城区山体资源　　图 5-21　荆门市中心城区林地资源

荆门市竹皮河水系属于汉江水系的支流水系，东西走向的干流全长 78.9 km，集水总面积 639.58 km^2。漳河水库控制流域面积 2 212 km^2，占漳河流域面积的 74.5%，总流域全长 18 km。车桥水库、乌盆冲水库、杨家冲水库及东库、西库、烂泥冲水库、高岭水库、双喜湖等水系密集分布于东宝区，水资源丰富，但其连通度不足，水系之间缺乏有效联系。拾桥河发源于荆门市东宝区，经掇刀、沙洋，全长 115 km，流域面积 1 134.4 km^2，河长 5 km 以上的支流 25 条；新埠河、鲍河东南至拾回桥与东支王桥河汇合；西荆河源于坡子湾、踏平湖，河道长 36.8 km，流域面积 245 km^2；长湖面积为 2 265.5 km^2；总流域面积 3240 km^2。图 5-22 为荆门市中心城区的水系分布图。

在荆门市中心城区范围内，矿山主要分布在东宝区建成区的西部和北部（主要为石灰石矿和石膏矿），开采规模较大（图 5-23）。

此外，在其他区域有零星分布，如漳河水库周边的煤矿山，子陵镇、牌楼镇的石膏矿，仙居乡的硫铁矿等。在掇刀区，矿山沿山体走势由西北向东南呈带状分布，东部沿南北走向分布着明珠、洪远、荆花、荣兴等石膏矿，西北部则分布着吉利煤矿等矿区。目前，荆门市中心城区为限制开采区，主要的开采区分布在主城区以外的西北和东南地区。

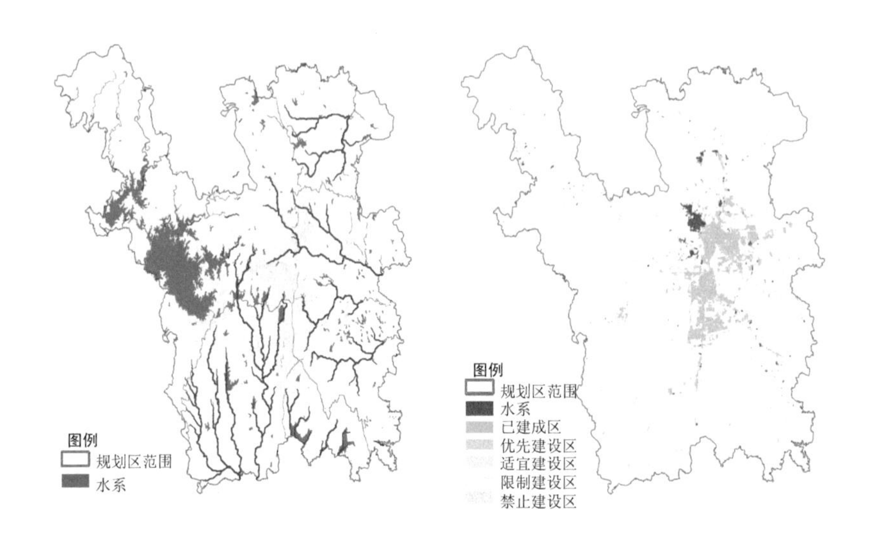

图 5-22　荆门市中心城区水系分布　　图 5-23　荆门市中心城区矿山资源

（1）生态安全格局

①雨洪安全格局可以识别防洪的关键点、位置和局部，实现高效地利用土地。在城市规划和建设前对控制洪水过程的关键位置和区域进行保护、改造和利用，可以实现城市生态安全和可持续发展。通过建立该格局，可以通过蓄洪和下渗的雨水来补充水源。

根据可获得的准确降水数据，确定了 10 年、20 年、100 年一遇作为不同安全水平的标准。结合数字高程模型模拟洪水过程，可以得到不同洪水风险频率下的淹没范围，再结合历史洪涝灾害数据，就可以分析出荆门市中心城区历史洪涝淹没范围。将上述两种淹没范围进行叠加，可以确定洪水发生频率的高、中、低区域，进而确定出防洪的关键区域和空间位置，从而建立多层次的滞洪湿地系统，形成不同安全水平的洪水安全格局。由图 5-24 可以看出，雨洪发生的主要区域为东部和南部的平原湖区和西部的漳河水库。

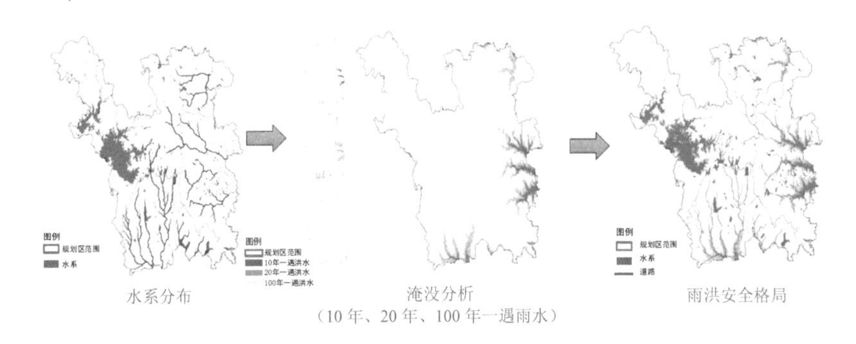

图 5-24　雨洪安全格局分析

②生物安全格局主要包含确定物种栖息地（源）、建立阻力面、确定不同安全水平下的生物保护三部分（图 5-25）。首先，将荆门市中心城区周边的山体、城市中的林地斑块以及河道周边滨水绿地等生态敏感地带作为物种栖息地的源，目前较高质量的原生性森林主要分布在北部海拔较高的山地，是生物栖息地的优先选择。其次，根据不同土地覆盖类型对物种迁徙的阻力影响可以通过 GIS 软件建立阻力面分析。最后，运用地理信息系统的最小阻力模型构建出生物的三级安全格局：基本保障格局（保护野生动物得以生存的最基本栖息地）、缓冲格局（保护野生动物最基本栖息地之间的连通性）、最优格局（同时保护野生动物现有和潜在栖息地）。

矿山安全格局主要分为三个层次（图 5-26）：第一层次（低安全区）为核心控制区，应以生态恢复为主，严格控制采矿，该区内不能进行建设用地的规划；第二层次（中安全区）为重要控制区，应加强绿化，并作为采矿区的缓冲区域，在允许适度开发和利用的同时加强矿区环境的治理和修复，形成矿区直接开采区环境损害影响扩散的有力屏障；第三层次（高安全区）为矿山安全格局的外围部分，规划控制除满足城市规划的其他要求外，还应在土地使用类型等方面有所限制。

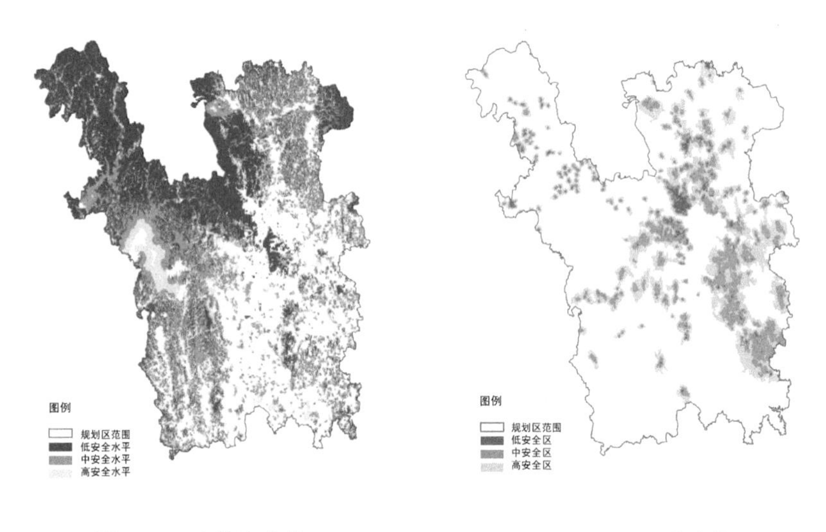

图 5-25　生物安全格局　　　　图 5-26　矿山安全格局

综合雨洪、生物保护、矿山的安全格局，可以建立荆门市中心城区综合生态安全格局。它们形成了连续而完整的区域生态基础设施，为区域生态系统服务的健康和安全提供了保障。荆门中心城区综合生态格局低安全区主要分布在西北部山区、漳河水库以及东部和南部的主要水系，见图 5-27。

（2）建设适宜性分析

叠加高程、城镇、公路及村庄四个因子得到建设潜力分析图（图 5-28），叠加洪水、矿区、农田及植被四个因子得到建设阻力分析图（图 5-29），再将建设潜力和建设阻力叠加构成建设适宜性分析图（图 5-30），从中可以看出，主要适宜建设的区域集中分布于六个区域。

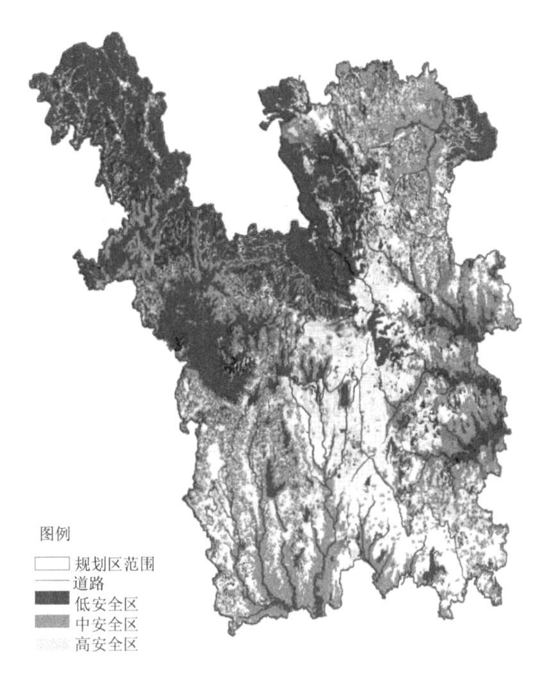

图 5-27　综合生态安全格局

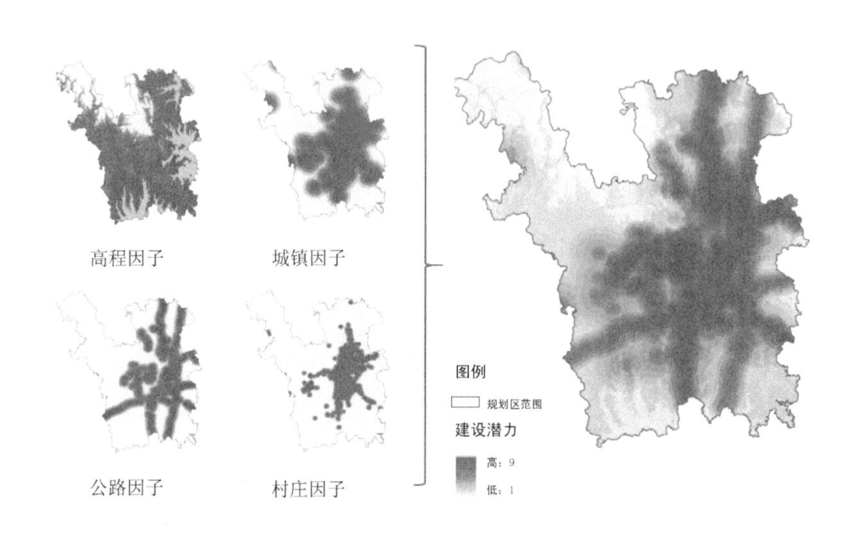

图 5-28　建设潜力分析

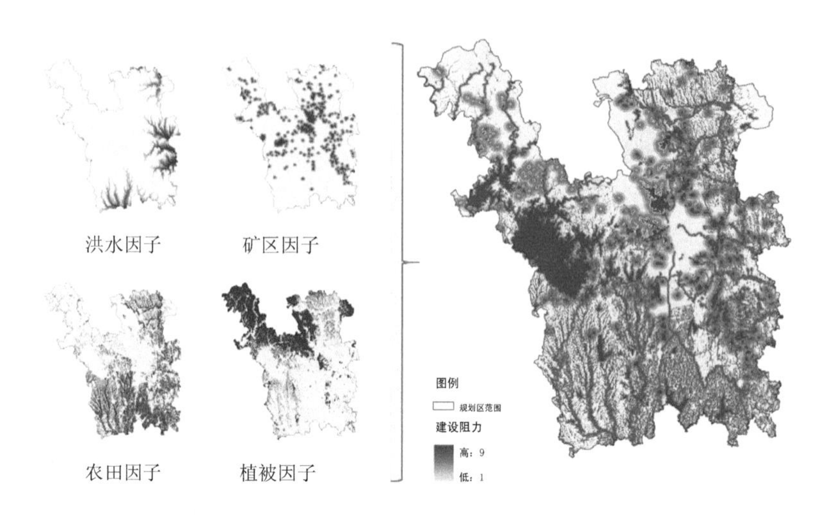

图 5-29 建设阻力分析

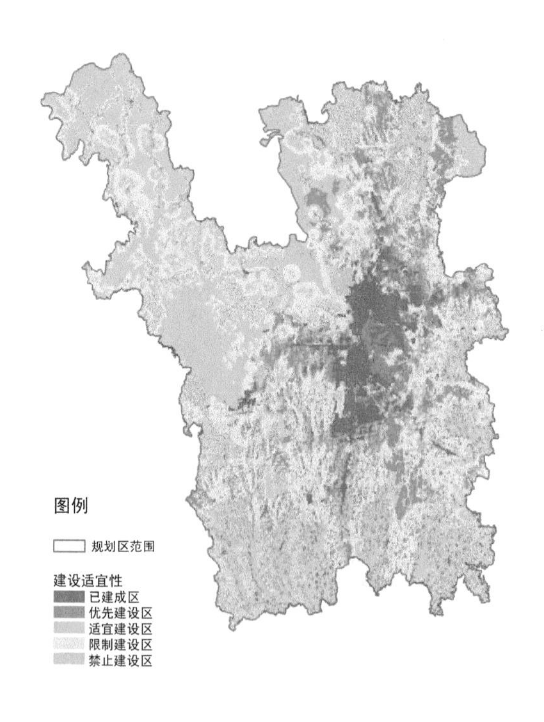

图 5-30 中心城区建设适宜性分布

荆门市中心城区适宜建设的区域主要基于既有城区沿道路扩张，主要分布在荆门市中心城区中部的山区，并沿中心城区外围五个方向呈辐射状分布，向西延伸至漳河水库，沿南北方位贯穿整个中心城区。

沿着既有城区和道路扩张能使城市具有足够的产业发展空间，且易于较快形成新区中心，基础设施与公共设施的投入成本相对较低。但由于公路过境会穿越重要的生态敏感区，将对生境产生一定的干扰和破坏。对其外围的毗邻区，应根据资源环境条件科学合理地引导适当的开发建设行为。

（3）生态控制红线

将综合生态安全格局和建设适宜性进行叠加，可以得到荆门市中心城区综合生态红线控制图（图 5-31），该图将作为划定水系、矿山和林地生态红线的依据（在 9.2.1 中详细分析）。

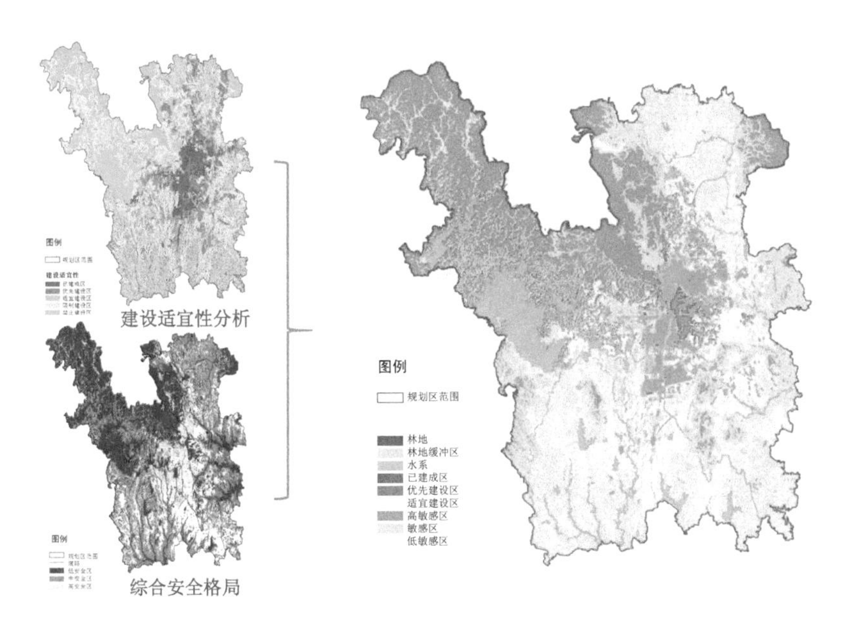

图 5-31　生态系统保护规划

5.3.3 生态控制红线管理基本理念

（1）创新生态保育管理体制，建立生态责任追究制度

树立正确的生态政绩观，在生态红线划定的同时逐步建立生态红线保护考核评价体系，将资源消耗、环境污染、生态损益等指标纳入经济社会发展评价体系。创新生态环境保护管理体制，以生态系统的完整性和生物安全的生存环境为核心，作为构建生态保育管理体制的基本目标，打破行政和地域限制，赋予生态保育相关部门更多的生态保护职权和责任。注重加强生态红线的监管，建立生态红线分级分类分区管控机制。

建立生态保育区，主要包括山体林地和水系。山体林地作为生物多样性最高的区域生态源地，同时也是荆门市市区的生态背景和水源保护地，应予绝对保护，避免城市化侵扰。被开采的林地应进行生态修复，恢复受损山体的生态系统。水系应在一定区域内限制建设并遵从湿地植被生境和动物栖息地保护的要求，保护原生生态环境；受损的河流以及区内径流应尽量恢复，使之成为野生动物新的栖息地。经过城市段的河流以及毗邻城市的湖泊应在控制城市化的基础上适当开发，同时发展水土保持林、水源涵养林，保护河源头的森林植被。

建立缓冲区，以减少外围人为活动对核心区的干扰。保护对生物过程具有重要战略意义的坑塘、苗圃；在破碎化景观中，作为跳板的栖息地斑块应严格加以保护，城市建设和人为活动需避开这些位置。应改善植被群落组分结构，加宽景观元素间的连接廊道。

生态保育区和生态缓冲区提供生态系统的天然“本底”，是各种生态研究的天然实验室，可进行连续、系统的长期观测以及珍稀物种的繁殖、驯化等研究，在涵养水源、保持水土、改善环境和保持生态平衡等方面也发挥着重要作用。

生态保育区和生态缓冲区都是一级管控区，不得建设任何生产设施，严禁一切形式的开发建设活动。生态保护区的行政主管部门应当

在保护区内设立专门的管理机构，配备专业技术人员，负责保护区的具体管理工作。

对于破碎化景观，进行景观重建的关键途径是在景观碎片周围提供缓冲区和建立廊道，增加景观的连通性，提供更多的栖息地与整个地区的景观格局相配合，选择通道位置，创造最有效的景观连接。对于增加核心栖息地之间的生态廊道，沿河是廊道位置的最佳选择。廊道植物应尽量采用乡土植物，并以自然形态最有效。

（2）协调生态基础设施与现状用地冲突

荆门市现状用地与生态斑块的冲突比较多，多处安全格局与现状商业、居住、工业用地及村落相冲突，与一级廊道冲突的位置较少，与二级、三级廊道冲突的建设项目较多。

①协调生态斑块与现状用地冲突。对于与临时搭建的工厂、棚户区或准备拆迁的村落等可拆除项目相冲突的地方，在安全格局内应拆除相关建设项目，逐步恢复自然状态；对于低安全格局范围内与已经建成的居住区、商业区及工厂区等相冲突的地方，应严格规定其保护，有计划拆除相关建设项目，恢复其自然状态；对于中安全格局范围内与已经建成的居住区、商业区及工厂区等相冲突的地方，应尽可能拆除一些对环境产生污染性的建设项目，并逐步恢复其自然生态环境，若不能拆除，则允许建设项目存在，但应达到相应安全标准或环境要求标准。

②协调生态斑块与道路的冲突。道路与生态廊道平行重叠：应采取生态廊道避让主、次、支道路；在道路一侧设置冲沟，进行生态修复与景观种植，形成替代性的生态廊道。道路与生态廊道相交：一级生态廊道与道路相交，建议建设天桥，保证生态廊道不被阻断；二级生态廊道与道路相交，建议设置下挖或天桥式通道，保证野生动物通道；三级生态廊道与道路相交，可以被道路切断。道路与大型生态斑块相交：在道路上方设置天桥或下方设置下凹式廊道以保证斑块连续性。

（3）制定生态保育法律法规，建立生态红线法制保障体系

在该条例出台之前，政府各相关部门要尽快有针对性地制定相应的规章制度或暂行办法，并组织实施。当前要严格遵守自然保护区已有的相关法律法规，对新划定但还缺乏法律法规保障的红线区，要尽快制定与红线性质相适宜的法律法规和监管机制。明确各级政府及相关企业、社区和个人在生态红线区域内的生态保护责任和义务，对生态红线区域实行最严格的管控制度，保障生态红线的强制性。

（4）加强生态动态监管，建立生态安全监测与监察体系

在技术上，加强生态红线的监控手段。运用遥感等现代化手段，加强生态保护红线内生物多样性以及生态环境的日常巡查和监管，建立资源环境承载能力监测预警机制，建立健全国土生态安全监测与监察体系，形成"监测监察—预测预警—法律法规—公众监督"全方位的生态红线保障机制。及时掌握生态安全的现状及变化趋势，为生态红线区域内生态安全的维护、评估与管理提供决策依据。

（5）引入市场机制进行生态补偿，研究建立生态交易机制

在现有生态保育法律法规体系的基础上，研究制定生态红线保障机制，健全完善生态补偿法律法规保障体系。明确生态红线内生态补偿的对象和目标，建立生态补偿与控制红线面积挂钩机制。根据生态保护的类型、开发的程度等，配套相应的生态补偿资金。建议酌情划定市级生态公益林，并参照现行的标准进行补偿，同时加大林业管理相关资金的扶持力度。在各地财力增加的同时，建立与物价上涨挂钩的动态上浮的水源保护区、生态公益林补偿机制，逐年提高生态补偿标准。建议将北部山体林地全部区划界定为生态公益林，采用生态公益林管理方法，采取全封、半封或轮封的方式开展封山育林。对于生态公益林中的经济林加强监管，防止经济林面积扩大，同时鼓励条件适合地区退耕还林。对于水系，应注意河湖水系的排污限制，实行雨污分流、中水回用等措施，节约水资源。因地制宜引入市场机制，研究运用经济杠杆建立生态交易机制，给不同的生态林进行定价，精确

计算退耕还林成本，采用生态补偿的方式鼓励企业、社会团体、个人参与生态保护，引导农民自觉保护森林资源并从中获益，使他们成为生态环境的主动护卫者。

5.3.4 生态控制红线保护具体措施

（1）水系保护

①水资源配置。实施重点河段防护规划。保障流域生态需水。通过漳河水库调节作用满足枯水期流量；通过小水库群清淤，加强雨洪资源利用；开展污水处理站的中水回用；建设溢流堰等保水工程。

②水资源保护。一是加强水源保护区上游水源保护与涵养工作。重点从加强外源风险控制和水源涵养两个方面进一步完善保护措施，主要包括在水源保护区内实施退耕、退经济林还生态公益林工作；环库四周构筑陆域缓冲带；加强水土保持工作，对中度以上侵蚀强度的残次林实施改造，加强水源涵养。二是开展控制外源污染排放和内源污染治理工作。从外源污染物去除及河底地形改造两方面出发，控制外源污染排放；针对主河槽及污染较为严重河段开展河道疏浚；在原有防洪规划的基础上，放缓原防洪规划的断面边坡，增加汛期洪水的过流断面；保持枯水期河道维持一定水面，避免河床裸露，有效改善中心城区内的水文动力条件。

③河道水生态修复规划。根据各河段特点确定其生态功能定位及基本改造方式；通过河道生境构建及生物群落的恢复，提高河道的自净能力，维持及在一定程度上改善河道水质，为河道及河滨景观建设提供良好的水环境；利用多样化的河道生境及生物群落协调河滨景观及绿化的建设，形成生态系统稳定、自我维持能力强、生态连通性佳、景观多样、层次分明的河道景观体系，使后溪流域主干河道修复及重建成为流域内的重要生态廊道及景观通道。

牵头部门：荆门市水务局。

责任部门：荆门市市环保局、市规划局、市财政局、市林业局、市水务局、市司法局。

（2）林地保护

①守住存量，加强森林资源保护。划定生态红线，确定林业生态红线内容及指标，划分红线区域，实行分级管控，守住生态底线；强化审批保护，严格控制各类建设项目占用林地和采伐林木，实行林地“占补平衡”和林地耕地同价；强化执法保护，持续开展保护森林资源“六个严禁”执法专项行动，依法打击破坏森林资源的违法行为；强化资源监管，减少灾害损失。

②严格落实林地规划。建设荆门市中心城区林地保护规划并切实抓好规划实施。在林地的监管、建设、登记方面，严格按规划用地形成全市林地管理一张图，建立现代治理和管理模式。

③促进增量，加快森林资源培育。提高林地的森林覆盖率，采取人工造林、封山育林等造林措施，持续实施林业生态重点工程；实施退耕还林和种植产业结构调整，种植更多乔木、灌木类经济作物；大力实施城市绿化、村寨绿化和公路绿化，千方百计提升森林覆盖率。

牵头部门：荆门市林业局。

责任部门：荆门市市环保局、市规划局、市财政局、市林业局、市水务局、市司法局。

（3）矿山保护

①引导企业积极创建绿色矿山。制定出台《荆门市绿色矿山创建指南》，将依法办矿、资源高效利用、科技创新、矿山地质环境保护与矿地和谐作为绿色矿山建设的工作核心，着力打造开采方式科学化、资源利用高效化、企业管理规范化、生产工艺环保化、矿山环境生态化的先进典型，实现资源效益、生态效益、经济效益和社会效益的有机统一。引导和督促矿山企业淘汰落后技术和设备，走节约、绿色、高效可持续发展之路。实施科技创新计划，加大对共伴生、低品位、难利用资源开发利用等关键技术方法的攻关力度，充分发挥科技创新对绿色矿山建设的推动作用，加大中央财政专项资金的

支持和引导。

②加快制定废弃（关闭）矿山环境恢复治理计划。矿山修复与治理的内容详见本章第 5.4 节。

牵头部门：荆门市国土资源局。

责任部门：荆门市市环保局、市规划局、市财政局、市林业局、市水务局、市司法局。

5.4 矿山生态修复

5.4.1 治理目标

荆门市 90%以上的退化土地得到有效治理；矿山生态修复率达到 95%，修复面积 5.5 km^2。

5.4.2 矿山修复生态效益模型评估

矿区废弃地的生态修复是指通过矿山生态修复的方法对矿山破坏区进行环境治理与恢复，减少发生地质灾害的隐患，治理采矿带来的环境污染问题，从而满足矿区可持续发展的需要，改善矿区及中心城区的环境。

矿区废弃地生态修复的生态效益是指用经济利润指标表示生态修复给矿区废弃地带来的生态环境质量的改善。生态修复一般依靠工程措施和生物措施来实现。前者包括土地复垦、水土保持等工程；后者主要指植被覆盖，包括挖坑、购苗、栽植和三年管护。生态修复带来的生态效益是较为显著的，包括林草植被的恢复、植被与覆盖率的提高、控制水土流失以及所产生的水土资源的改善、对周边环境及整个生态环境的贡献等方面。

加强对生态修复后生态效益的估计与评价，不仅能使生态修复的意义更加直观体现，暴露出不进行生态修复而造成的生态环境影响问题，还能便于对生态修复工程进行更好的项目评估。

（1）评估模型

①涵养水源效益评价

采用地下径流增长法，其计算公式如下：

$$Q=\sum(S_i\times J\times K\times R_i) \tag{5-9}$$

式中，Q——林地生态系统与裸地相比涵养水分的增加量，m^3/a；

S_i——第 i 种林地类型的面积，hm^2；

J——区域年均降雨量，mm；

K——不同区域的侵蚀性降雨比例（北方区取 0.4，南方区取 0.6）；

R_i——林地生态系统减少径流的效益系数（与裸地比较）（表 5-10）。

表 5-10　不同林地类型减少径流的效益系数

林地类型	阔叶林	针叶林	竹林	灌丛、疏林	无林
R	0.39	0.36	0.22	0.16	0

采用《森林生态系统服务功能评估规范》（LY/T 1721—2008）规定的影子工程法对森林植被涵养水源的效益做价值评价，可以计算出涵养水源的经济价值。计算公式如下：

$$V=W\times P \tag{5-10}$$

式中，V——林地年涵养水源的经济价值，元/a；

W——林地涵养水源的总量，m^3/a；

P——单位蓄水费用（0.67 元/m^3）

②保持水土效益评价

采用各种有林地与无林地的土壤侵蚀差异量来计算减少土壤侵

蚀的量，计算公式如下：

$$V = \sum (S_i \times T_i) \tag{5-11}$$

式中，V——森林减少土壤侵蚀量，t/a；

S_i——第 i 种类型林地的面积，hm^2；

T_i——第 i 种类型林地的单位土壤保持量，t/（hm^2·a）（表 5-11）。

表 5-11　不同林地类型的土壤保持量

林地类型	幼林	成林	经济林	灌丛、疏林	其他
单位土壤保持量/[t/（hm^2·a）]	3.59	5.24	4.41	4.83	2.96

采用《森林生态系统服务功能评估规范》规定的影子工程法对森林植被水土保持的效益做价值评价，根据我国 1 m^3 库容的水库工程费用计算减少泥沙淤积的经济价值，估算出水土保持的经济价值。计算公式如下：

$$E = W \times P \tag{5-12}$$

式中，E——林地保持水土的经济价值，元/a；

W——林地水土保持的总量，m^3；

P——单位蓄水费用（0.67 元/m^3）。

③净化环境效益评价

着重对生态修复后植被对阻滞空气粉尘污染物的生态效益进行评价，计算公式如下：

$$Y = \sum (S_i \times C_i) \tag{5-13}$$

式中，Y——植被阻滞粉尘的量，t/a；

S_i——第 i 类植被类型的面积，hm^2；

C_i——第 i 类植被阻滞粉尘的能力，t/（hm^2·a）（表 5-12）。

表 5-12　不同植被类型阻滞粉尘的能力单位

林地类型	阔叶林	针叶林
阻滞粉尘的能力/[t/（hm^2·a）]	10.11	33.2

采用《森林生态系统服务功能评估规范》规定的影子工程法对森林植被净化环境的效益做价值评价，用削减粉尘的平均单位治理费用来评估净化粉尘的价值，计算出净化环境的经济价值。计算公式如下：

$$Q = Q_1 + Q_2 = q_1 S_1 + q_2 S_2 \tag{5-14}$$

式中，Q——林地净化粉尘的经济价值，元/a；

q_1——我国阔叶林的滞尘能力，10.11 t/（hm^2·a）；

q_2——我国针叶林的滞尘能力，33.2 t/（hm^2·a）；

S——林地类型的面积，hm^2；

Q——单位除尘运行成本（170 元/t）。

④净化水质效益评价

根据《森林生态系统服务功能评估规范》规定的影子工程法计算改善水质的效益。计算公式为：

$$V = Q \times P \tag{5-15}$$

式中，V——改善水质的价值，元/a；

Q——涵养水源量，m^3/a；

P——林地净化水质价格，元/m^3。

（2）矿山生态修复目标情景

荆门市目前的矿山有 16.73 km^2，大致有 35%的面积为矿山废弃地，即 5.95 km^2，矿山目标修复率为 90%～95%，即预计修复面积为 5.5 km^2（表 5-13）。

表 5-13　矿山生态修复工程林地修复规划

植被种类	阔叶林、阔针混交林			疏林、灌丛	合计
	总	幼林	成林		
面积/hm^2	440	352	88	110	550

在 5.5 km^2 的修复面积中，依据荆门市生态公益林的种植规模选定阔叶林、阔针混交林与疏林、灌丛面积各占 80%与 20%，即阔叶林、阔针混交林与疏林、灌丛分别为 440 hm^2 与 110 hm^2，其中阔叶林、阔针混交林按照植被年龄分为幼林（80%）和成林（20%），面积分别为 352 hm^2 和 88 hm^2。

（3）矿山修复投资治理成本

第一阶段为复垦期（一年），矿区生态修复主要分为两个部分：土地复垦和水土保持。复垦程序包括表土剥离、场地平整、覆土设计和植被恢复，平均投资为 56 404.5 元/（hm^2·a），总投资为 3 103.15 万元/a。项目通过土地复垦后，恢复林地 550 hm^2。而水土保持工程主要对象为进矿公路，总平均投资为 851.29 万元/a，其中工程措施（修建拦渣坝、截排沟、沉砂池、挡土墙等）投资 583.26 万元/a，植物措施（植树种草）投资 47.32 万元/a，临时工程费为 12.61 万元/a，独立费为 157.65 万元/a，基本预备费为 18.92 万元/a，水土保持设施补偿费为 31.53 万元/a。

通过方案实施，本项目的治理目标要实现：①因工程建设造成的人为水土流失、工程扰动土地整治率达 95%；②水土流失总治理率达 85%；③土壤流失控制比为 0.7；④拦渣率为 95%；⑤林草恢复率为 95%；⑥林草覆盖率为 20%。复垦期工程投资合计约为 5 974.88 万元/a。

第二阶段为管护期（三年），矿区植物管护包括灌溉、施肥、修剪、松土除草、病虫害防护等，总费用为上述各项之和，为 5.55 万元/（m^2·a），本项目管护投资为 3 052.5 万元/a。

综上所述，荆门市矿区生态修复工程总投资约为 13 111.77 万元（表 5-14）。

表 5-14　荆门市矿山生态修复工程资金投入估算

	复垦期（一年）		管护期（三年）	
土地复垦	平均投资	56 404.5 元/（$hm^2 \cdot a$）	基本费用	3.54 万元/（$m^2 \cdot a$）
水土保持	工程措施	583.26 万元/a	修剪费用	0.354 万元/（$m^2 \cdot a$）
	植物措施	47.32 万元/a	施肥费用	0.33 万元/（$m^2 \cdot a$）
	临时工程	12.61 万元/a	松土除草费	0.354 万元/（$m^2 \cdot a$）
	独立费	157.65 万元/a	病虫害防治费	0.354 万元/（$m^2 \cdot a$）
	基本预备费	18.92 万元/a	税费	0.350 7 万元/（$m^2 \cdot a$）
	水土保持设施补偿费	31.53 万元/a	利润	0.265 5 万元/（$m^2 \cdot a$）
	小计	3 103.15 万元/a	小计	5.55 万元/（$m^2 \cdot a$）

（4）矿山修复的生态效益估算

遵循科学性原则、可行性原则、系统性原则，合理根据研究区域（即荆门市中心城区）本身的具体实际情况进行调整。根据 30 位专家对相关领域的研究，从其中的评价指标中选取涵养水源效益、保持水土效益、净化水质效益、净化环境效益这四个指标，并采用生态效益评价模型分别进行计量评价及价值评估。计算评价结果显示：荆门市涵养水源量为 124 910 m^3/a，森林减少土壤侵蚀量为 2 256.78 t/a，阻滞粉尘能力为 4 449.74 t/a。采用影子工程法计算涵养水源、保持水土、净化水质、净化环境的间接经济价值分别为 8.37 万元/a、13.51 万元/a、12.07 万元/a、75.64 万元/a，可得到荆门市矿区生态修复工程总生态效益价值为 109.59 万元/a（表 5-15）。

（5）矿山修复成本-效益对比分析

从评价结果可以得出，荆门市矿区生态修复工程的生态效益可以产生很大的间接经济效益，若修复措施采取得当，生态效益每年都可能会稳定波动或继续增加。长期来看，矿山生态修复工程建设年限为四年（一年复垦期，三年管护期），生态效益假设每年按照 10%的增幅增长，单与经济指标相比，25 年后生态效益可与经济成本持平。

表 5-15　荆门市矿山生态修复工程生态效益估算

	生态量指标	生态量水平	效益值/（万元/a）	
涵养水源效益	涵养水源量/（m^3/a）	124 910	8.37	
保持水土效益	森林减少土壤侵蚀量/（t/a）	2 256.78	森林减少土地资源损失	2.65
			森林减少泥沙淤积	0.23
			森林减少土壤氮、磷、钾损失	10.63
			小计	13.51
净化水质效益	—	—	12.07	
净化环境效益	阻滞粉尘能力/（t/a）	4 449.74	75.64	
合计			109.59	

5.4.3　矿山环境修复基本理念

（1）严格执法，提高矿山开采的准入门槛

凡因矿产资源开发造成耕地严重破坏且无法恢复的，不得通过审查；凡矿山地质环境保护与治理恢复方案和土地复垦方案未通过审查的，不得颁发采矿证。

（2）做好矿区规划，规范矿产资源的开采利用

将矿区开采与生态保护相结合，在科学调研和论证的前提下，确定矿山的禁采区、限采区及鼓励开采区。规划的禁采区（包括禁采地段）内不得新开办矿山，现有矿山应视各种情况采取不同政策措施限期关迁。规划的限采区要逐步压缩矿山数量和开采总量，严格控制新建矿山。原则上不颁发新的采矿许可证，不设置新的矿山；原有的采矿许可证到期后，确需保留的矿山，应当制定合理科学的开采利用方案，采取严格的环境保护措施和安全生产措施，使资源开发与环保相结合，经济效益和社会效益相统一。规划的开采区要在查明矿产资源储量的基础上编制详细规划，科学划分开采项目区块，合理设置矿山。严格新办矿山的技术、环保、安全、规模等准入条件，公开出让采矿

权；鼓励原有实力的矿山以资产为纽带联合、兼并中小型矿山，实现规模化开采。

（3）大力推进绿色矿山建设

贯彻落实科学发展观、实现资源利用与矿山发展相协调的重要举措，对建设资源节约型和环境友好型社会具有重要意义。绿色矿山是矿产资源开发利用与经济社会发展、生态环境保护相协调的矿山，应该达到资源利用节约集约化、开采方式科学化、企业管理规范化、生产工艺环保化、闭坑矿山生态化的有关标准和要求。

总体上看，绿色矿山建设应该遵循科技进步、改进生产工艺、不断提高资源利用水平和环境保护水平的理念，包含的内容比较宽泛，而不仅仅体现在环境保护水平的提高方面，在资源节约与综合利用、矿山开发与社会和谐方面应明显先进，而且随着矿业发展和科技进步，绿色矿山将被赋予更加丰富的内涵。

（4）加大矿山地质环境恢复治理和矿区土地复垦力度

新建矿山和生产矿山按照“谁破坏，谁恢复，谁开发，谁治理”的原则，严格执行“三同时”制度，及时履行矿山环境恢复治理义务，并缴纳矿山环境恢复治理保障金。国土资源行政主管部门应加强对采矿权人履行矿山地质环境恢复治理义务情况的监督检查，加大矿山地质环境保护和治理力度，实施矿山地质环境恢复治理重点工程，重点开展矿山采空区地面塌陷等环境问题的治理工作，改善矿区及周边地区的生态环境。通过严格实施土地复垦方案、加强复垦土地权属管理、实施矿区土地复垦重点工程等，积极推进矿区土地复垦。

（5）矿山生态治理恢复分区

《矿山地质环境保护与恢复治理方案编制规范》提到矿山地质环境保护与恢复治理分区可根据矿山地质环境影响评价结果划分为重点防治区、次重点防治区、一般防治区。根据矿山地质环境保护与恢复治理的现状评估、预测评估可将荆门市防护区进行分类，进而根据区内矿山地质环境问题类型的差异细分为不同的防护区域。

5.4.4 矿山环境修复具体措施

（1）采矿企业督查，生态责任落实

加强对荆门市现存采矿企业的日常监管，严格禁止生态控制红线内的采矿行为。按照矿山地质环境准入条件和采矿权设置方案严格审批新建矿山，对不符合矿产资源开发利用规划的，一律不予批准；对规模小、布局不合理、采矿技术方法落后、严重破坏地质环境的已建矿山，按照规模化开采、集约化利用的原则进行整合或淘汰。对矿山企业提出的矿山地质环境治理验收申请，及时组织人员严格按照矿山地质环境保护治理方案进行审查验收。对达不到治理要求的，不予通过，并责令其继续治理，做到验收一家、合格一家。将荆门市持证矿山的生态环境恢复治理方案实施情况纳入矿山年检内容。依照"谁破坏、谁恢复、谁开发、谁治理"的原则，督促采矿权人制定落实生态恢复治理方案，按时缴纳矿山环境恢复治理保证金。

牵头单位：荆门市国土局。

责任单位：荆门市发改委、环保局、林业局、水务局、安监局、财政局、各区县市政府、国土局。

（2）地质环境监测，及时灾害防治

监测内容包括矿山建设及采矿活动引发或可能引发的地面塌陷、地裂缝、崩塌、滑坡、泥石流、含水层破坏、地形地势景观破坏等矿山地质环境问题，以及矿山区地质环境恢复情况。购置相关监测仪器、设备、软件、数据，并培训相关监测人员以及技术分析人员。开展完备的施工安全意识培训教育并采取安全措施，保证人工现场量测的安全性。

及时排查已发现或潜在的地质灾害。做到"因地制宜，长期高效"，同时建立应急预案，定制应急方案，进行应急储备。

牵头单位：荆门市环保局。

责任单位：荆门市各区县市政府、国土局、环保局、环科院、监测站。

（3）植被保护恢复，生态再利用

对不同矿区制定植被恢复方案，并落实到各矿区。

根据地形地貌、气候条件等选择适宜的植物种类、植物结合种植方式、种植方法，保证植被能长期存活，保持生态保护功能。对于已种植植被，进行一定的人为维护，保证其能够成功地长期存活。对矿区搬迁区，拆除遗留设备，清理遗留的固体废物，进行工程修复，适宜条件下可利用现场遗留的固体废物进行原位道路铺设、塌陷地回填等。协同矿山生态修复与矿山景观建设、生态文化产业、旅游产业。

牵头单位：荆门市林业局、国土局。

责任单位：荆门市市林业局、发改委，各区县市政府、林业局、国土局。

表 5-16 总结了荆门市矿山生态修复工程的三级目标。

表 5-16　矿山生态修复工程三级目标

工作任务	牵头单位	责任单位	至 2020 年目标	至 2025 年目标	至 2030 年目标
采矿企业督查，生态责任落实	市国土局	荆门市京山县、沙洋县、钟祥市等各区县国土局和发改委、环保局、林业局、水务局、安监局、财政局	完成市内不达标采矿企业淘汰工作，建立生态责任档案体系	基本建立生态红线，保证生态红线内生态治理及恢复措施达标	生态红线与荆门市经济社会其他要素相协调，保证生态红线内生态质量达标
地质环境监测，及时灾害防治	市环保局	荆门市京山县、沙洋县、钟祥市等各区县国土局、环保局、环科院、监测站	初步建立地质环境监测体系，对已有或潜在的地质灾害排查有健全的时间责任计划	基本对重点防护区及次重点防护区实行相应的防治方案	完成对重点防护区及次重点防护区的人工防护，逐步扩大生态恢复范围
植被保护恢复，生态再利用	市林业局、国土局	荆门市京山县、沙洋县、钟祥市等各区县林业局、国土局、发改委	建立完善的植被恢复方案，基本完成植被恢复前准备工作并启动种植	植被再种植基本完成，过渡区建立生物防护屏障	植被恢复基本完成

5.5 湿地与林地建设

5.5.1 治理目标

到 2025 年，荆门市要建成漳河湿地公园、惠亭湿地公园、仙居河湿地公园、八字门湿地公园、温峡湿地公园、石门湿地公园、镜月湖湿地公园、沙洋县黄档湖湿地休闲小区、沙洋县贺吕湖湿地休闲小区、沙洋县彭家南湖湿地休闲小区、钟祥市黄坡湿地休闲小区、钟祥市莫愁湖湿地休闲小区、京山县高关湿地休闲小区、东宝区仙女湖湿地休闲小区；建成湿地文化广场 5 个，其中沙洋 2 个，钟祥、京山和荆门市区各 1 个。

利用湖北省作为全国碳汇交易试点省的有利条件，按照原国家林业局发布的《碳汇造林技术规定（试行）》和《碳汇造林检查验收办法（试行）》（办造字〔2010〕84 号）的要求，探索森林认证、林业碳汇交易、碳汇造林等体制机制，积极参与国际林业碳汇活动，力争实施国际碳汇造林项目，开展森林认证工作，参与国际碳汇交易。结合荆门市自然与人文特质，丰富生物多样性，充分发挥公园绿地的“城市绿肺”功能，在提升绿化面积总量的基础上，引入植林率控制指标，提高植林率。构建以乔木为主的立体植物群落结构，提高单位绿化面积的碳汇能力。

5.5.2 湿地、林地环境建设基本理念

（1）湿地保护

实施湿地保护工程，深化荆门市漳河国家湿地公园建设，加快推进京山惠亭湖、沙洋潘集湖、钟祥莫愁湖、东宝仙居河等国家湿地公园试点建设；加强东宝钱河和象河、钟祥石门湖、掇刀官冲、京山石龙等省级湿地公园建设；推进漳河新区凤凰水库、乌盆冲水库、杨家

冲水库、车桥水库、烂泥冲水库“五湖连通”；开展吴岭、三青、彭场等湿地自然保护小区建设。采取生物技术、工程技术、恢复植被、疏浚河道、清淤扩湿、控制污染等措施减缓湿地退化。

将荆门市级以上湿地公园划入生态保护红线区域，其中，省级以上湿地公园为省级生态保护红线，市级湿地公园为市级生态保护红线。建立河流湿地生态保育区和生态缓冲区，在此区域内限制开发建设活动并遵从湿地植被生境和动物栖息地保护的要求，保护原生生态环境。有关生态保护区行政主管部门应当在湿地保护区内设立专门的管理机构，配备专业技术人员，负责保护区的具体管理工作。

加强对湿地公园的规范化管理。湿地公园应严格按照《国家湿地公园管理办法（试行）》《湖北省湿地公园管理办法》进行管理，除国家另有规定外，禁止开（围）垦湿地、开矿、采石、取土、修坟及生产性放牧等；禁止从事房地产、度假村、高尔夫球场等任何不符合主体功能定位的建设项目和开发活动；禁止商品性采伐林木；禁止猎捕鸟类和捡拾鸟蛋等行为。

（2）碳汇林业建设

启动石漠化二期治理项目，采取生物与工程相结合的措施，增加石漠化土地林草覆盖度，调整区域农村产业结构，增加农民收入，实现石漠化区域的可持续发展，主要包括东宝区的仙居乡、栗溪镇、石桥驿镇、子陵镇、十里牌林场、龙泉街办，屈家岭管理区，钟祥市的长滩镇、胡集镇、冷水镇、磷矿镇、张集镇、客店镇，京山县的新市镇、三阳镇、杨集镇、雁门口镇、曹武镇、永兴镇、钱场镇、孙桥镇、观音岩林场、石龙镇等乡镇。

结合区域特点，因地制宜，全面提升碳汇林业建设水平。例如，在北部低山与重要水源生态保护区在保护的基础上，采取“封、育、管、造”相结合，实施重点生态公益林补偿机制，合理对低质低效林分进行封育提质，全面建设生态防护体系。

整合发改、交通、住建、旅游、电力等部门的项目和资金，推进县市区、市直部门整体联动，加大市中心城区、花卉苗木、森林旅游产业集聚区的绿道建设。重点在市中心城区东西外环线、荆漳快车道、千佛洞国家森林公园、207 国道、牌楼至柴湖城镇示范带主干道沿线植入休闲绿道，并助推沿线村庄绿化美化，将荆门城郊打造成没有围墙的花园、四季花开的公园。

打造汉江百公里防护林景观长廊，通过森林抚育、更新改造，沿汉江两岸及遥堤建设杨树、旱柳、水杉基地，发挥水源涵养、水土保持、防浪护岸、景观美化等功能。推进沙洋马良、钟祥旧口、柴湖、石牌、文集、丰乐、胡集等沿岸村庄绿化，在群众房前屋后栽用材林、景观树、水果树，打造独具江汉平原特色的绿色示范村。

启动天然林保护工程，建立天然林保护和生态公益林长效补偿机制，提高补偿标准。工程范围包括各级自然保护区、自然保护小区、森林公园、湖泊、大中型水库以及城区等地的生态公益林及城市周边景观林在内的所有生态公益林。完善和提高汉江、俯澴河、长湖、漳河四大水系沿岸区域及大中型水库、城镇、道路周边生态公益林质量，对现有低质、低效生态公益林进行提质改造，提升生态功能等级，加大林种和树种的结构调整，增加阔叶林和针阔混交林为主的生态公益林比重，从而增强森林抵御林业有害生物侵害的能力，降低火灾火险发生率和受灾率，逐步恢复地带性植被，丰富生物多样性，形成布局合理、结构稳定、功能协调的生态保护体系。

5.5.3　湿地、林地环境保护具体措施

（1）湿地保护

①实施湿地保护工程。以漳河水库、长湖、黄坡—温峡口水库区、刘畈水库—高关水库—八字门水库区、惠亭水库—吴岭水库—大官桥水库区为主体，严格遏制盲目围垦等侵占湿地现象，促进湿地保护与利用进入有序的良性循环。加强湿地周边生境保护，栽种一些枫杨、

柳树、杨树等耐水树种，为各种水鸟类创造捕食、栖息、繁殖的场所。以展示丰富的湿地资源为载体，突出湿地中的湿地文化内涵，突出“人与自然和谐统一”的主题，开展荆门湿地公园、湿地休闲小区、湿地文化广场、沙洋长湖湿地博物馆建设。

牵头部门：荆门市政府。

责任部门：荆门市环保局、市规划局、市财政局、市林业局、市水务局、市司法局、各县区人民政府。

②湿地生态修复项目。凤凰湖湿地生态修复项目：漳河新区林业局、荆门市政府投资工程管理公司负责建设滨湖景观带、截污干管、内湖清淤、绿化建设及景观配套等，总占地面积 3 840 亩（$1\ hm^2$=15 亩）。龙泉水库湿地生态修复项目：由高新区（掇刀区）林业局负责开展围堤内生态林建设、人工浮岛建设，构建前置湿地系统，确保何场、张场等地饮用水水源安全。杨树档水库湿地生态修复项目：高新区（掇刀区）林业局负责开展围堤内生态林建设、人工浮岛建设，构建前置湿地系统，确保五里镇等地饮用水水源安全。

③漳河国家公园建设试点项目。建设内容：加大对区域生态系统的保护与监管，划定特别保护区、自然环境区、娱乐区和服务区，并制定相应的保护政策要求；探索建立国家公园体制，实行分级、统一管理，保护自然生态和自然文化的原真性、完整性；强化国家公园生态环境监测，加强生物多样性监管，加大环境保护宣传力度，提升国家公园建设水平；强化宣教展示和管理服务，适度开发公园观光旅游项目，开展生态保护科普教育。

牵头单位：荆门市政府。

责任单位：荆门市环保局、市规划局、市国土局、市财政局、市林业局、市水务局、市发改委、漳河区人民政府和相应的环保局、规划局等。

④各部门协同编制管理湿地生态红线区域。市环保局：负责联合有关部门，根据生态保护红线划定的有关要求，编制湿地生态保护红

线的划定及调整方案；对实施情况进行跟踪评估和综合评价，对生态保护红线区进行生态环境监测和评估工作，严厉打击各类环境违法行为。市发展和改革委员会：负责制定湿地生态保护红线区的产业发展政策，并严格该区域项目审批管理；负责将湿地生态保护红线纳入荆门市国民经济和社会发展规划纲要和主体功能区规划。市国土局、市规划局：负责将湿地生态保护红线规划纳入城市总体规划，做好与土地利用总体规划的衔接；负责监管湿地生态保护红线区内的土地利用，查处违法用地行为。市财政局：负责组织开展生态补偿，将湿地生态保护红线的面积、比例及保护状况作为生态转移支付的重要评价因子。市林业局、市水务局：负责监管湿地生态保护红线区内的林地、湿地、自然保护区等，查处破坏林地、湿地、自然保护区等的违法违规行为。市公安局、市司法局：配合相关部门开展执法工作，查处湿地生态保护红线区域内的资源开发和建设活动、破坏生态和污染环境等各类违法违规活动，追究相关人员责任；情节严重构成犯罪的，依法追究刑事责任。县（市、区）人民政府：负责辖区湿地生态保护红线区的生态保护与建设工作，并按照职责组织协调红线区内违法建设、违法用地的查处工作。

（2）碳汇林业建设

①绿满荆门项目。由荆门市政府牵头，基本完成 36 万亩可造林地绿化，基本完成全市 1 375 个自然村中 90%的村庄的绿化美化工作。

牵头部门：荆门市政府。

责任主体：荆门市林业局、市环保局。

②荆门市对节白蜡自然保护区保护项目。由市林业局牵头负责强化对节白蜡自然保护区保护力度，力争建成国家级自然保护区，建设对节白蜡培育、展示、销售、观光基地。

牵头部门：荆门市林业局。

责任部门：京山县林业局。

③江汉运河绿化景观带建设工程。沙洋县政府牵头完成引江济汉工程沙洋境内约33.4 km的景观带建设工程，需建成干堤两侧各100 m宽、约1万亩的绿化景观林带。

牵头部门：沙洋县政府。

责任部门：沙洋县林业局。

④汉江钟祥段防护林工程。钟祥市政府牵头建设汉江防护林 10万亩，主要涉及的沿汉江流域乡镇有胡集、丰乐、磷矿、洋梓、文集、柴湖、旧口、石牌，以及温峡水库、石门水库、黄坡水库等大中型水库周边。

牵头部门：钟祥市政府。

责任部门：钟祥市林业局、钟祥汉江管理分局。

⑤大力推进城市绿道和绿色城镇建设。2016 年，继续加快推进“绿满荆门”行动，完成人工造林 12 万亩（其中绿色全覆盖 10.23 万亩，改造 1.77 万亩），中幼林抚育 15 万亩，努力实现两年绿色全覆盖目标。宜林地和无立木林地绿化方面，重点推进油茶、玫瑰、桃、红豆杉等特色经济林，湿地松、杨树、香樟等用材林，紫薇、对节白蜡等花卉苗木基地建设。通道和村庄绿化方面，由湖北省林业调查规划设计院统一编制绿化规划，分类确定全市村庄、道路绿化标准、建设模式，按照“统一规划、各地实施、彰显特色、保障质量、群众满意”的原则，打造荆门村庄、通道绿化品牌。

牵头部门：荆门市林业局。

责任主体：荆门市人民政府、荆门市市政局。

⑥提高荆门市的森林覆盖率。全市新造林面积 2.67 万 hm^2，森林覆盖率达到35%，森林蓄积量达到2 500万 m^3，林地保有量40.41万 hm^2，生态公益林面积 11.4 万 hm^2 以上。古树名木保护率达到 100%，森林病虫害成灾率控制在 3%以下，森林火灾受害率控制在 1.0‰以下，林业总产值达到 300 亿元。基本形成以森林、湿地为主体，点、线、面合理绿化配置，功能相对稳定的生态体系；做精做优第二产业，

大力发展林特产品精深加工，林业产业成为荆门市社会经济中的优势产业；拓展丰富以森林生态旅游为主的第三产业，使之成为林业经济新的增长点，实现生态良好、产业发达、文化繁荣、发展和谐的目标。

牵头部门：荆门市林业局。

责任主体：荆门市经济与信息化委员会、荆门市发改委。

6 绿色产业转型

6.1 绿色产业转型的“加减法”

依托长江经济带产业优势，加快形成荆门市重要的产业集群。把握绿色增长机遇，大力实施创新驱动战略，在改革创新和发展新动能上做“加法”，在淘汰落后过剩产能上做“减法”，加快推进产业转型升级，形成集聚度高、竞争力强的现代生态化农业，环境友好型低碳工业和现代服务业。“以沿江国家级、省级开发区为载体，以大型企业为骨干，充分利用中心城市的产业优势和发展潜力，积极打造国内一流产业集群”，实现提质增效升级和绿色发展。

6.2 产业优化模型

6.2.1 产业优化调整分析模型

（1）区位商

区位商是衡量地区专业化的重要指标，指某地区的某工业部门在该地区整个工业部门中的比重（总产值、就业人数）与上级地区（全国、省、市等）中该工业部门的比重之比。其计算公式如下：

$$LQ_{ij} = \frac{L_{ij} / L_i}{L_j / L} \tag{6-1}$$

式中，LQ_{ij}——区位商或专业化率；

L_{ij}——i 地区 j 部门的工业总产值，万元；

L_i——i 地区的工业总产值，万元；

L_j——全国 j 部门的工业总产值，万元；

L——全国的工业总产值，万元。

只有 LQ_{ij} 大于 1 的部门才能构成地区的专业化部门。LQ_{ij} 值越大，说明该部门的专业化程度越高，反之亦然。

（2）集中系数

集中系数指区域某产业的人均产出与全国相应产业的人均产出之比（反映产业的经济效益）。其计算公式如下：

$$CC_{ij} = \frac{Q_{ij} / P_i}{Q_j / P} \tag{6-2}$$

式中，CC_{ij}——产业的集中系数；

Q_{ij}——i 地区 j 产业的产出，万元；

P_i——i 区的人口，万人；

Q_j——全国 j 产业的产出，万元；

P——全国总人口，万人。

如果 CC_{ij} 大于 1，说明该产业比较集中，属于专业化部门。此外，在三产业的集中系数分析中，P_i 为 i 区从事 j 产业的人口，P_j 是全国 j 产业的从业总人口，该调整有助于分析产出效率。

6.2.2 各行业单位增加值能耗核算

对各行业单位增加值能耗的分析有助于对荆门市各行业的能耗水平进行摸底，可以针对性地对各行业设定减排目标或准入门槛。其计算公式如下：

$$E_i = \frac{\left(\sum \alpha_j \times F_{ij}\right)}{Q_i} \tag{6-3}$$

式中，E_i——行业 i 的单位增加值能耗，t 标准煤/万元；

j——消耗的能源类型，包括原煤、原油、天然气、液化石油气等；

α_j——能源 j 的折标系数，t 标准煤/t；

F_{ij}——i 行业里能源类型 j 的消耗总量，t（数据来源于荆门市统计局）；

Q_i——行业 i 的工业增加值，万元（数据来自荆门市统计局）。

6.3 产业结构特征及调整潜力

6.3.1 荆门及各区县产业结构特征

利用区位商和集中系数分析模型，对荆门市及各区县的三大产业聚集度及经济效益现状进行分析。

荆门市的三产结构分析表明（图 6-1），第一产业的区位优势最为明显，是目前荆门市的优势产业。其中，沙洋县的优势在各区县中较为突出，集聚度与经济效益都居于荆门市前列，但仍需进一步提升发展空间；掇刀区产业集聚度不高，但是产业效益较强，其第一产业具有一定的市场竞争力。

较其他产业而言，第二产业也具有一定的区位优势和相应的聚集度，但其产生的经济效益相对较弱。从市辖区的角度看，同时考虑区位商和集中系数，东宝区的第二产业区位商较高，集中系数是荆门市各区县中最高的，说明东宝区第二产业发挥效益较强、创新成果较好。

从 2008 年以来，虽然荆门市第三产业产业值一直在增加，但其占 GDP 的比例仍长期处于 35%以下，产业结构组成相当于 20 世纪 90 年代初期全国的平均水平，产业结构亟须调整。整体来说，荆门市第三产业发展较弱，掇刀区、京山县、钟祥市第三产业发挥的经

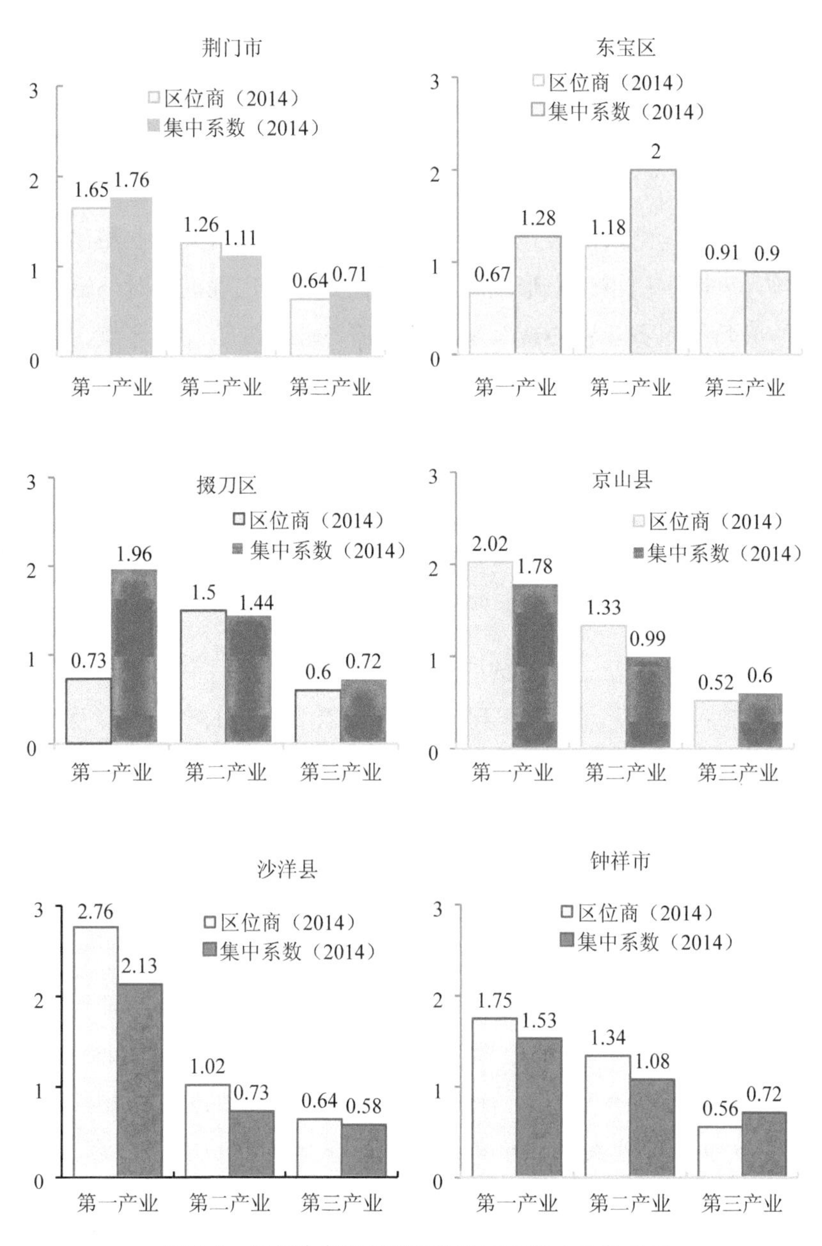

图 6-1　荆门市各区县三产区位商与集中系数分析

济效益在荆门市内相对较强，但仍有很大的发展空间。从内部构成看，传统服务业比重大，现代服务业比重明显偏低，在研发、咨询、金融服务等领域基本处于空白。这就导致了荆门市第三产业从整体上缺乏竞争力。各区县的区位商基本与荆门市总体水平持平，第三产业在各区县之间的聚集程度差别不大，与其他两大产业相比处于劣势，表明荆门市仍未形成或者未完善具有一定规模和对外辐射能力的成熟的服务业中心或集聚园区，服务业资源碎片化严重，集聚度较低。

从区县的角度来看，大多数区县以第一产业为优势产业，其中掇刀区、沙洋县第一产业优越性尤为明显。而与其他区县不同的是东宝区，它是典型的工业型地区，传统重工业在对地区 GDP 做出显著贡献、增加就业机会外，还会消耗大量的能源，同时附生出其他环境问题。

结合区位商及集中系数的分析结果提出的荆门市产业升级转型战略性建议可以更好地落实到各区县，结合各区县的产业特点及长短板，对荆门市产业战略性管理有重要的参考意义。

6.3.2　工业行业结构特征

从对荆门市各工业行业的区位商与集中系数的评估结果来看（图 6-2），在 2014 年荆门市 36 个行业中，有 10 个行业的区位商大于 1，其余 26 个行业的区位商均小于 1。其中，区位商最大的是非金属矿采选业，为 8.02，最小的是黑色金属矿采选业，为 0.01，行业间集聚程度差异较大。为便于进行行业间分析并提出适宜的升级转型战略性建议，根据产业集聚度差异将荆门市工业行业进行分类，将区位商大于 2 的行业列为“显著聚集行业”，区位商在 1～2 的行业列为“潜在聚集行业”，区位商小于 1 的列为“相对分散行业”。

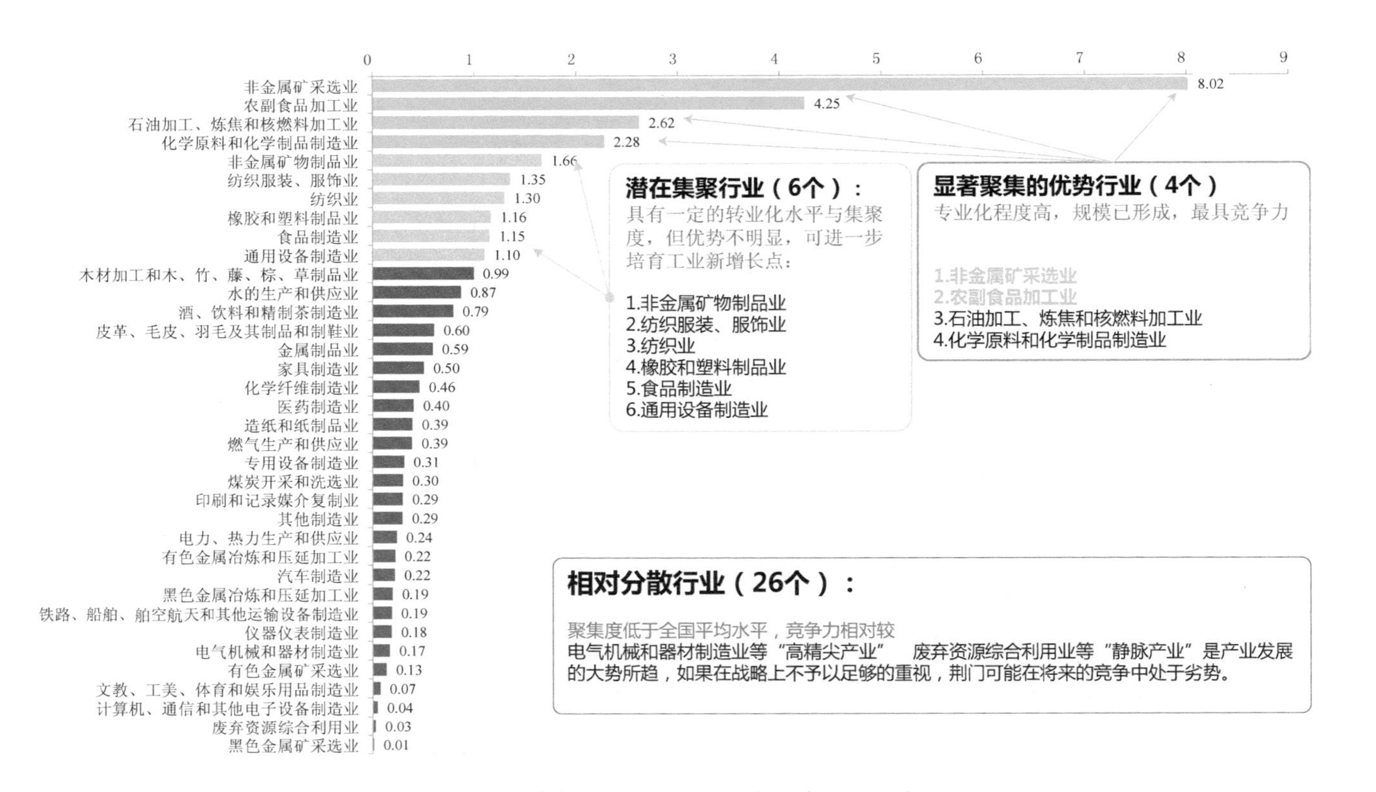

图 6-2 荆门市各工业行业的区位商比较（2014 年）

（1）显著聚集行业

从计算结果可知，荆门市具有显著聚集的行业有 4 个，分别是非金属矿采选业，农副食品加工业，石油加工、炼焦和核燃料加工业，化学原料和化学制品制造业。数量约占上述工业行业的 10%。作为优势行业，这 4 个行业的专业化程度高，规模形成较为成熟，比较优势非常明显，是荆门市工业发展的顶梁柱，具有很强的市场竞争优势。区位商高达 8.02 的非金属矿采选业的产业集中度非常高，优势比其他行业更为显著，是荆门市目前最具优势和竞争力的行业。采矿业是能源密集型产业，对于该产业的升级改造是优化产业结构、缓解工业发展带来的生态环境问题的重点工程。

（2）潜在聚集行业

具有聚集潜力的行业有 6 个，分别是非金属矿物制品业，纺织服装、服饰业，纺织业，橡胶和塑料制品业，食品制造业，通用设备制造业。它们具备一定的专业化水平和集聚度，略高于全国平均水平，但优势地位并不明显，之间差异不大，其中可能孕育着某些潜在优势产业，也可能会沦落为劣势产业。对于该部分产业，需引起政府的高度重视，应作为培育未来工业新增长点的潜在领域。

（3）相对分散行业

研究区相对分散的行业有 26 个，有木材加工和木、竹、藤、棕、草制品业，水的生产和供应业，酒、饮料和精制茶制造业等，占到了总数的绝大部分，其区位商小于 1，意味着聚集度低于全国平均水平、发展状况处于劣势、竞争能力相对较弱。一般来说，这些产业短期内不应作为支柱产业或主导产业的选项，但大力发展如电气机械和器材制造业等“高精尖产业”、废弃资源综合利用业等“静脉产业”是产业发展的大势所趋，也是荆门市建设现代工业格局的必然之路，在战略上应予以足够的重视和孵化培养，否则其将在相关产业竞争或可持续发展中处于劣势。

6.3.3 能耗及节能潜力

（1）单位 GDP 能耗

2010—2014 年，荆门市及各区县的单位 GDP 能耗均有较显著的下降，体现了荆门市在提升能效或优化能源使用结构上所做的努力和成果（图 6-3）。五年间，荆门市单位 GDP 能耗下降了近 40%。各区县中，掇刀区下降幅度最大，其他区县下降幅度相似。而各区县的单位 GDP 能耗排名也发生了变化，从 2010 年的掇刀区＞东宝区＞京山县＞沙洋县＞钟祥市变化至 2014 年的东宝区＞掇刀区＞沙洋县＞京山县＞钟祥市。

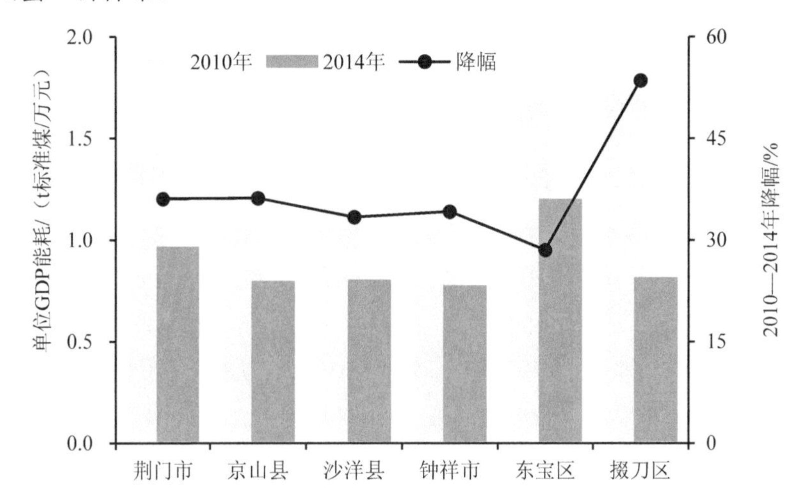

图 6-3　荆门市及各区县单位 GDP 能耗变化情况（2010—2014 年）

（2）单位 GDP 电耗

与能耗情况相同的是，荆门市及各区县单位 GDP 电耗在 2014 年均比 2010 年有较显著降低，整个荆门市五年下降了超 500 kWh/万元，相当于 2014 年单位 GDP 电耗的 70%，下降幅度明显（图 6-4）。其中，钟祥市下降量最大，沙洋县下降强度最大。至 2014 年，各区县单位 GDP 电耗均降至 900 kWh/万元以下，沙洋县保持 5 区（县）中电耗强度最低。

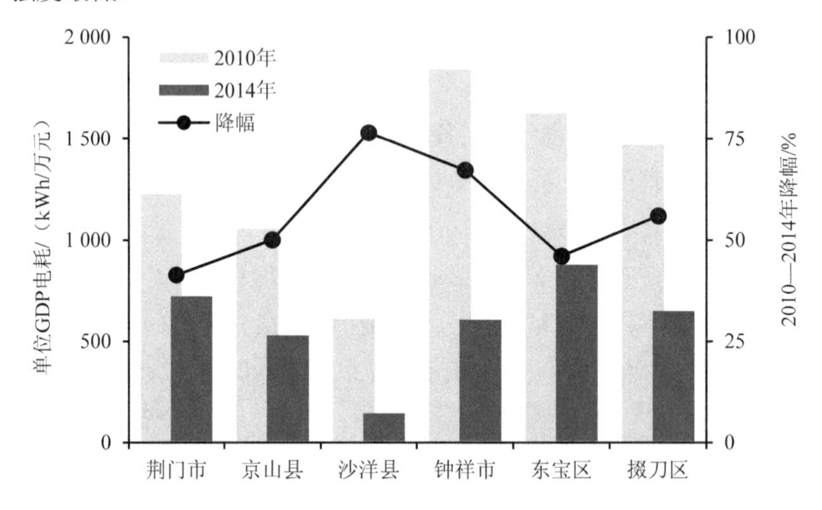

图 6-4 荆门市及各区县单位 GDP 电耗变化情况（2010—2014 年）

（3）规模以上工业企业增加值能耗

数据表明，2011—2015 年，中规模以上工业企业增加值从约 500 亿元增长到超过 800 亿元，增长了约 60%，而单位增加值能耗 2011—2015 年降幅超 50%。工业产值有所增加，但增加值降低，说明中间投入的各种原材料和辅助材料的价格有大幅度的增加。工业增加值降幅和单位增加值能耗增幅差别较大，通过计算可知工业总能耗下降约 20%，说明中间投入的增幅是由其他因素带来的，如原料购置、产品运输存储、品牌宣传等。

从各行业的能耗水平来看（表 6-1），2015 年电力、热力生产和供应业，非金属矿物制品业，石油加工、炼焦和核燃料加工业三大行业的单位工业增加值能耗水平较高。2011—2015 年，大部分工业产业的单位增加值能耗均有显著的降幅，而专用设备制造业、金属制品业、燃气生产和供应业、有色金属冶炼和压延加工业则均有超 100% 的升幅，需提高制品业的能效水平。非金属矿物制品业、化学原料和化学制品制造业、农副食品加工业三种行业工业增加值占比较大，均超过 10%，行业总能耗水平也相应处于荆门市前列，提升能效、降低能耗措施可以考虑首先从这三大行业中进行。

表 6-1　荆门市各工业行业的单位增加值能耗及其占比

	单位增加值能耗/（t 标准煤/万元）			2015 年工业增加值占比/%
	2011 年	2015 年	2011—2015 年降幅/%	
电力、热力生产和供应业	8.66	6.93	20.0	3
非金属矿物制品业	4.63	1.64	64.5	11
石油加工、炼焦和核燃料加工业	1.38	1.21	11.9	6
医药制造业	2.63	0.87	67.1	1
化学原料和化学制品制造业	1.07	0.79	26.3	17
造纸和纸制品业	1.43	0.54	62.1	0
黑色金属冶炼和压延加工业	6.32	0.53	91.6	1
专用设备制造业	0.05	0.43	−691.8	1
水的生产和供应业	0.34	0.39	−13.1	0
酒、饮料和精制茶制造业	0.41	0.35	14.6	1
木材加工和木、竹、藤、棕、草制品业	0.56	0.32	42.6	1
化学纤维制造业	0.36	0.31	14.5	0
汽车制造业	0.47	0.27	42.1	1
纺织业	0.34	0.23	33.9	5
非金属矿采选业	0.30	0.20	32.0	5
铁路、船舶、航空航天和其他运输设备制造业	0.47	0.18	61.3	0
金属制品业	0.08	0.17	−125.2	1

	单位增加值能耗/（t标准煤/万元）			2015年工业增加值占比/%
	2011年	2015年	2011—2015年降幅/%	
计算机、通信和其他电子设备制造业	0.09	0.16	−75.4	0
有色金属冶炼和压延加工业	0.06	0.15	−151.3	2
家具制造业	0.11	0.15	−29.0	0
电气机械和器材制造业	0.08	0.15	−76.2	1
其他制造业		0.11		0
农副食品加工业	0.12	0.11	5.3	24
通用设备制造业	0.14	0.10	26.3	5
橡胶和塑料制品业	0.145	0.10	32.3	4
印刷和记录媒介复制业	0.21	0.10	53.5	0
皮革、毛皮、羽毛及其制品和制鞋业		0.10		1
煤炭开采和洗选业	0.05	0.08	−44.5	1
食品制造业	0.18	0.07	61.1	3
纺织服装、服饰业	0.07	0.07	4.2	3
仪器仪表制造业		0.05		0
燃气生产和供应业	0.02	0.05	−150.6	0
有色金属矿采选业	0.06	0.05	29.1	0
文教、工美、体育和娱乐用品制造业		0.03		0
金属制品、机械和设备修理业		0.00		0
工艺品及其他制造业	0.03			0

（4）节能潜力

与国内能耗水平相对较低的城市相比，荆门市在大部分工业行业中能耗水平偏低，而专用设备制造业，医药制造业，非金属矿物制品业，电力、热力生产和供应业的能耗水平比深圳、上海、青岛10年前的水平要高，说明某些高能耗行业的能效提升措施需要再优化，节能有一定的发展空间，建议可参考上海、深圳等地的行业节能措施，结合荆门本身的特点，抓住重点行业，制定出适合的节能政策建议（图6-5）。

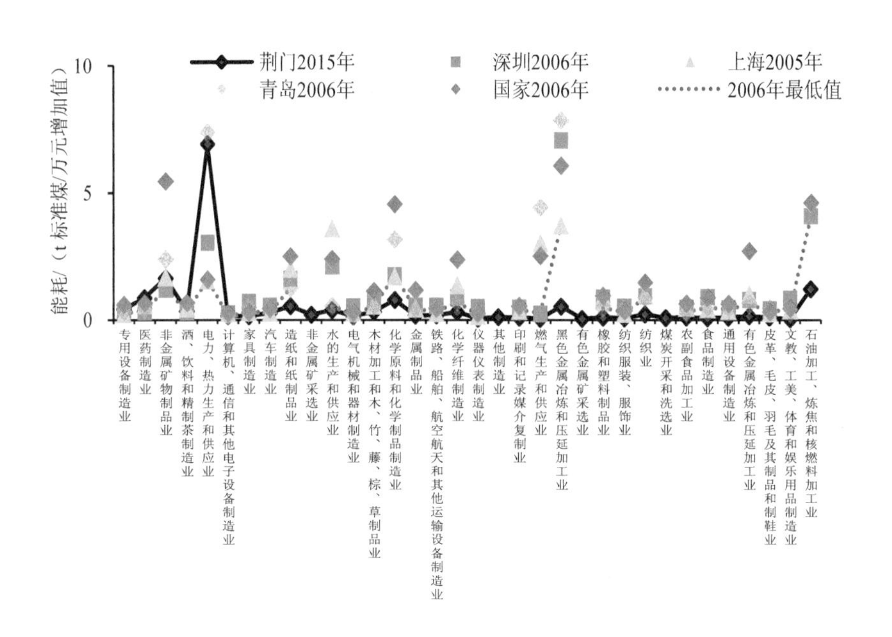

图6-5　各行业单位增加值能耗水平对标分析

6.4 污染物排放特征及产业转型方向

6.4.1 工业污染物排放特征

总体而言，荆门市大气污染物单位工业增加值排放强度比水体污染物排放要高得多。从各污染物排放强度对比中可以看出（图 6-6），烟（粉）尘排放强度大，工业源是最主要的排放源，这与该城市繁多且分散的非金属采矿活动密不可分，也是颗粒物为其首要大气污染物的重要原因。

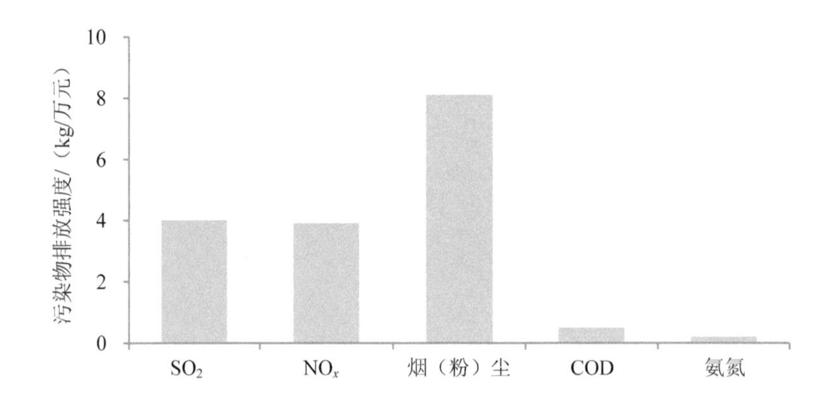

图 6-6 2014 年万元工业增加值主要污染物排放强度

（1）工业废气排放特征

从图 6-7 可知，非金属矿物制品业在各行业中的工业废气污染物排放强度处于较高水平，SO_2、NO_x 及烟（粉）尘的排放强度均在前两位，加上其单位工业增加值占比较大，导致其在工业废气排放中贡献很大。另外，电力、热力生产和供应业的 SO_2 排放强度显著。

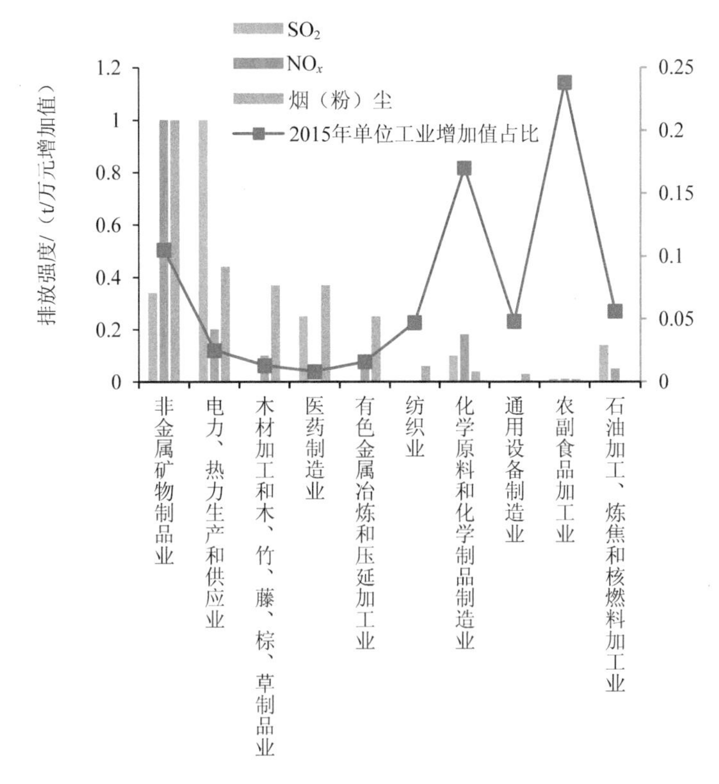

图 6-7　各行业工业废气排放特征

（2）主要排放行业的经济效益与环境影响

通过对荆门市 16 个主要排放行业的经济产值、能源消耗、污染排放等进行横向对比分析，确定升级转型的排序及方向（表 6-2）。电力、热力生产和供应业，非金属矿物制品业，石油加工业，化学原料和化学制品制造业属于四个较典型的能耗水平高的行业，能源消耗占比比工业增加值占比大，此类行业需加快提高其能源利用效率，从技术、设备等方面优化能源消耗水平。而非金属矿物制品业，化学原料和化学制品制造业，电力、热力生产和供应业，有色金属冶炼和压延加工业在生产过程中的大气污染物排放严重，均是能源密集型行业，以燃煤为主要能源供给方式，煤烟型污染严重，需加大选煤、洗煤、尾气处理力度，降低因燃煤造成的对生态的消极影响。相较于其他行业，纺织业、食品制造业、化学原料和化学制品制造业的单位水污染物排放占比与工业增加值占比相差最大。

表 6-2　荆门市各行业的增加值、从业人员、能耗及污染物排放占比分析

行业	工业增加值占比/%	从业人员占比/%	能源消耗占比/%	大气污染物排放占比/%			水污染物排放占比/%	
				二氧化硫	氮氧化物	烟（粉）尘	化学需氧量	氨氮
非金属矿物制品业	10.5	11.8	26.4	36.0	69.0	74.0	11.0	16.0
化学原料和化学制品制造	17.0	14.6	20.5	23.0	3.0	7.0	28.0	35.0
电力、热力生产和供应业	2.5	3.8	26.5	19.0	22.0	5.0	4.0	5.0
木材加工和木、竹、藤、棕、草制品业	1.3	1.6	0.6		1.0	4.0		
有色金属冶炼和压延加工	1.6	0.6	0.4		1.0	3.0	4.0	
农副食品加工业	23.8	13.6	4.0	3.5	2.0	2.0	26.0	9.0
纺织业	4.7	5.4	1.6			2.0	7.0	19.0
医药制造业	0.8	1.8	1.0	2.0		2.0		
通用设备制造业	4.8	6.8	0.8			1.0		

行业	工业增加值占比/%	从业人员占比/%	能源消耗占比/%	大气污染物排放占比/%			水污染物排放占比/%	
				二氧化硫	氮氧化物	烟（粉）尘	化学需氧量	氨氮
石油加工业	5.6	2.2	10.5	9.0	2.0			
食品制造业	2.7	2.2	0.3				8.0	
专用设备制造业	1.2	1.3	0.8				6.0	
废弃资源综合利用业		0.0	0.1				3.0	11.0
造纸和纸制品业	0.5	0.7	0.4				2.0	
非金属矿采选业	5.5	3.7	1.7					
黑色金属冶炼和压延加工	1.3	1.1	1.1					

作为最具有明显区位优势的优势产业，非金属矿物制品业属于能耗多、排放多的行业，产业升级转型工程宜将其升级作为引爆点，会对产业结构优化及能耗总量、污染物排放量降低产生立竿见影的效果。另外，在具体行业升级改造中宜首先考虑其约束条件（能耗、特征污染物等），如农副食品加工业、食品制造业的废水应注意有机物的去除，纺织业、废弃资源综合利用业的废水应注意氨氮的去除，电力、热力生产和供应业应注意用煤的脱硫脱硝。

6.4.2 工业行业重点治理方向

根据工业增加值/从业人数占比、能耗/污染物排放占比等指标将荆门市的 37 个行业（按我国工业行业分类）分为四类，分别是绿色低碳的优势产业、高耗高排的传统优势产业、高耗高排的非优势产业、有一定污染的非优势产业。不同类型的行业具有不同的产业发展特点，在下一阶段的转型升级中应有不同的发展方向。图 6-8 分别从工业增加值或从业人数占比、能耗及污染物排放占比两方面对荆门市各行业进行了分析，从中可以看出不同类型产业的一些特点。

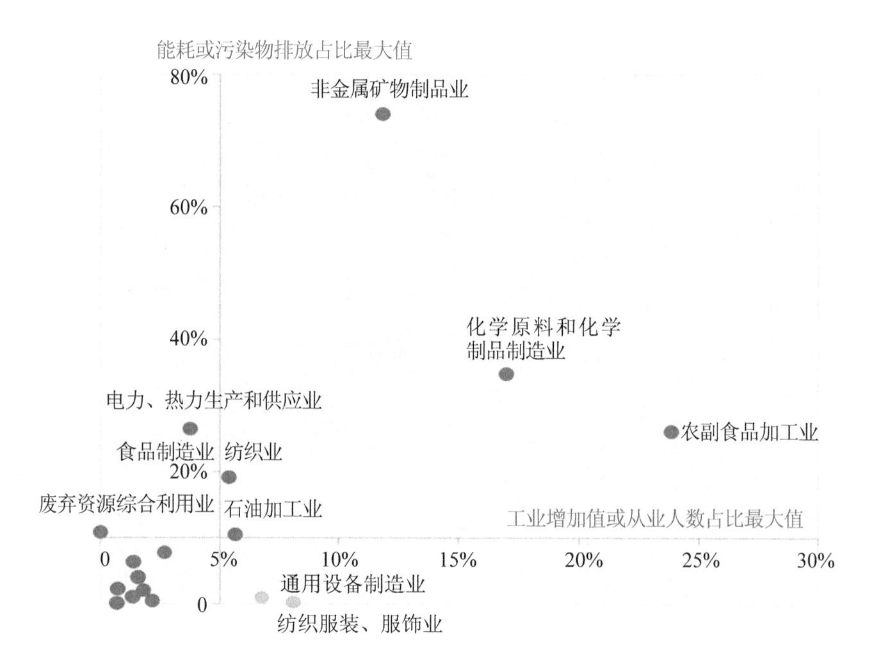

图 6-8　荆门市各行业的增加值、从业人员、能耗及污染物排放占比分析

绿色低碳的优势产业的工业增加值或就业岗位占比高，给城市带来较高的经济和社会效益，而相应的污染物排放水平较低，符合可持续发展的要求，在未来的产业升级转型工程中应对此类行业优先发展，实施战略性新兴产业倍增计划，提高其信息化、生态化程度，增强其市场竞争力，发挥其经济潜力。经过分析，荆门市优势产业为通用设备制造业、纺织服装及服饰业。

高耗高排的传统优势产业的优势在于其工业增加值或就业岗位占比高，然而其能源需求量大，污染物排放水平高，生态发展空间很大。这类产业的产值在荆门市总产值中占很大的比例，属于荆门市的优势产业，市主导产业多属于此类。由于传统优势产业在荆门市的经济地位高、难以直接取缔，同时考虑荆门市的能耗和排污主要来自它们带来的高能源消耗和污染排放，因此传统优势产业的升级转型宜通过技术改造、整合、智能化改造等进行，根据主要治理对象的前期研究有针对性地对技术进行改造，在保持其经济活力的同时用最直接的方法降低其资源和环境的成本投入。经过分析，荆门市传统优势产业为非金属矿物制品业、农副食品加工业、化学原料和化学制品制造业、石油加工业及纺织业。

高耗高排的非优势产业的增加值低、就业岗位占比低，但污染物排放水平高，产业性价比低，市场竞争力弱，然而其产业地位不可撼动，如电力、热力生产供应和废弃资源综合利用均属于市政工程，关系到整个城市的正常运作。升级转型的突破点在于重点实施技术升级，培育出该产业新的经济产值及环境效益增长点。经过分析，荆门市非优势产业为电力、热力生产和供应业及废弃资源综合利用业。

有一定污染的非优势产业的增加值（或就业岗位）在市内生产总值（或就业岗位）占据较低的比例，经济效益不是很高，污染物排放也不高，两项占比基本相同。此类行业升级改造的突破点在于重点实施兼并重组，提升行业竞争力。经过分析，荆门市非优势产业为医药制造业，专用设备制造业，有色金属冶炼和压延加工业，造纸和纸制品业，木材加工和木、竹、藤、棕、草制品业，食品制造业。

6.4.3 绿色产业转型的主要措施

（1）传统产业发展提升

重点推进磷化工企业兼并重组，加强磷矿资源综合利用，以稳量升级为导向提升发展磷肥，重点向缓控释肥、水溶性肥、测土配方肥等方向发展；精细磷化工重点立足现有产业基础进行升级和提升，积极发展精细磷酸盐、磷系新材料等产品，提高产品附加值。

以化工循环产业园、荆襄磷化产业园为平台，加快磷化产业链的配套延伸，推动产业内部循环，大力发展化工新材料和精细化工，推进钟祥市精细磷化工生产基地等项目建设。

①生产工艺改善与设备改进

作为资源型城市，荆门市需处理好工业生产、资源开发、环境保护等多方面的协调关系。其优势产业有非金属矿物制品业、农副食品加工业、化学原料和化学制品制造业、石油加工业、纺织业等，此类产业高能耗、高排放，应采用原料替代、生产工艺改善、设备改进等措施，加快工业低碳技术开发和推广应用，有效控制温室气体、大气污染物、水体污染物等的排放，可以通过提高能源利用率来降低能源需求和使用量。

鼓励发展散装灰泥、高等级水泥和新型低碳水泥，鼓励燃煤洗煤脱硫，鼓励采用磷石膏、脱硫石膏、粉煤灰等工业废渣替代传统石灰石原料，加快推广纯低温余热发电技术和水泥窑协同处置废弃物技术，实现生活垃圾资源再生为水泥生产提供再生原料、燃料，鼓励化工产业副产品生产，延长产业链。

②传统产业的智能化改造

互联网在传统产业转型升级中发挥引领作用，智能化改造是传统产业升级转型的主攻点之一。《荆门市加快推进信息化与工业化融合的实施方案》、“互联网+”行动计划等均将新信息技术革命引入传统产业。对于农副食品加工业、非金属矿物制品业等荆门优势传统产业，其智能化改造将节约大量的人力成本，促进产业链的延伸和资源综合利用，提升产品附加值；开拓销售新业态、发展网络营销新模式，可以发挥互联网与传统产业产品销售深度融合的优势；积极发展产品电子商务及物流信息化、创新销售运输模式、实现产—供—销一体化发展，可以推进全产业链发展。同时，还可以为产业升级转型分析及经验总结提供大量可参考或可分析的数据，有利于产品质量安全监管及监管平台的建设，强化品牌效益。

开展“机器换人”和“电商换市”试点示范，打造现代化维护服务企业，推动新一代信息技术与制造业深度融合，对传统产业、产品进行技术改造，向智能化转型，使生产设备智能化、生产的产品智能化，着力打造产业升级的新亮点，顺应产业转型升级的趋势。

③打造全域循环经济体系

加快当地国家循环经济产业园区的建设，培育储能动力电池、可降解材料、化工等几条循环经济产业链，建成名副其实的国家循环经济示范城市。

以企业为基点，推行循环式技术。推动化工、能源、建材等产业的余热、废水、废渣等综合回收利用，提高企业的生产效率，降低能源与物质消耗；以园区为抓手，推行循环式改造。按照“布局优化、产业成链、企业集群、资源共享、物质循环、创新管理、集约发展”的理念，统筹规划园区空间布局，减少原料与产品的运输成本，促进企业间废弃物交换利用、能量梯级利用、废水循环利用；以产业为导向，倡导循环式组合。围绕石化、磷化、建材、热电、“城市矿产”等重点行业和领域，采用“资源—产品—废弃物—再生资源”的循环流动方式，延伸产业链条，打造循环产业集群。加快构建覆盖城乡、类别多样的废弃资源回收网络，建立废弃物在线交易系统平台。

（2）战略性新兴产业突破发展

①战略性新兴产业倍增活动

以《荆门市战略性新兴产业“十三五”发展规划》为指导，认真落实《荆门市战略性新兴产业三年倍增行动计划（2016—2018年）》。计划突破性发展七大产业，分别是通用航空、智能制造、新能源汽车、再生资源利用与环保、电子信息、新能源新材料、生物医药，着力推进重资产项目建设，培育新的经济增长点，加快发展特色产业园区。

通用航空、新能源汽车和循环经济产业是建设重点。

在通用航空方面，加快建设“爱飞客镇”（全国首个通用航空综合体），打造通用航空综合体，以通用飞机、浮空飞行器整机制造为龙头，加快通用航空制造园区重资产建设，加快引进一批零部件、材料、地面设备制造等通用航空制造企业，努力建成全国通用航空产业集聚发展示范区，打造通用飞机制造产业链，引领中国通用航空产业未来。

在智能制造方面，以数字化、自动化、柔性化、智能化和服务化为导向，重点突破关键智能技术、核心智能测控装置与部件，开发智能制造产品和成套设备，全面提升生产过程智能化水平。

在新能源汽车方面，抓住国家发展新能源汽车的政策机遇，加快新能源汽车整车制造、汽车零部件产业园建设，配套引进电池、电动机、电控零部件企业，打造新能源汽车产业基地。全力支持用新材料做大做强储能动力电池产业，引进新能源汽车整车企业；支持储能动力电池材料产业；努力建成全国储能动力电池循环产业基地、全球领先的新能源动力电池材料基地、全国储能电池产业化基地、全国新能源汽车产业化基地。

在再生资源利用与环保方面，以再生资源循环利用产业、先进环保产品制造为重点，以提高产业废弃物综合利用率为核心，延伸现有电子废弃物、报废汽车和废旧家电循环利用产业链。

在电子信息方面，着力推进电子信息产业园、印刷产业园、光电、电子信息产业项目建设。

在新能源新材料方面，重点发展高分子材料、高性能复合材料、建筑新型材料和电池材料等新材料产业。鼓励发展分布式太阳能、生物质能，支持新能源装备制造等项目建设。加快建设新材料动力与储能用磷酸铁锂电池、电源新能源汽车电池、科技光引发剂、电子钛酸钡纳米材料、LED 级蓝宝石晶棒等新材料项目。

在生物医药方面，充分利用湖北生物技术研究优势，以荆门生物产业园为载体，引进国内外知名企业、研发团队、技术人才，促进生物产业特色化、集群化、高端化发展。

②战略性新兴产业布局

根据荆门市各区县的市场、人才集聚、交通位置等特征不同，不同类型的战略性新兴产业在荆门市内有相应的分布，目标是打造荆门特色的产业布局（表 6-3）。高新区发展全面，包括通用航空、智能制造装备、再生资源利用与环保、新材料和生物技术；其次是东宝区、京山县及钟祥市，东宝区发展再生资源利用与环保、新一代信息技术及新材料，京山县有智能制造装备、新材料和生物技术，钟祥市有智能制造装备、生物技术及新能源汽车；沙洋县发展新材料和新能源汽车；掇刀区和屈家岭管理区发展的特色较少，掇刀区仅发展新材料，屈家岭管理区仅发展再生资源利用与环保。

表 6-3　荆门市特色产业布局

产业	产业布局							
	东宝区	掇刀区	高新区	漳河新区	钟祥市	京山县	沙洋县	屈家岭管理区
通用航空			√	√				
智能制造装备			√		√	√		
再生资源利用与环保	√		√		√	√		√
新一代信息技术	√		√					
新材料	√	√	√			√	√	
生物技术			√	√	√	√		
新能源汽车					√		√	

③战略性新兴产业发展重点

参照《荆门市战略性新兴产业“十三五”发展规划》，七大主导战略性新兴产业已经在荆门市具有发展基础，同样也有可大力推进但仍未成熟的产业领域。下一阶段中，按照定位优势、形成特色、补齐短板、创造特色的思路，应着力做好发展路径规划并选准发展方向，重点发展有空间、有基础、有竞争力，技术基础、技术储备较好，市场前景广阔，营运模式成熟的新兴产业，突出特色领域、特色技术、特色产品、特色市场建设，形成“培育一批、建设一批、发展一批、储备一批”富有荆门特色的战略性新兴产业的“雁型形态”发展模式。

此外，还应进行产业定位，大力发展已有发展基础且有发展前景的产业领域，通过科技创新、科技研发等措施开辟新的产业途径和市场，进一步加大低碳、绿色新兴产业对产业总值的贡献，提升产业格局的绿色化程度。

（3）中小企业兼并重组行动

以加快转变经济发展方式为主线，以企业为主体、市场为导向，以粮油加工、磷化、非金属矿采选等行业为行动重点，以产能过剩行业、“僵尸”企业、经营困难企业为主要对象，推动行业内部分企业进行兼并重组，着力提高产业集中度和竞争力，促进规模化、集约化经营，加快培育一批具有自主知识产权、知名品牌和一定国际竞争力的大型企业集团，推动产业结构优化升级。

实施兼并重组是企业浴火重生、做大做强的捷径。以兼并重组促转型升级，补齐产业竞争力的短板，打造一批有竞争力的大企业、大集团，或形成资产、技术集中优势，提高生产效率和产品服务竞争力。

以屈家岭、钟祥、沙洋等地农产品加工产业园为重点，突出特色休闲食品企业，引导其与全国范围内大型龙头企业开展战略合作，提升企业发展规模和水平。继续推进湖北洪森实业、广源食品等的兼并重组工作；以化工循环产业园、磷化循环产业园等重点园区为依托，以精细化工企业为重点，推进与国内行业龙头、优质企业兼并重组、整合和战略性合作，推进企业、园区做大做强；对荆门市内煤矿、石膏矿全部予以关停，对水泥企业、传统建材企业和建材矿山开采企业予以兼并重组，强化行业整合，实施规范化、规模化经营。

（4）三产融合发展的现代服务业

以市场需求为导向，促进粮经饲统筹、农牧渔结合、种养加销一体、三产深度融合发展。鼓励农业龙头企业和大型专业化公司以大数据为支持，有效整合上下游产业，与设施装备业、信息化业、生物农药业、农产品加工业、林产化工业、冷链物流业、电子商务业等产业组团发展，拓展农业产业链，大力发展农产品精加工、流通产业，进一步拓展农业多种功能，形成“一产接二连三”的互动融合发展模式。

加快推进以“农谷”云平台为基础的“智慧农谷”建设。加快推进物联网技术在农、林、牧、渔等领域的应用，建设农业物联网示范工程，在中国农谷打造农业物联网应用示范基地。完善涉农部门及涉农信息的交流共享机制，加强农业信息资源建设，建立多媒体农村公共信息资源数据库，建立市、区（县）两级农业生产决策指挥调度中心和农业专家系统平台。注重信息化基础设施，重视农业信息队伍建设。

培育专业农产品现代物流园区和示范企业，促进农产品物流企业适度聚集。支持建设、改造各类农产品批发交易市场，不断完善商贸流通和服务功能。加快农产品物流配送中心建设，完善利益联结机制，促进专用原料基地与龙头企业、农产品加工园区、物流配送营销体系紧密衔接。完善农产品流通安全体系，大力发展冷链体系和生鲜农产品配送体系，落实鲜活农产品运输“绿色通道”。加快培育以电子商务为主要手段的新型流通业态，支持农产品电商网加快发展，到2020年，实现电商服务站点所有行政村全覆盖。加强流通基础设施建设，完善城乡市场体系。

①现代生态化农业

生态农业：加快建设“三区三中心”，以屈家岭、彭墩“1+9”区域为核心，建设新品种试验功能区、农作物集成技术示范功能区、标准化生产示范功能区；构建现代农业产业、生产、经营三大体系，推动传统农业向现代农业转型，在湖北省率先转变农业发展方式、实现农业现代化，成为国家现代农业示范区、国家农业科技园区的标杆；落实“一控两减三基本”要求，大力发展“一高三新”，推广应用“香稻嘉鱼”等 10 种生态高效种养模式和节水灌溉、测土配方施肥、病虫害生物防治、绿色植保等农业技术；建立农产品质量安全可追溯体系，积极发展绿色食品、有机食品、无公害食品产业，着力打造农产品“产加销”全程绿色链条；加快发展智慧农业、观光农业、休闲农业、创意农业。

互联网农业：依靠互联网的优势，将传统农业产业与互联网相结合。在荆门市打造以互联网为支撑的电商加工基地，配合高效的互联网支撑技术和物流业，打造以互联网技术深刻运用的智能农业模式、互联网营销综合运用的电商模式、互联网与农业深度融合的产业链模式相结合的互联网农业体系。实现线上、线下结合，农资电商和种植大户、家庭农场、农业合作社、专业化农业公司直接对接。打造智能服务体系，通过营销人员录入、技术人员确认的方式，在掌握相关农场与养殖场的位置、栏舍状况、养殖状况、成本、营销服务情况等基础数据的基础上，提供针对性的营销服务与技术服务，提升效率，打造智能化营销服务体系。

②生态旅游产业规划

针对不同类型的旅游资源，设计了“蓝、绿、橙”三类体验游览的旅游线路（图 6-9）。蓝色路线以滨河滨湖路线为主，串联起湖泊水系等重要节点，打造滨水休闲、水上运动、湿地体验、湿地科普教育、自然观光等产品；绿色路线是串联自然风景区和自然山脉的路线，打造郊野公园旅游、登山、骑行等旅游休闲项目；橙色路线以历史人文与乡土文化为特色，展现历史古迹和乡土风貌，发展以荆门市养老村文化为主体的养老、养生及农业观光旅游产品。

（a）蓝色路线

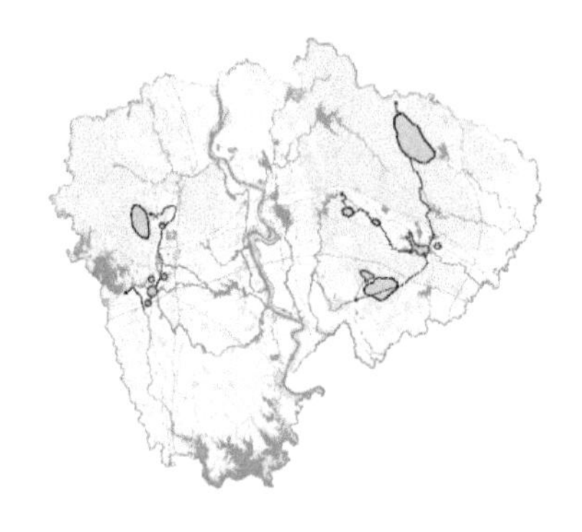

（b）绿色路线

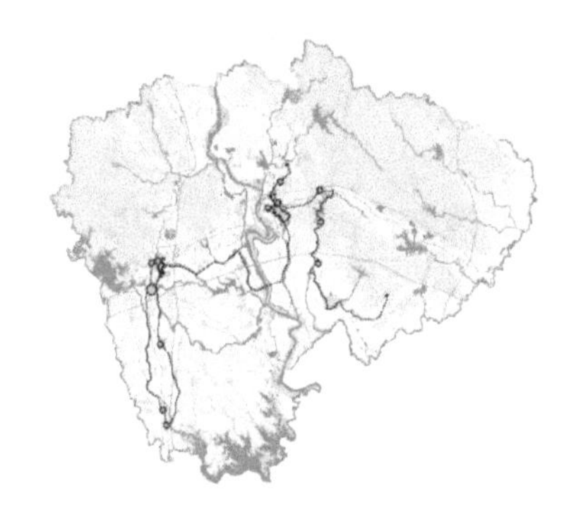

（c）橙色路线

图 6-9　荆门市生态旅游产业规划路线

7  新型城镇化建设

7.1 固体废物综合治理

随着经济社会的快速发展，固体废物污染引发的环境问题开始显现，影响人体健康，损害生态安全。固体废物环境管理作为污染防治工作不可或缺的重要一环，与大气、水和土壤污染防治息息相关、密不可分，并贯穿于固体废物产生、收集、贮存、运输、利用、处置的全过程，关系到生产者、消费者、回收者、利用者、处置者等多方利益。妥善处理处置固体废物，既是改善大气、水和土壤环境质量，防范环境风险的客观要求，又是深化环境保护工作的重要保障，更是保护人体健康的现实需要。

7.1.1 固体废物综合治理现状

（1）生活垃圾处置现状

荆门市中心城区一些老旧小区内缺乏分类垃圾箱，楼道门前的绿地上以及小区道路的下水口附近成了垃圾堆放点。中天街、象山大道、长宁大道等大部分街道两旁都设立了分类垃圾箱且上面清晰标有垃圾分类提示，但垃圾混杂现象仍普遍存在，可回收垃圾桶内时常掺杂着果皮、落叶、食物残渣等不可回收垃圾，不可回收垃圾桶内掺杂着纸类、玻璃制品、饮料瓶等可回收垃圾，这样就增加了垃圾转运站的分类工作量。

图 7-1 为荆门市生活垃圾处置设施现状分布，从中可以看出，中

心城区原有4座垃圾转运站，分别位于象山四路、象山二路、向东桥和虎牙关铁路附近，全部为机械化垃圾转运站。转运站集中在北部片区，布局不合理，且站内采用人工将垃圾铲入压缩机器的方式，造成运输成本、劳动强度加大。新建的4座新式垃圾转运站配备了垃圾压缩设备并增加了固定式对接斗，由大容量垃圾斗承接车辆卸料，不再靠人工将垃圾铲入压缩机器，实现了垃圾运送车辆与垃圾压缩机器的无缝对接，有效提高了垃圾转运能力，防止了二次污染。

楚岭岗垃圾填埋场（第二生活垃圾处理场）设计日处理生活垃圾能力为500 t，实际日处理垃圾330 t，总填埋容量200万t，目前已经填埋约100万t。根据目前的填埋速度，同时考虑城镇化发展、人口增长等因素，预计还可以填埋6～8年。

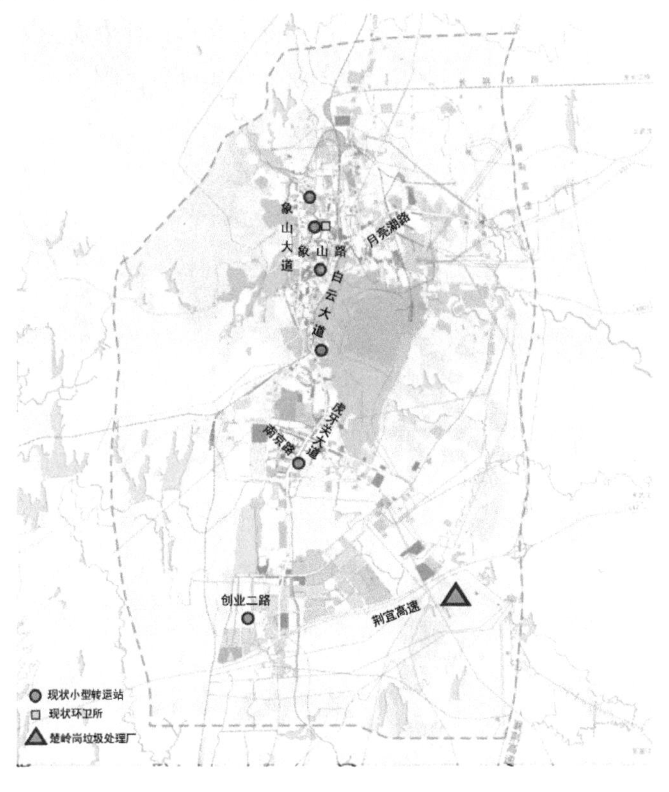

图7-1　生活垃圾处置设施现状分布

荆门市的一般工业固体废物主要是磷石膏、粉煤灰、脱硫石膏、炉渣、尾矿等，2015 年产生量超 500 万 t，综合利用量约 450 万 t，处置量近 1 万 t，贮存量约 30 万 t，综合利用率达 90%以上；工业危险废物的产生来源是磷化工、石油化工、废旧电器电子拆解等行业，2015 年产生量近 20 万 t，综合利用约为 75%，处置量约为 1.7%，贮存量不到 0.6%。荆门市工业废弃物中主要危险废物排名前 5 位的是废酸、废矿物油、含钡废物、其他废物、废碱，其工业危险废物产生量在湖北省有统计的 7 个大中型城市中排名仅次于武汉。根据荆门市医疗卫生机构的床位数估算，该市全年医疗废物产生量约 1 800 t，处置率约为 65%，处置方式为高温蒸气处理，处置单位为荆门京环环保科技有限公司。未收集处置的医疗废物主要来自部分城市民营医院及诊所、乡镇医疗机构、村医务室，市环保局和市卫计委需加大对医疗废物的规范化管理，做到医疗废物 100%收集处置。荆门市的医疗废物申报登记量仅为 45%，尚有部分医疗卫生机构未进行医疗废物申报登记，下一步需加大申报登记工作力度。图 7-2 总结了荆门市固体废物产生与处理的现状。

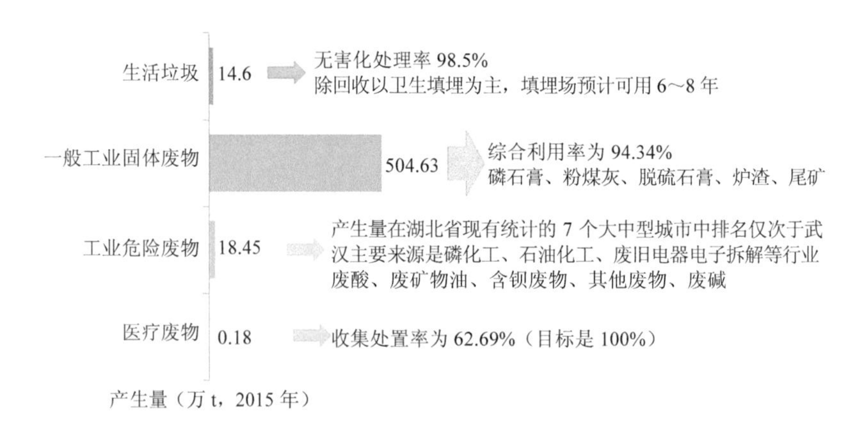

图 7-2　固体废物产生与处理现状

（2）固体废物综合治理重点工作

从前述分析可知，虽然荆门市生活垃圾无害化处理率达到98.5%，但是现有填埋场即将饱和，需着重关注垃圾分类回收利用；工业固体废物产生量大，需进一步发展循环产业，提升综合利用率；工业危险废物产生量在湖北省现有统计的 7 个大中型城市中排名仅次于武汉，需要进一步加强管理，提升处置率。

7.1.2 固体废物综合治理主要措施

（1）提升生活垃圾综合处置能力

①生活垃圾分类收集设施设置

老城区逐步完善建筑功能区内部及街道的垃圾分类废物箱（桶）设置；新建城区打造生活垃圾分类示范小区，配置可回收分类垃圾箱。针对荆门市不同建筑类型及物业形态，分类废物箱（桶）设置方式为办公楼宇、餐饮类商业、娱乐、文化教育等采用一般模式，设置主体分别是物业公司、店铺、业主或物业主；商业、小区住宅楼采用新区大型商场可示范高级模式、新区可示范高级模式，设置主体分别为业主和物业公司。

同一个功能区域、同一条街段应设置统一样式、颜色的废物箱（桶）。公园、广场、公共建筑场地、居民活动区等各类公共空间内部及出入口附近应至少满足每 900 m^2 设置 1 个废物箱（桶）。道路单侧废物箱（桶）设置间隔应根据人流量的大小和废弃物产生量适当增减间距：商业、金融、服务业街道类型道路设置间距为 30～50 m，主、次干道设置间距为 60～80 m，支路设置间距为 80～100 m。

②规范生活垃圾收运体系

对老城区原有垃圾转运站进行技术升级改造，提高分类压缩处理能力，实现垃圾运送车辆与垃圾压缩机械的无缝对接；在靠近干道、市政设施较完善的地方合理新建垃圾转运站，消除服务覆盖盲区，站内可示范装置高技术、高效率的垃圾分类设备；老旧社区逐步完善可回收垃圾、餐厨垃圾、其他垃圾的分类收集，重点针对垃圾的定点存放、日产日清进行检查。新建或改造小区内可建设垃圾房、资源回收亭，方便垃圾收集车、资源回收车的高效装载清运。此外，不同类型的固体废物收运方式如下。

可回收物和其他垃圾：收集地位于办公区、商业区和文化娱乐区，收运方式为底层住宅人工送至垃圾收集站，高层住宅人工收集乘专用电梯送至地下或小区内的垃圾房；收集地点为新建或改造小区，可设置垃圾房、资源回收亭；收集地点为街道、公共空间，可使用小型密闭垃圾车对废物箱（桶）进行收集，再运送至垃圾转运站进行分类处理，压缩后由垃圾转运车运送至垃圾处理场。

餐厨垃圾：收集地点分为餐饮类商业区、酒店、办公区食堂和住宅小区两大类，收运方式分别是有条件的地方配置小型餐厨垃圾处理机，就地消纳，再从下水管道输送至污水处理场；餐厨垃圾桶统一放置的，由餐厨专用收运车运往餐厨垃圾处理厂。

有毒有害垃圾：收集地点分为办公、酒店、商业等公共建设及居住住宅两大类，收运方式是有毒有害专用垃圾车对其门口设立的废旧电池回收箱等进行收集并运送至安全填埋厂。

③生活垃圾资源化利用提升

可回收垃圾资源化利用：发展可收回废弃物再生产业，成立相关资源回收公司。对于老城区，发展由废品收购人员和区域性废品回收站形成的废物回收系统，并由当地商务部门协助管理；对于新建城区，可探索采用由政府支持、专业公司从源头收集到末端回收全过程负责的模式，由资源回收公司和物业公司合作回收。居民可选择通过资源回收公司设置的热线电话、资源回收亭或者登录 APP 程序，直接将可回收物出售给资源回收公司；物业公司在办公场所和居民区设置可回收垃圾桶并回收可回收物，集中移交给资源回收公司。

餐厨垃圾资源化利用：在新区商业餐饮密集区鼓励配建小型餐厨垃圾资源化处理站，站内设备选择生化处理机组，就地处理区内产生的餐厨垃圾，转变成高热量饲料，可用作广场绿地绿化肥料。

沼气发电：加强对填埋场沼气的综合利用，建设沼气发电项目。通过垃圾填埋场地上、地下纵横交错的集气井将沼气（生活垃圾填埋气体）导出来，送到发电厂内，通过气体净化，再送往发电机组燃烧发电，向国家电网输送电能。目前，荆门市第二生活垃圾填埋厂沼气发电项目已建成且并网发电。

（2）提升工业固体废物再生利用水平

建设静脉产业园，以将工业垃圾作为主要固体废物排放的产业为依托，研发高值化资源梯级利用关键技术，开发资源化利用再生产品，发展下游产业承接工业固体废物，如改造升级磷化工企业、发展磷石膏综合利用等。在玖伊园生态创新城内打造工业固体废物综合利用示范基地，利用先进技术，开发多样化再生产品，延伸和拓宽生产链条。

为保障产业园的合理筹建，可考虑以下四个方面：

①政企共建、规划先行

由政府主导，将静脉产业园区的选址和土地纳入城市总体规划、环卫专项规划或区域控制性详规，解决产业园的土地、规划和环评等难题，实现静脉产业园区的统一布局。进入园区建设阶段，可以引入市场竞争机制，以降低建设运营成本。

②强化法律法规和相关政策标准的配套

各政府部门独立的管理体系造成法律法规和政策配套上的相互独立，使园区各项目之间难以相互耦合和循环利用，制约了静脉产业园区的协调发展。建立和完善排放者负责制度及其产业废物对策、生产者责任延伸制度及各种循环利用对策，并形成国家和地方联合推动的对策，对于目前的静脉产业园区发展是至关重要的。

③建立多渠道投融资体系

静脉产业园区主要为对接动脉产业和城市发展服务，涉及的产业多、专业化强、投资额大，投资主体多元化势在必行；可以独立投资，也可以采取与主要投资者合作的模式进驻产业园区；可采取建立关键项目财政补贴制度、出台融资担保和贴息等金融措施，鼓励金融机构向静脉产业企业融资。

④建立高效的监管体系

建立“政府主导、市场推进、法律规范、政策扶持、科技支撑、公众参与”的运行机制；建立政府、企业、百姓多方面参与的高效监管体系；充分利用现代科技，采用多种监管方式和手段，实现在线监测与抽检、定期监测与不定期监测、现场监管与台账检查相结合。

⑤建立完善的技术研发体系

由政府组织协调，加大在静脉产业方面的研发力度，并建立科技成果转化机制，形成产、学、研一体的循环体系。通过从产品设计到产生废弃物的各个阶段开展环境友好型产品设计和制造，研发更加先进的再生利用技术，促进静脉产业的健康发展。

（3）提升危险废物无害化处理能力

①工业危险废物

产业园区建立和完善工业危险废物专业回收站点，由站点送至有资质的单位进行无害化处置，加强对重点行业废矿物油、含铅废物、废酸、含钡废物、废油漆、废灯管等工业危险废物的无害化处置。鼓励大型石油化工等产业基地配套建设危险废物集中处置设施，使用水泥回转窑等工业窑炉协同处置危险废物。

严格执行工业危险废物申报登记制度、经营许可证制度、转移联单制度，确保危险废物全过程规范化管理，形成覆盖荆门市的危险废物监管网络，建立危险废物台账，如实记载产生危险废物的种类、数量、利用、贮存、处置、流向等信息。完善危险化学品环境管理登记制度。

②医疗危险废物

促进危险废物利用和处置产业化、专业化和规模化发展。加强医疗废物管理和无害化处置设施建设，推进医疗废物无害化处置。

7.2 绿色建筑发展

7.2.1 绿色/节能建筑发展现状

（1）绿色建筑现状分析

截至目前，湖北省累计通过绿色建筑评价标识认证的项目达 202 项，在全国各省市中排名第七，仅次于几个东部沿海省份。总建筑面积达 1 800 m^2，其中三星级项目约占 9%（图 7-3）。

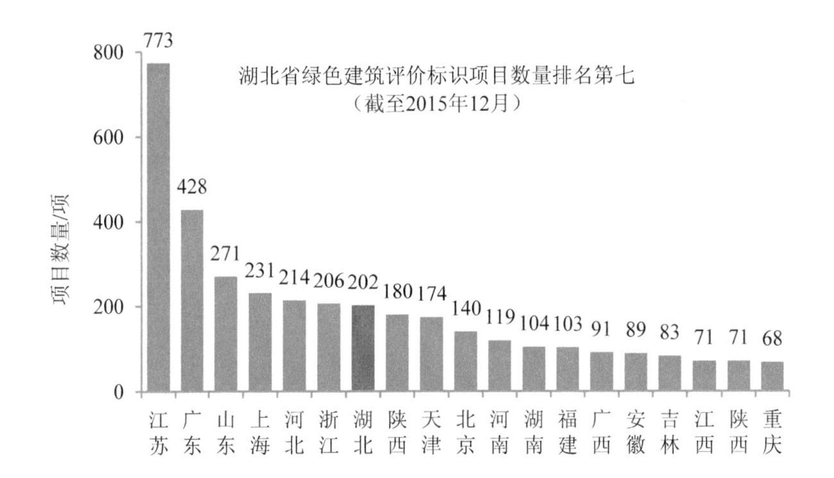

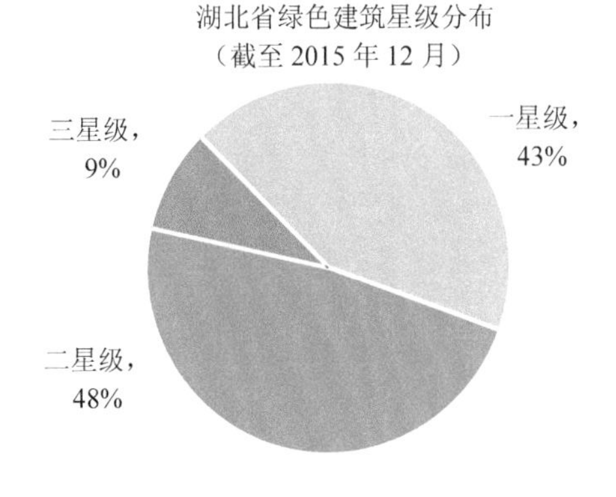

图 7-3 湖北省绿色建筑现状

荆门市按照《湖北省"十二五"建筑节能和墙体材料革新目标责任书》《关于调整湖北省"十二五"建筑节能与墙体材料革新工作目标任务的通知》《湖北省绿色建筑行动实施方案》的要求，以改善居住环境为中心、发展节能产业为依托、加强管理为手段，依靠科技进步、规划先行、示范带动、产业跟进，严格执行新建建筑节能，全力推进可再生能源建筑应用，重点推广绿色建筑和实施绿色生态城区，大力发展乡镇"禁实"和新型墙材，成效显著。

荆门市"十二五"期间实际共获得绿色建筑设计标识项目中二星级设计标识完成目标任务超50%。"十二五"建筑节能工作中，"十二五"期间，执行50%节能标准和65%节能标准的居住建筑任务目标的实际完成率分别为200%和84%；执行50%节能标准的公共建筑任务目标实际完成率为88%；可再生能源建筑应用的任务完成率为97%。任务完成率较高；既有居住建筑和公共建筑节能改造完成率为46%和44%，仍有提升空间；建成新建建筑节能能力近13万t标准煤，完成目标任务101%（图7-4）。

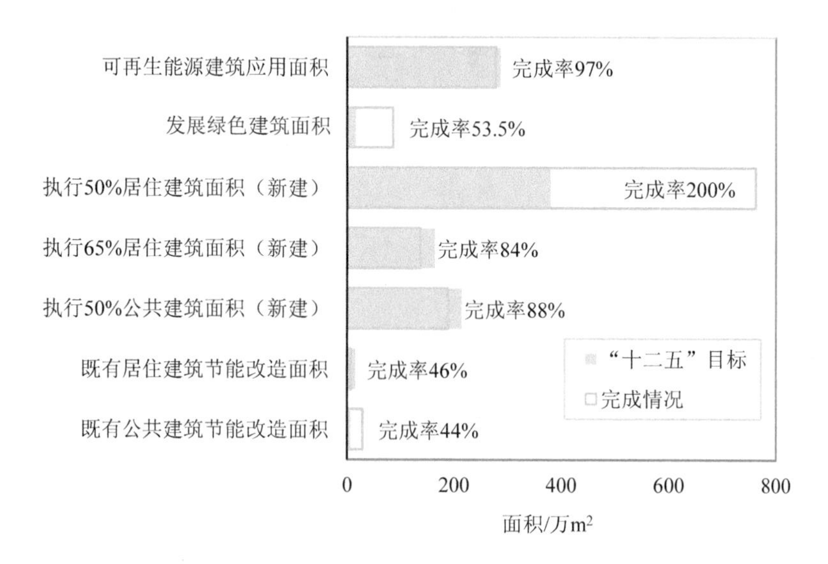

图7-4 "十二五"期间荆门市绿色建筑完成情况

（2）荆门市绿色/节能建筑发展潜力

按照《湖北省“十三五”建筑节能与绿色建筑发展目标任务分解方案》的要求，荆门市“十三五”期间要发展的绿色建筑约是“十二五”期间完成量的 3 倍。可再生能源建筑应用面积超出“十二五”期间完成量 15 个百分点。新建节能居住建筑面积超 600 万 m^2，新建节能公共建筑面积约 250 万 m^2。实现既有居住建筑节能改造面积 20 万 m^2，约是“十二五”期间完成量的 3 倍；实现既有公共建筑节能改造面积 20 万 m^2，相较于“十二五”期间的完成量下降 3 个百分点（图 7-5）。

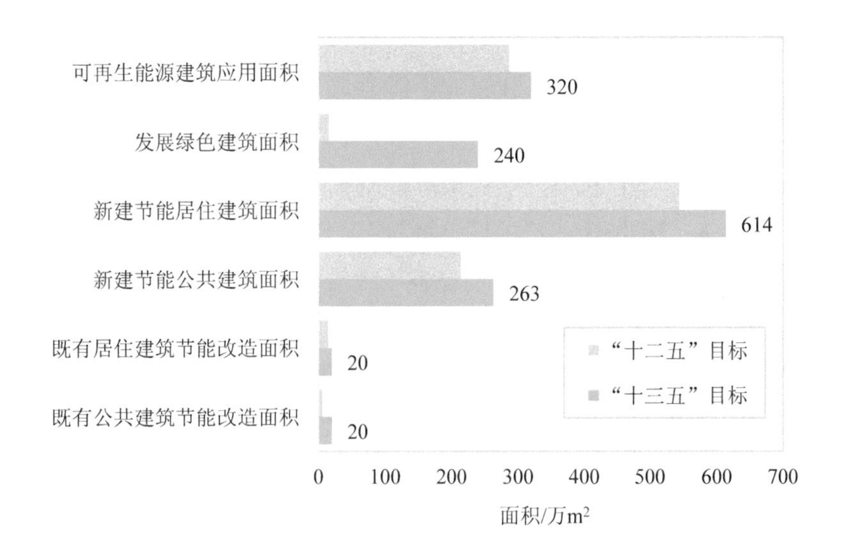

图 7-5　“十三五”期间荆门市绿色建筑目标

7.2.2　绿色建筑规划内容

以老旧住宅楼外围护结构保温、加固改造为基础，开展室内供暖供热设施、照明系统、场地基础设施、绿化景观等综合改造。鼓励有条件的既有机关办公及大型公共建筑按照绿色建筑标准实施绿色化改造。对保留的旧工业厂房、仓储用房实施围护结构加固、室内环境改善、空间功能拓展、机电设备更新、场地环境整治等绿色改造。

充分发挥生态资源及区位条件优势，在漳河新区等重点区域以政府投资的机关办公建筑及大型公共建筑为重点，打造高星级绿色建筑示范项目，形成展示流线，起到先锋带头作用。以清洁生产、环境保护、节约资源、循环利用为核心，在玖伊生态创新城积极推广绿色工业建筑发展。依托市郊生态绿地、湖体水系等生态敏感的高自然景观价值区域，试点绿色生态农舍建设，营造低耗、无废、无污、高品质建筑环境，为南方地区郊野农舍的绿色低碳化建设提供可复制、可推广的宝贵经验。

绿色建筑技术体系构建过程中需要多方面配合及技术支撑，具体建设内容如下：

（1）完善工作机制，实施全过程监管

成立荆门市绿色建筑领导小组，明确负责绿色建筑建设的协调机构及其职责，加强监督检查，明确各项政策措施和工作任务落实到位。

建立强制实施的绿色建筑管理制度，实现闭合管理体系。管理环节涵盖建筑全寿命周期，在绿色建筑项目可行性研究报告、立项报告中增加绿色建筑专篇，并在行政审批中加大对绿色建筑项目的监管审批力度，确保绿色技术在规划阶段予以落实；同时，在规划许可、土地出让、设计招标、建设工程规划、施工图审查与竣工验收等关键环节中加入绿色技术控制要求，实现对绿色建筑项目的严格把控。

（2）加强技术支撑

在已有技术标准的基础上，针对绿色建筑建设管理要求，对建设阶段所需的技术支撑进行研究，因地制宜地建立适合荆门市地区气候特征、资源状况、技术经济发展水平的绿色建筑标准化体系，促进低投高效、关键、创新技术开发，并编制当地适宜性绿色建筑技术应用清单及技术要求指引，主要分为节能与能源利用、节材与材料资源、节地与室外环境、室内环境、节水与水资源利用、施工管理、运营管理共七个方面阐述绿色建筑技术体系。

节能与能源利用方面，主要是能耗分项计量、高效空调系统、节能照明、节能电梯；节材与材料资源方面，主要是新型建筑材料、土建装修一体化、本地建材；节地与室外环境方面，关注废弃场地利用、场地集约用地、合理绿化、地下空间利用；室内环境方面，主要是家住采光、温湿度控制、自然通风设计；节水与水资源利用方面，主要是节水器具、高效节水灌溉、非传统水源利用；施工管理方面，主要是降尘措施、降噪措施、材料能源节约；运营管理方面，主要是制度完善、信息化管理、垃圾分类收集。

7.2.3 绿色建筑的主要建设措施

在对城市绿色建设进行规划时，不能只关注建设新的绿色建筑。对于已经存在的绿色建筑，政府部门应分别关注社区综合改造、厂房绿色化改造及新建绿色建筑。

（1）社区综合改造工程

荆门市老城区的社区多成立于 20 世纪八九十年代，由于历史的局限，较之年代较新的社区，无论是房屋建设标准、公共配套设施设计，还是管理机制和运作模式等方面，均已无法满足目前社会经济条件下市民对居住环境的更高要求。市政府应以住宅节能改造为基础，逐步开展老旧社区综合改造工程，恢复使用功能及居住吸引力，将其打造成为环境友好、资源节约的绿色低碳社区，并进行示范推广。改造内容主要包括以下方面：

①对老旧住宅楼外墙进行粉刷、加固改造，维修公用楼道内门、窗、栏杆、扶手等公共部位，更换陈旧的照明设备、水落管，清理场地内的私搭乱建物等；

②对巷道、宅间路有损坏的路面、路牙、台阶等进行修补，对有

积水现象的硬质路段进行透水铺装改造，在金虾路、文卫路主要路段入口附近有条件的地方增设停车场地；

③实施漏损污水管道改造，增设必要的雨水口，完善路灯和监控设备设置，每条宅间路口以及较隐蔽的夜晚视觉盲区均应设有照度适宜的路灯及监控探头；

④可拆除金宁路破旧围墙，使一侧行道树能够共享，补齐地被，形成层次丰富的沿街绿化景观，宅间绿地适当增设一些景观小品及休闲座椅，提高公共绿地可利用率。

（2）厂房绿色化改造工程

依托化工循环产业园建设，推进产业结构调整、新产业培育发展，实施老工业区搬迁改造，鼓励对具有保留价值的老厂房、老设施进行绿色化改造，赋予其新的使用功能和运营模式，延长建筑使用寿命，最大限度地节约资源，使其成为老工业区改造项目绿色生态设计的典范。项目选址为化工循环产业园老工业区，改造内容主要包括以下方面：

①尽可能保留原厂房的基本元素与本来风貌，并进行屋面加固、墙体保护、防水、涂装、装饰等；

②增加绿色综合改造内容，包括室内自然采光、自然通风优化，加装生态遮阳、雨水回用、资源再生利用、能量分项计量改造，节能、环保机电设备更新以及场地多层次绿化种植，屋顶、墙体绿化，增加休闲健身设施等；

③对内部空间进行功能改造再利用，将已存在的要素与设计中所需要新增的要素加以综合与整合，如调整为展览、办公为主的功能，合理配置办公区、产品展示区、会议室、培训室、健身活动和休憩公共场所等区域，使空间利用率实现最大化。

（3）新建绿色建筑示范工程

充分发挥生态资源及区位条件优势，在漳河新区以政府投资的机构办公建筑及大型公共建筑为重点，打造高星级绿色建筑示范项目，以点带线形成展示流线，起到先锋带头作用。项目选址为漳河大道北侧行政办公区新市政府办公大楼。设计目标：二星级标识项目，将环保、节能、健康、舒适的绿色理念贯穿到设计、施工、运营的全寿命周期，集成示范因地制宜、低投高效的绿色技术体系，实现节能65%以上、节水30%以上。设计内容主要包括以下方面：

①设置种植屋面（浅色），场地硬质铺装选择浅色铺装，设计植草砖、下凹绿地等透水设施等；

②结合外墙、屋面保温技术、Low-E（低辐射玻璃）中空玻璃门窗、可调外遮阳系统等提高围护结构的保温隔热性能，综合利用空调变水量、变风量、变频循环水泵和风机等设备变频技术，采用高效节能灯具及声控、自然采光照度感应、红外线感应等智能控制方式等；

③采用低流量洁具，收集办公区内优质杂排水并经处理后利用中水冲厕、浇洒地面、绿化灌溉，收集雨水作为场地景观补水，采用微灌、滴灌等节水灌溉方式等；

④室外声环境高等级点设置双层窗、中空玻璃或通风隔声窗，设计通风井和光导管，为地下停车库带来自然通风和采光效果，空调末端温湿度独立控制，在各层会议室等人员密集空间设置空气质量监测器、墙壁式CO_2传感器等。

7.3 绿色交通打造

7.3.1 绿色交通建设目标

荆门市绿色交通体系的发展目标：践行绿色交通理念，打造具有荆门特色的综合交通体系，为居民提供全面、多层次的交通服务；优化路网结构，健全公共交通系统，完善自行车和人行系统，积极建立快速公交、公共自行车租赁系统，普及清洁能源公交，实现以“步行+自行车+公交”为主导的绿色出行模式。到 2020 年，绿色出行比例不低于 75%，新型公共交通工具中新能源、清洁能源汽车比例达到 95%以上；构建荆门市绿道系统，将绿道与人行和自行车系统相结合，体现人性化理念和设计，营造安全、舒适、便捷的出行环境；发展智能交通，为交通需求管理提供良好出行环境，打造低碳化交通管理体系。

7.3.2 绿色交通规划内容

结合荆门市道路建设实际情况，优化路网结构，打通微循环，提高路网通达性。针对既有城区，打通断头路，开放封闭街区道路，提高公共道路面积率，提升道路连通性；针对新区，在完善骨架道路密度的基础上加密支路网，提高路网密度，分担干路网交通流，缓解道路交通压力，提高全路网可靠性。

基于荆门市城区道路横断面诊断，通过采取恢复被占用的自行车道和人行道、增加非机动车道与机动车道的隔离设施、增加专用自行车道等措施，改善自行车和步行出行条件，提升自行车和步行出行品质。针对漳河新区等待建新区未规划自行车道的道路，宜根据既有规划中主要道路的断面特征、改造可能性及规划道路交通需求等，研究论证增加自行车道的可行性，进行道路断面形式改造，实现机动车道和非机动车道的相对分离。

综合考虑片区内出行需求，完善片区内公交线路网布局，在有条件的次干路、支路布置公交支线，增加公交线路密度并有效衔接快速干线，提高常规公交的通达性和公交服务水平，满足居民的日常出行需求。公交站点 500 m 半径覆盖率实现不小于 70%；优化公交停靠站设置方式，在有条件的道路设置港湾式停靠站，保证公交车在泊车时不影响其他车流的通畅行驶和行人安全。完善公交站台、候车亭等配套服务设施，普及遮雨防晒公交站台的修建；大力推广纯电动新能源公交汽车，落实相关财政补贴，同步建设充电桩，形成全国先进的清洁能源、新能源公共交通示范城市。

荆门市具有良好的绿道建设条件，依托“山、水、田、园、城”自然格局特征和生态本底资源，以人文、自然资源为脉络，构建荆门市绿道网络框架，并与人行、自行车系统有效衔接，将绿道融入城市慢行系统，满足居民的出行和精神需求。荆门市绿道系统建设有助于丰富绿地层次类型，提供多样化的绿色出行方式，增加居民游憩空间，加强对旅游资源的开发，提高荆门宜居宜游水平。

针对中心城区，在有条件地段结合荆门城区绿地系统、生态基础设施布局进行绿道建设，充分利用城区内的水系和自然山体等生态景观，串联城区公园绿地和历史人文景观资源，展现荆门独特的城市风貌和景观格局，为城区居民提供更多休闲的生态空间。漳河新区在现有绿道规划的基础上，充分利用良好的现状植被、滨水空间和道路资源，增加都市型绿道联通社区的步行、骑行道，形成多层级、多功能、多特色的绿道系统；同时，注重绿道与非机动道路、公共交通、基础设施和配套服务等的有效衔接、相互融合，实现资源共享，培养居民的绿色出行习惯。

7.3.3 绿色交通主要建设措施

为实现城市的建设目标，结合城市绿色交通规划内容，城市交通建设措施仍需从已有交通基础出发，以人为本，结合现当代最新技术，最终实现绿色交通目标，建设内容主要分为三个方面：道路生态化改造、自行车和人行道提升改造工程及共享单车建设。

（1）道路生态化改造工程

通过绿色交通诊断，选取具备生态化改造条件和示范展示功能的道路，开展道路生态化改造示范工程，推进道路生态化建设，尊重自然，美化环境，提高居民幸福指数，提升荆门市的城市形象，改造内容包括以下方面：

①利用荆门市的植被优势，增加道路绿化，丰富行道树种类，优

化乔灌草配比，丰富街道植物色彩，增加自行车和行人遮阴面积，提升居民出行品质；

②荆门市太阳能资源较为丰富、风能资源有限，推荐在生态化改造的道路做风光互补路灯示范，充分利用可再生能源或运用 LED 路灯，节约用电；

③荆门市雨水丰富，自行车道和人行道建议采用透水铺装、下凹绿地和雨水花园等低冲击技术来收集雨水，推进海绵城市建设。

（2）自行车和人行道提升改造工程

通过交通诊断分析，选取具备自行车道和人行道改造条件和示范展示功能的道路，开展老城区自行车道和人行道提升改造工程并逐步推广，保证骑行者和步行者的出行安全，改善自行车和行人出行环境，提高绿色出行比例，改造内容主要包括以下方面：

①恢复被侵占的自行车道和人行道空间，还“路权”给骑行者和步行者；

②增加非机动车道与机动车道隔离设施和专用自行车道，保证骑行者和步行者的出行安全，减少机动车和非机动车的干扰，提高道路使用效率和交通运行效率。

（3）漳河新区公共自行车租赁系统工程

以绿色交通诊断为基础，考虑荆门市实际建设情况以及漳河新区的示范引领地位，开展漳河新区公共自行车租赁系统工程，推进公共自行车租赁系统建设，有效解决“最后一公里”出行问题，设计内容主要包括以下方面：

①公共自行车租赁点应分区分类布设，以公交站点、大型公建等主要人流集散点为核心，依据节点辐射半径逐层推进、深入出行终端布设，在政务中心、中央商务中心和生态公园等处设置多个租赁点，投入近千辆公共自行车；

②租赁点的存车位数量应适当大于自行车的数量，建议公共自行车的数量为存车位数量的 60%～80%，租赁点可分为固定式和移动

式，运营初期需求规模难以确定时建议可采用移动式租赁点，方便后续根据实际情况灵活调整；

③选取 1～2 个规模较大的租赁点设置人工服务站，提供会员办理、取消、结算、问询、实时故障处理等服务。

7.4 绿色城镇建设

依托荆门市优越的自然山水格局和人文底蕴特色，将绿地系统与生态环境保护、城市休闲游憩和景观营建有机结合，深入开展“城市绿心、道路绿网、城郊绿环、乡村绿林”建设，通过修复生态格局、贯通绿地系统、优化景观布局、凸显乡土特色、提升游憩功能、释放生态效益来塑造一个框架完整、布局合理、功能完善、效益显著的绿地系统。

（1）抓好绿化建设

坚持规划先行、因地制宜、适地适树、乡土特色、提档升级等原则，加大造林规划力度。一是编制景观带规划，如《竹皮河两岸绿化总体规划》《荆门市村庄、通道绿化典型设计》等，确保春季完成竹皮河两岸景观林带建设，打造现代林业示范带；二是编制绿道建设规划；三是编制新型城镇化示范带绿化建设规划。抓好荆门市三条新型城镇化示范带绿化建设，通过“一线串珠”，推进沿线道路、村庄、小城镇绿化提档升级，打造道路、村庄、城镇统筹绿化的精品示范带。

（2）打造绿色景观

实施“绿满荆门”行动计划。加快道路、水系、农田林网等林业生态工程建设，保护森林、湿地和物种资源，实施生态脆弱区域生态恢复工程，构建森林生态系统。加强武荆、襄荆等高速公路和国道、省道沿线绿化美化工程。加强竹皮河、总干渠、四干渠等水系和农田林网建设。加强废弃矿区、采石塘口、石漠化等治理复绿工程建设。发展绿色交通，加快交通基础设施建设。推行绿色建筑，推进新建建筑绿色节能，加大低能耗居住建筑节能标准的执行力度。通过大力开展生态文明示范市创建，到 2020 年，荆门市 60%的行政村获得市级以上生态文明示范村（生态村）命名，60%的乡镇获得省级以上生态文明示范乡镇（生态乡镇）命名，50%的县（区、市）获得国家生态文明示范县（生态县）命名；到 2025 年，80%的县（区、市）获得国家生态文明示范县（生态县）命名。

（3）发展生态农业观光区

荆门地区有丰盛的农田、林网资源，河渠密布、水系为韵。应充分利用生态本底优势条件，将农、林、园艺紧密结合，融入城市生活，并在已有生态休闲农业的基础上（如漳河新区谭店生态农业等），大力发展生态农业观光区、都市农业、田园风光社区等，实现有色、有香、有花、有果的农业生态观光区，有丰富的生产内容供人们和谐参与。

（4）提高乡镇绿化的积极性

各县、市（区）林业局按照当地党委、政府的要求，分片区、分重点成立工作专班，对重点难点工作做到有领导包联、有专班负责。相关技术人员开展技术指导和服务，解决实际问题。同时，在新闻媒体上开辟“绿满荆门在行动”专栏，加大“绿满荆门”报道力度，营造出良好的社会氛围。造林绿化由部门造林向社会造林转变，各类企业、大户、专业合作社等投资造林成为新常态，社会投入成为主渠道。

（5）创新绿化体制机制

一是健全绿化考评体系。进一步细化城乡绿化一体化考核标准，层级传导压力和责任，加快形成市、县（市、区）、乡镇、村四级共同发力补短板的绿化工作格局。二是健全绿色金融体系。推进银林深度合作，鼓励银行开发“油茶贷”等林业金融产品，并探索引入“政府增信”机制的可行性，支持油茶等收益快且稳定的林业产业发展；推进保险与城乡绿化合作，开发绿化保险产品，将荆门市绿化项目纳入保险范围，减少各种灾害损失；推进碳汇造林工作，加强碳足迹、碳中和、碳汇林等知识宣传，鼓励机关事业单位带头开展碳汇造林，并对现有森林资源、新造林积极策划包装林业碳汇项目，参与国内碳汇市场交易，让资源变资产，增加林农收入。三是探索绿化建设新模式。采取申办省级或国家级园林博览会、策划引进 PPP 项目等方式，以城区葛洲坝关闭采石场为核心建设园博园，创造矿区变景区的“荆门经验”。

8 美丽乡村建设

美丽宜居村庄是指田园美、村庄美、生活美的行政村，核心是宜居宜业，特征是美丽、特色和绿色。建设美丽乡村体现了新型城镇化、新农村建设、生态文明建设等国家战略要求，展示我国村镇与大自然的融合美，创造村镇居民的幸福生活，传承传统文化和地区特色，凝聚符合村镇实际的规划建设管理理念和优秀技术，代表着我国村镇建设的方向。

开展美丽宜居小镇、村庄示范，既要打造景观美，更要创造生活美；既要重视基础设施建设，更要重视管理和服务，建立运行维护机制。尊重村镇原有格局，不要拆村并点；以整治民居建筑、整治街区环境和完善基础设施为主，不要一味建新村新镇；以民为本、打造生活中心，不要以形象为本、打造行政中心或工业中心；保持和塑造村镇特色，不要盲目照搬城市模式；保护传统文化的真实性和完整性，不要拆旧建新、嫁接杜撰；努力实现绿色低碳，不要贪大求洋；尊重民意，鼓励居民参与，政府部门不要代民做主，强行推进。

8.1 宜居宜业的农村环境建设

8.1.1 宜居乡村的建设目标

到 2020 年，城市基本完成现有危房改造任务，实现农村供水保证率和水质合格率达到 100%、行政村宽带覆盖率 99%、信息服务站点覆盖率 100%、2020 年全省农村生活垃圾治理率达到 90%以上、综合电压合格率达到99.3%以上，基本消除农村电网供电“卡口”和“低压”现象。

（1）村容村貌更加整洁

村内外无“三大堆”（垃圾堆、柴草堆、土石堆）和违章建筑堵道环村现象，无占道经营行为，主要街道平整、排水畅通，沿街建筑整洁，无影响观瞻的破旧建筑；主要道路和河道两侧整体环境良好，无乱搭乱建、乱挖乱排、乱占乱用、违章建筑、圈地经营等现象；重点绿化节点植被完整、管理精细、景观效果较好；垃圾收集设施齐全，室外活动场所干净，沿街物品摆放规整，各类杆线架设有序。

（2）生态环境更加宜居

村内外绿化体系完备；无生活和生产污水随意排放现象，河道、水库、池塘水体清澈；规模畜禽养殖场布局合理，畜禽粪便实现无害化处理或资源化利用；农作物秸秆有序放置，农业生产废弃物全面清理，农业面源污染有效控制。

（3）农家庭院更加洁净

庭院及房前屋后环境良好，家用物件摆放整齐，树木植被美观，无垃圾乱扔、污水乱排现象；使用太阳能、沼气等新型能源的农户比重增加，卫生厕所普及率提高。

8.1.2　宜居乡村主要建设措施

（1）构建乡村景观生态格局，美化乡村环境

构建以大地景观为背景景观，以滨水空间、景观道路为线景观，以村庄为点景观的“点—线—面”结合的乡村景观生态格局。通过打造入口景观、加强旧房改造、墙体美化、庭院美化、杆线整理、杂物整理、明晰标识系统等手段，实现村容村貌的美化。村庄整体形态与周边环境相得益彰，村景交融；整体风貌和谐统一，体现地域特色；空间布局尊重山形水势，契合地貌。防止村庄建设破坏山形地貌，尺度过大，路网形式简单方正、不依山就势。防止大规模人工化、硬质

化景观，破坏乡村风貌。

实施村庄道路、河道、庭院、房前屋后的环境整治，促进村庄公共空间整洁与美化。村庄环境明显改善，村庄内无乱堆、乱放、乱贴、乱搭、乱建现象。村庄及周围基本无蚊蝇滋生地。实施“绿满荆门”行动，开展村旁、路旁、宅旁、水旁及零星闲置地绿化。实现村庄内山清水秀、绿树成荫。

（2）加快农房改造，打造农家文化、特色民居建筑

加强村内公共空间规划设计，注重自然环境、乡土风情、历史文化、生活功能的融合与发展。挖掘调研特色民居，在推进城市宜居村庄和农村危房改造过程中，要求荆门市各县（市、区）在建筑风格设计和建设方面注重延续原有的建筑风格，突出地方和民族特色。保护历史文化名镇名村、传统村落、传统民居建筑，打造湖北特色的美丽乡村及国家特色景观旅游名镇、名村，挖掘具有传统历史文化内涵的农村旧房及特色建筑，改造发展成为当地特色民宿。

村镇庭院规划应结合现代技术和空间设计理念，在建筑生态化、种养殖立体化、生产生活空间一体化方面进行巧妙构思。农房建筑风格、规模、尺度体现乡村特色，功能齐全；多使用本地材料和建造技艺，鼓励使用节能经济的新材料、新技术。在民居建筑风格设计中，应该挖掘当地特色，突出地域差异，体现风格的独特性。应当以当地特色为基础，适当借鉴外来形式，使其成为丰富城市特色民居的积极元素。在村镇风貌整治中，不宜对不同时期的建筑统一“穿衣戴帽”，应以新建项目作为表现城市特色的重点，保留建筑的改造应结合功能完善进行，局部运用特色符号，主要通过色彩和材料的呼应与重点建筑协调。对不同时代的历史建筑，应突出建造时期的风格特点，体现不同时期的历史演化。

（3）完善乡村基础设施建设，加强污水及生活垃圾处理

①根据农村居民的需求，科学做好农村基础设施建设

农村基础设施建设，规划要先行。应高度重视，统筹城乡发展，

做好我国农村基础设施建设的总体规划。突出重点，认真做好各涉农部门基础设施建设专项规划的编制与实施。按照“群众为本、产业为要、生态为基、文化为魂”的“四位一体”工作思路，把改善农村人居环境放到美丽宜居乡村建设的重要位置。坚持规划引领，综合治理河道、沟渠、塘堰、村庄污染问题。深入开展农村生活垃圾治理，实现试点村保洁全覆盖，促进生活垃圾资源化利用和无害化处理。开展河道清淤、塘堰整治、沟渠疏浚，完善污水收集处理设施，提高雨水引排和污水自净能力。实施改厕、改厨、改圈，提倡集中建设公共厕所和家庭冲水式厕所。

一是因地制宜，完善农村水、电、路、气、信等基础设施。实施通村公路窄路面加宽工程、规模以上自然村通畅工程和农村公路安全生命防护工程，提高农村公路通达深度和安全保障水平；巩固“村村通客车”成果，建立农村客运发展长效机制，满足农民安全便捷出行的要求。加强农村饮用水水源地保护，采取集中供水和分散供水相结合的办法，实施饮水安全巩固提升工程，切实解决村民饮水安全问题。加强户用沼气和其他节能环保清洁能源建设。实施农村电网改造升级，供电能力满足村民生产生活需要。村内公共场所照明路灯配套齐全。加强农村互联网基础设施建设，完善网格化服务管理体系。

二是抓好污水整治工作。大力实施污水治理工作，将城市乡镇污水处理建设纳入政府民生实事中，抢抓“国家节能减排财政政策综合示范”城市和“国家循环经济试点”城市建设机遇，搭建污水处理建设合作洽谈平台，邀请湖北省村镇建设协会推荐的污水处理建设企业与乡镇就工艺选取和可研编制的合作方式展开交流，组织各地村镇负责同志参观学习外地污水处理建设先进经验，通过一系列措施加大乡镇污水处理项目建设，着力改善人居环境。

三是切实落实农村基础设施建设与管护责任。切实加大宣传力度，增强干部群众建设与管护的主动性和积极性，营造全社会重视、关心、支持农村基础设施建设的良好氛围。积极探索建立农村基础设施管护的长效机制，明确市、乡镇（街道）、村在基础设施建设与管理的事权，建立事权与责任相统一，责权利相结合的分级负责制。

四是多渠道筹集资金。加大财政投入，多渠道筹集资金，逐步形成农村基础设施建设长期稳定的资金来源，不断改善农村基础设施现状。既可以运用财政贴息、税收优惠、民办公助等激励手段，也可以采取“谁投资、谁经营、谁受益”的市场机制原则，还可以实行给予公共设施冠名权的办法，以吸引、吸收社会资本参与农村基础设施建设和发展农村社会事业。

五是充分发挥农民在农村基础设施建设中的主体作用。我国的农村基础设施建设主要依靠政府投入，所以政府要在政策上积极做好引导：各乡镇在制定村镇发展规划时，要围绕农民需求进行谋划，充分征求和吸纳农民群众的意见；要坚持群众自主原则，尊重农民群众意愿，充分调动农民的积极性和创造性。

②加强农村生活污水处理

污水收集系统方面：对于人口密集、经济发达、建有污水排放基础设施的连片村庄，可采取合流制收集污水；对于人口分散、干旱半干旱地区、经济欠发达的连片村庄，可采用分散处理设施处理，结合自然条件排放，也可以采用合流制。

污水处理系统方面：可以采取以下治理技术模式。

一是治理区域范围内村庄布局分散、人口规模较小、地形条件复杂、污水不易集中收集的连片村庄，宜采用无动力的庭院式小型湿地、污水净化池和小型净化槽等分散处理技术。

二是村庄布局相对密集、人口规模较大、经济条件好、村镇企业或旅游业发达的连片村庄，宜采用活性污泥法、生物膜法和人工湿地等集中处理技术。其中，位于饮用水水源地保护区、自然保护区、风景名胜区等环境敏感区域的村庄，须按照功能区水体的相关要求及排放标准经处理达标后方可排放。

三是距离市政污水管网较近、符合高程等接入要求的村庄污水可采用城乡统一处理技术模式。

③生活垃圾的处理

对于低污染、可降解的垃圾，可采用无害化卫生填埋处理模式进行处理；对于厨房垃圾、畜禽粪便、秸秆、生活污水等生物质能，应优先资源化利用，减轻垃圾转运压力；对于高污染、不易降解垃圾，应尽量纳入农村垃圾收运系统。对于区域城镇化水平较高、经济较发达、交通便利的连片村庄，要采用城乡生活垃圾一体化运行管理模式，村庄配置完善的垃圾收集/运输系统，乡镇建设可覆盖周边村庄的区域性垃圾转运/压缩设施，一并纳入县级以上垃圾处理设施统一处理；对于布局分散、经济欠发达、交通不便的村庄，要优先推行有机垃圾与秸秆、稻草等农业废物混合堆肥等资源化利用技术，无法资源化利用的垃圾在每日收集后应定期密闭运送到附近的城镇垃圾处理设施进行处理。

（4）关注农村居民需求，完善乡村公共服务设施体系

加强农村基层党组织建设，健全村务公开、民主管理制度，构建党组织领导下的乡村治理新机制。健全村民代表会议、村务监督委员会、民主理财小组等村民自治组织。加强教育、文化、体育设施建设，健全村级医疗卫生服务体系，完善村级便民服务中心及综合服务平台建设，增强基层服务群众的能力。广泛开展丰富多样的群众文化活动，开展文明村镇、生态村镇、“十星级文明户”创建活动，引导农民追求科学、健康、文明、和谐、绿色的生产生活方式。

推动教育、文化、卫生等公共服务向农村延伸，继续开展科技、文化、卫生“三下乡”活动。统筹基本医疗保险制度，深化农村医疗卫生机构综合改革。推进基本养老保险城乡统筹，加快构建农村社会养老服务体系。推进精准扶贫工作，完善扶贫信息系统，整合扶贫专项资金，建立扶贫产业发展基金，引导市场主体和社会力量参与精准扶贫。扎实做好移民工作，认真落实移民后扶政策，实现

移民同步小康。启动实施“十三五”农村饮水安全巩固提升工程。扎实推进“新网工程”建设，加快构建农村现代流通服务网络，做好农副产品购销、电子商务进农村。提升农村公共服务水平，着力构建“15 分钟生活圈”。不断巩固完善农村网格化管理综合平台，提升便民服务能力。

（5）推进生态文化宣教，提升村民生态环境意识

首先，政府部门要充分利用电视、网络、报刊等载体，积极宣传生态文化知识。政府部门或社团组织专业人员到广大农村进行生态保护宣传，可通过设立宣传栏、举办展览等形式，开展多形式、多层次的生态道德教育，培养农民责任意识和参与意识，深化人与自然和谐相处的生态文化观念，营造生态文化建设的良好社会氛围。优先让村干部学习生态文化知识，让他们以身作则，带动村民学习。

其次，针对经常发生在村里的各种有损于生态文明的行为切实加强舆论监督，通过典型案例教育使广大村民认清其危害性，并作为反例教材，让农民引以为戒；重点宣传生态致富的好榜样，让农民以自己身边的例子为榜样，积极参与生态致富，达到经济与生态共赢的状态。向村民介绍其他乡村所取得的成果，尤其是周边村落的成功经验，增强村民在美丽乡村建设中的信心和参与的积极性，如可以通过宣传客店模式，让村民在具体的案例中对美丽乡村得出更加合理而深刻的认识。

此外，还应加强环保法律、法规宣传的执法力度，使村民知法懂法、依法行事、用法维权，并使农民能够形成一定的生态伦理道德观念，逐步形成适应现代化农业发展的生态道德价值观。运用法律法规、道德规范观念共同约束村民的行为，引导农民树立生态环保意识，促成他们养成良好的生态文明行为习惯。政府需畅通村民的监督和检举渠道，制定相应的奖励措施并及时处理相关问题，从而使村民感受到政府对于生态环境的重视和贯彻“以人为本”理念的决心，为生态文化建设在农村的顺利开展创造制度条件。加大农村生态文化建设的投

资。生态文化教育、生态文化宣传、挖掘农村生态文化及生态文化普及等都需要稳定的专项资金投入，因此政府不但要在此投入大量的资金，而且要建立严格的资金管理和审核制度，做到专款专用，每一笔支出透明化。

8.2 农村面源污染治理及农业养殖废弃物再利用

8.2.1 农村面源污染治理目标

荆门市已建成 300 个农村生活垃圾治理示范村、20 座乡镇垃圾转运站、3 座区域性垃圾处理场，实现“一覆盖、两提高”，即实现行政村保洁全覆盖，较大幅度提高了城镇垃圾分类收集水平和无害化处理率，为“十三五”末实现荆门市 90%行政村农村生活垃圾得到有效处理打下坚实的基础。

到 2020 年年底，各区县政府农业部门应当指导农业生产经营者学会科学种植和养殖，科学合理施用农药、化肥等农业投入品，科学处置农用薄膜、农作物秸秆等农业废弃物，做到农业面源污染进一步减少。

8.2.2 畜禽养殖废弃物综合利用情景分析

畜禽养殖废弃物综合利用项目涵盖了荆门市各县区 100 多个监测点，共 1 万多条监测数据，布设了 20 多个参数，模拟了 4 种情景、6 种组合，假设了 30 多条规则，涉及经济投入产出效益、环境效益分析，构建出土壤空间分配蒙特卡洛模型，采用神经网络进行模型训练，其分析结果为土壤肥力提升的空间化分布提供了科学定量依据（图 8-1）。

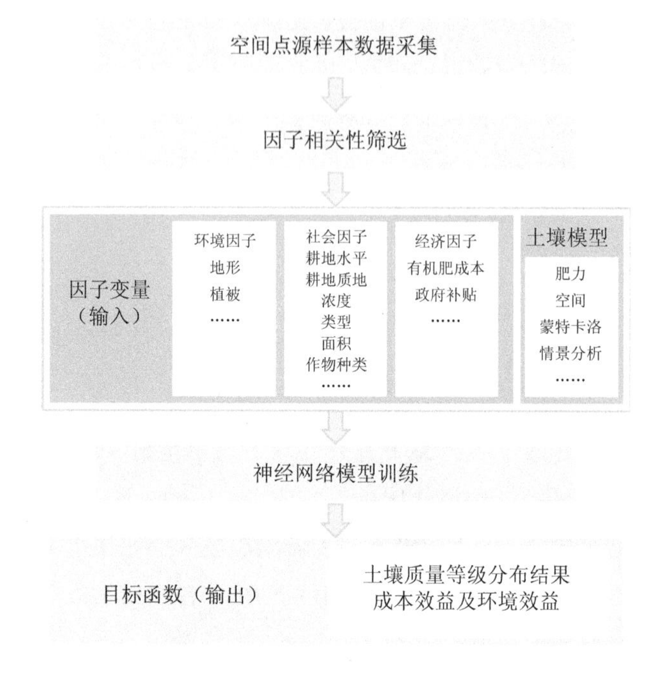

图 8-1　荆门市畜禽养殖废物综合利用研究整体路线

畜禽养殖废弃物综合利用情况首先是现状分析，可以从土壤肥力等级空间分布解读，包括有机质、全氮、碱解氮、有效磷、速效钾等相关因子，从而得到荆门市的土壤肥力等级空间分布特征。其次，从需求侧和供给侧两个维度进行剖析。提高土壤肥力是农业可持续发展的保证，其主要措施就是增加土壤有机质。从施肥的角度讲，农家肥对于农田已是杯水车薪，而有机肥资源很丰富，因此将有机肥转化应用以替代传统农家肥，既降低了经济成本又获得了环境效益。在设定目标值的前提下，采用四种情景模拟有机质的时空变化，分别为低情景（20 年），中情景 1（15 年）、中情景 2（10 年），高情景（5 年）。模拟结果显示，在需求量方面，各县区有机质水平提升至目标值所需肥量存在明显差异性。在供给量方面，荆门市各区县畜禽粪便产生量不同，可转化为有机肥的水平不一，有机肥在满足当地的需求之外，应遵循就近分配的原则，实现成本的最小化。

根据荆门市畜禽养殖场的规模及分布，在有机质的提升过程中实现有机肥的合理布局以降低成本。在现有供肥率的基础上，证实了有机质浓度提升的可行性。在环境效益方面，畜禽加工为有机肥削减了 COD 和氨氮的排放量，而有机肥的施用在很大程度上降低了生产成本。

（1）土壤肥力现状

荆门市的土地类型主要以水稻土和黄棕壤为主，两者总比例占到全部土壤类型的近 85%。质地以中壤-轻壤和重壤-中壤为主，pH 值为弱酸性，有机质含量平均为 18.36 g/kg，速效磷平均含量为 12.28 mg/kg，速效钾平均含量为 109.32 mg/kg（表 8-1）。

表 8-1　荆门市的土壤类型、占耕地比例、质地以及有机质等浓度

类型	占总耕种面积比例/%	质地	pH 值	有机质/（g/kg）	全氮/（g/kg）	碱解氮/（mg/kg）	速效磷/（mg/kg）	速效钾/（mg/kg）
水稻土	42.80	中壤-轻黏	5.5～6.8	20～25	1.2～1.5	90～120	8～15	70～120
黄棕壤	42.10	重壤-中壤	6.0～7.0	12～15	0.8～1.0	70～80	10～12	90～130
潮土	13.70	砂壤	8.0～8.8	8～15	0.5～0.8	60～70	6～10	70～80
紫色土	1	重壤-轻黏	6.0～7.5	10～15	0.7～0.9	60～70	6～10	110～160
石灰土	0.40	重壤	7.5～8.5	22～28	1.3～1.6	70～80	10～12	80～100

荆门市可耕种土地和粮食产量均呈现逐年增加的变化特征，但单位面积产量自 2008 年以来整体上呈现降低的变化趋势，反映了荆门市土壤肥力近年来不断下降的特征（图 8-2）。

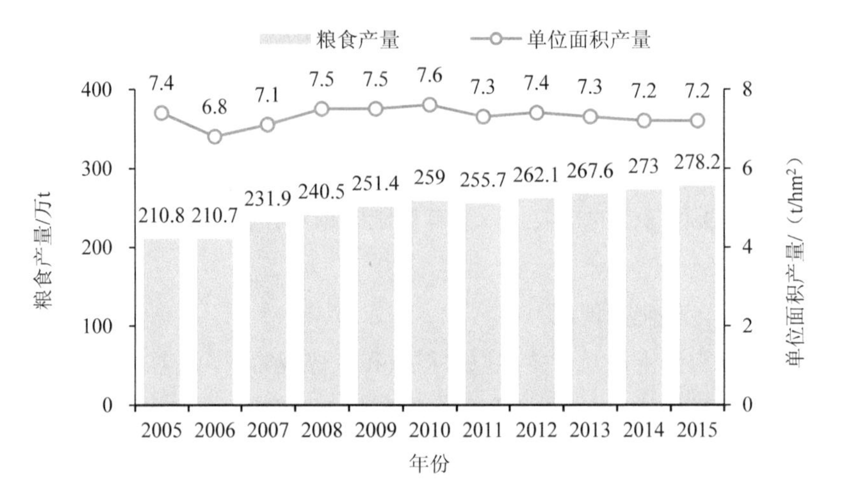

图 8-2　粮食产量、单位粮食产量年际变化（2005—2015 年）

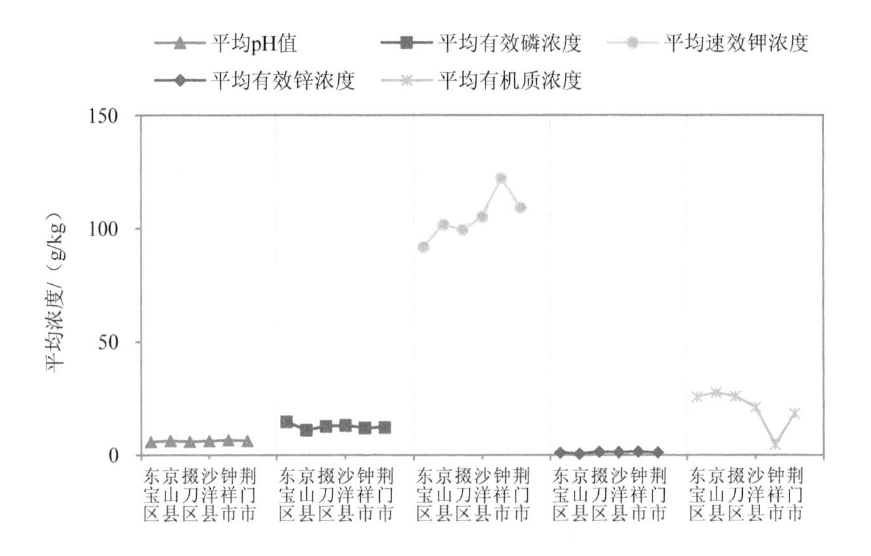

图 8-3　荆门市各项土壤因子在各县区的分布

由图 8-3 可以看出，荆门市整体的土壤特征为肥力不足，但有机质在各地区的分布存在一定的差异性，土壤有机质含量较高的地区位于荆门市的东部和西部，如中心城区的东宝区和掇刀区及京山县，三个地区的平均有机质含量可达到 25 g/kg 以上；位于北部和中部的钟祥市以及位于南部的沙洋县含量则较低。从荆门市范围来看，有机质浓度的最大差异可达近 6 倍。而平均有效钾则呈现相反的情况，位于中部和北部的钟祥市含量最高，位于西部的东宝区最低。速效磷的含量为位于西部的东宝区最高，其他各区县相差不大。按照《全国第二次土壤普查养分分级标准》，荆门市的有效磷和速效钾均达到三级标准，而有机质作为反映土壤肥力的重要指标，在部分县区如钟祥市低于土壤分级的最低等级（六级），因而应作为提升土壤肥力工作的重点，提高土壤有机质的含量显得尤为迫切（刘斯静，2015）。

荆门市畜禽养殖业正由传统散养方式向标准化规模养殖转变，生猪、蛋鸡规模养殖比重均达 85%左右。目前，年出栏生猪 1 000 头以上的规模场近 900 个，年出栏生猪 220 万头；百头以上的肉牛规模场达 300 余个，年出栏肉牛 10 万头；万只以上蛋鸡规模场有 500 个，年存笼量 1 100 万只。荆门市年规模化畜禽养殖粪污排放量约 700 万 t。由此可知畜牧业在荆门的产业结构中占据重要的位置，将畜禽养殖过程中产生的粪便转化为有机肥可成为农业生产的宝贵资源，并解决当前荆门市面临的土地肥力不足的难题。

整体而言，长江中游三省（湖北、湖南、江西）范围内，有机质含量分布最广的级别是 25～30 g/kg（三级），达到了 33.39%，其中这一级别在湖北省耕地中所占的比例为 43.31%（刘斯静，2015）。2008 年湖北省土壤水稻土有机质含量为 26.1 g/kg（王伟妮　等，2012）。荆门市 2012 年平均有机质含量 18.36 g/kg 低于上述任何一项相关含量。

由图 8-4 可以看出，荆门市平均有机质浓度自 2008 年以来整体上具有逐年降低的变化特征，在 2010 年略有一定提升。最高值出现在 2010 年，最低值出现在 2014 年，年平均下降率为 1.41%。结合上述湖北省土壤肥力的相关数据可知，荆门市有机质含量低于省平均含量，因此提高土壤肥力是当前改善农业的一个重点。

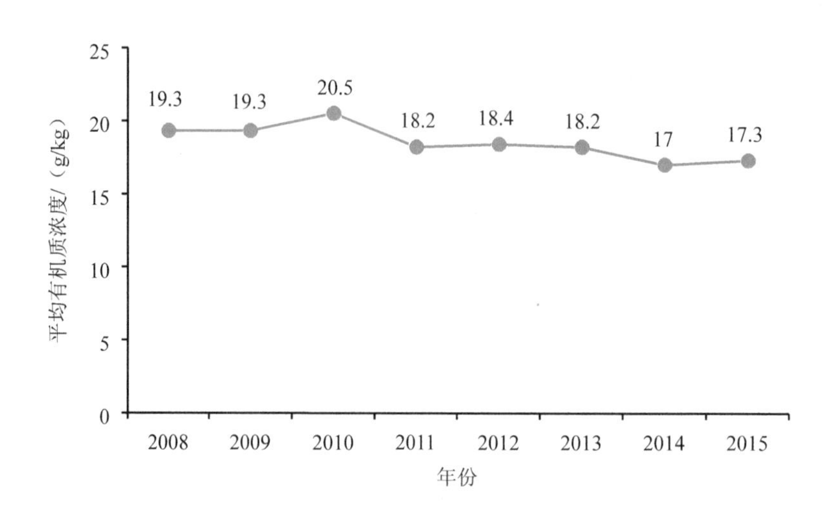

图 8-4 荆门市 2008—2015 年的平均有机质浓度分析

从上述粮食单位面积产量的逐年变化和有机质平均浓度的特征趋势可以看出，荆门市土壤肥力近年来呈现出下降的趋势。

（2）土壤肥力提升目标

坚持“生态优先、保障供给、产品安全、控量减污”的发展理念，优化区域布局，稳定猪禽产业，突破性地发展牛、羊等草食畜禽。以规模化猪场、牛场和蛋鸡场为重点，采取政策扶持、部门引导、企业主建等模式，着力推进养殖污染治理，实现畜禽养殖粪污合理承载、资源利用、生态环保的目的。

重点实施千头猪场、万只蛋鸡场和百头肉牛场粪污配套设施建设，力争“十三五”期间完成 500 家以上规模化养殖场的污染减排目标。

①到 2020 年，荆门市基本建成农牧结合、资源循环、健康养殖、生态高效、产业协调发展的现代生态畜牧业新型产业体系，动物疫病防控体系和病死畜禽无害化处理网络进一步完善，规模化养殖场（小区）粪污处理设施覆盖面达 100%。

②全面完成畜禽禁养区、限养区相关处罚条例的实施，处于禁养

区内的畜禽养殖场逐步进行搬迁或关停。建成多个设施配套、种养结合的资源利用畜禽养殖示范基地，有效治理年出栏生猪 500 头以上、肉牛 50 头以上和存笼蛋鸡 5 000 只以上的规模化畜禽养殖场排泄物，粪便基本实现资源化利用，污水得到综合利用或达标排放。

③主要农作物化肥使用量实现零增长，亩均化肥用量控制在 26 kg（折纯养分，下同）以内；初步建立资源节约型、环境友好型病虫害可持续治理技术体系，科学用药水平明显提升，力争实现农药使用总量零增长；农田薄膜得到回收。新建小型沼气工程 1 050 处，大型沼气工程 48 处，畜禽粪污处理能力得到进一步提升，同时建成一批生态环境保护与清洁能源综合应用的示范村。各类农作物秸秆综合利用率 95%以上，其中还田利用率 85%以上。“三品一标”产品数达 500 个以上，农业标准化技术普及率 50%以上（数据来源：《荆门市农村面源污染防治条例》）。

④以京山等地为重点，开展畜牧业绿色示范县创建，完善规模养殖场粪污治理设施，配套粪污消纳基地，开展生态种养结合，实现粪污资源化利用。以沙洋县为例，每年改造长湖沿线畜禽养殖场栏舍 150 栋，改善治污工艺、购置配套设施，建设 1～2 个生物有机肥厂，增加畜禽养殖、蔬菜种植、无公害林果等种养户 50 户以上。其他各县区根据畜禽养殖情况，配套建设有机肥厂，实现畜禽粪便资源化利用。

（3）土壤肥力等级空间分布情景分析

关于土壤肥力等级空间分布情景分析，联合国环境规划署（UNEP）推荐的土地评估的两个主要模型是 SoilGrids 和 LandPKS。其中，SoilGrids 根据土地档案和分类临变值将土地按照形成方式进行分类，并制作出土地类型地图，用于土地基本类型的识别。而 LandPKS 则根据手机用户（移动端）对土地植被类型和生长情况的采集，进行大数据的空间分析，计算土地潜力（肥力），评价模型是开源的 python 程序，目前缺乏相关数据。

基于此，在荆门进行土地评估（土壤肥力有机质）研究考虑两种方法：一是将农业局正在编制的耕地肥力等级评估数据和 RS、GIS 数据进行匹配，进而实现荆门市农业用地的空间土地评估；二是深入乡村，收集或采集土地土壤农业种植和产量点数据，之后采用类似 LandPKS 的建模方法将其映射到整个空间上，实现荆门市开发和未开发的土地评估。根据荆门市土肥站、荆门市环科院提供的数据，采用土壤肥力空间蒙特卡洛情景分析模型进行分析。

①研究方法

范围界定：基准情景设定包括三个方面的内容，农业废弃物（牲畜粪便）未经处理直接排放、现有处置水平、耕作方式。情景模拟为地力提升，分 5 年（高）、10 年（中）、20 年（低）三种情景完成，目标要达到土壤的有机质浓度标准值（30 g/kg）本地的需求量。

研究方法：研究计算思路主要从需求侧（本地的需求量）和供给侧（当地的畜禽养殖农业废弃物）出发，差值为进口量/出口量；核心输出为土壤肥力变化图、各地平均的土壤肥力、有机质+土壤等级，其土壤肥力的配施量按照耕地面积确定施用化肥的上下限。荆门市有机质水平现状为 23 g/kg。开设有 100 万家以上的养殖场，2014 年畜禽总量 331 万头（只），产生 44 万 t 有机肥。现有耕地面积 27.1 万 hm^2，按每公顷增施有机肥 8～30 t 计算，需要有机肥总量 200 万～500 万 t，可以使有机碳（转化系数 1.7）提升 0.52～5 g/kg（五年累计），换算成有机质为 0.8～8 g/kg。而基准情景（不增施）下，有机质五年累计下降 1.75 g/kg[①]。

输出结果：将采集的各区县 10 000 个数据的计算结果空间化、有机肥产业化，调配产量及来源，通过测算得出有机肥应用于农业生产整体可获得的营业收入经济效益测算（30%利润率）。

① 畜禽粪便按照 33%的资源转化率转化为有机肥。

②土壤肥力等级空间分布情景因子识别

- 养殖场密度

由荆门市畜牧养殖分布特征（图 8-5）可以看出荆门市畜牧养殖业主要分布在位于北部的钟祥市、西部的东宝区和东部的京山县，位于南部的沙洋县和钟祥市的中部分布相对较少。前面的分析表明有机质含量比较少的区域位于荆门市北部、中部和南部地区，说明除了北部地区可就地生产加工有机肥外，中部和南部地区要解决有机质含量不足的问题需要从其他畜牧业分布相对密集的区域运输有机肥，在布置有机肥生产场地时就需要考虑到运输成本，将其最小化的同时满足各区域对有机肥的不同需求。

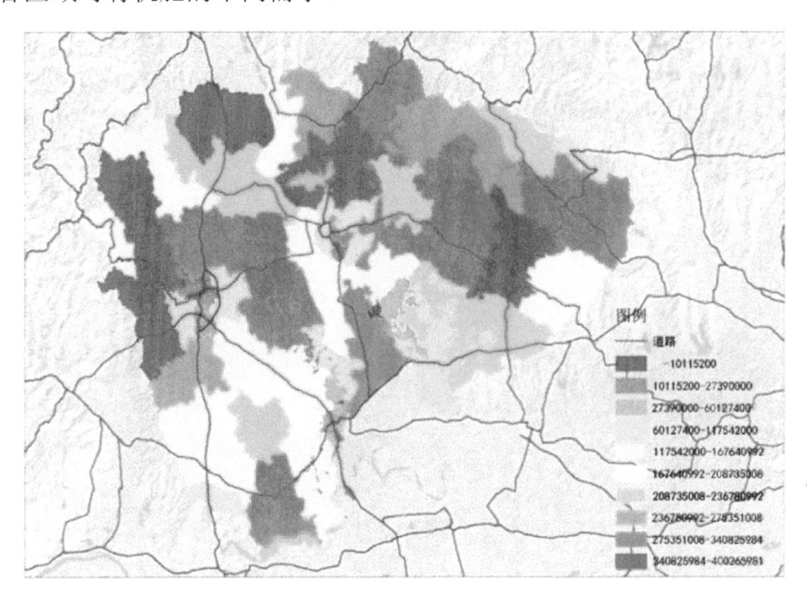

图 8-5　荆门市畜牧养殖分布特征

约有 60%的区县有机质浓度高于荆门市平均值，最高值出现在位于东部区地区的京山县的绿林镇，最低值出现在位于北部和中部地区的钟祥市的丰乐镇，差异可达近 12 倍，而平均水平在 17.5 g/kg。

根据估算，荆门当前水平下生猪出栏量为 490 万头/a、鸡 5 000

万只/a，每种畜禽粪尿的日排放系数见表 8-2。

表 8-2　畜禽的日排放系数（田宜水，2012）

类别	粪	尿	粪尿总量
生猪	1.38	2.12	3.5
奶牛	30	15	45
肉牛	15	8	23
羊	1.5	0.5	2.0
肉鸡	1.5	0.5	0.1
蛋鸡			0.12

● 估算转化率

根据一般经验和微生物综合解决方案（中科院微生物所，2016），转化率为 33%，即生产 1 t 有机肥需要 3 t 粪便。有机肥的生产潜力见表 8-3。

表 8-3　有机肥的生产潜力

	肉鸡	蛋鸡	猪	肉牛	乳牛
粪/[kg/（d·只）]	0.13	0.14	1.9	10	30
水分含量/%	78	73	3.26	7.5	

通过测算，荆门市的牲畜猪和鸡共产生粪约 507 万 t/a，占全部畜禽产生粪量的 80%左右，这些粪便还田可以等效为有机肥 169 万 t。畜禽养殖牲畜产生量的各种浓度见表 8-4。

表 8-4　畜禽养殖牲畜产生量的各种浓度

畜禽	水分	有机质	N	P_2O_5	K_2O
猪粪	81.5	15.0	0.60	0.40	0.44
马粪	75.8	21.0	0.58	0.30	0.24

畜禽	水分	有机质	N	P_2O_5	K_2O
牛粪	83.3	14.5	0.32	0.25	0.16
羊粪	65.5	31.4	0.65	0.47	0.23
鸡粪	73.5	25.5	1.63	1.54	0.85
鸭粪	56.6	26.2	1.10	1.40	0.62
鹅粪	77.1	23.4	0.55	1.50	0.95
鸽粪	51.0	30.8	1.76	1.78	1.00

由图 8-6 可以看出，有机肥投入与有机质增长呈现明显的正相关关系，即有机肥投入越高，有机质增长越大。

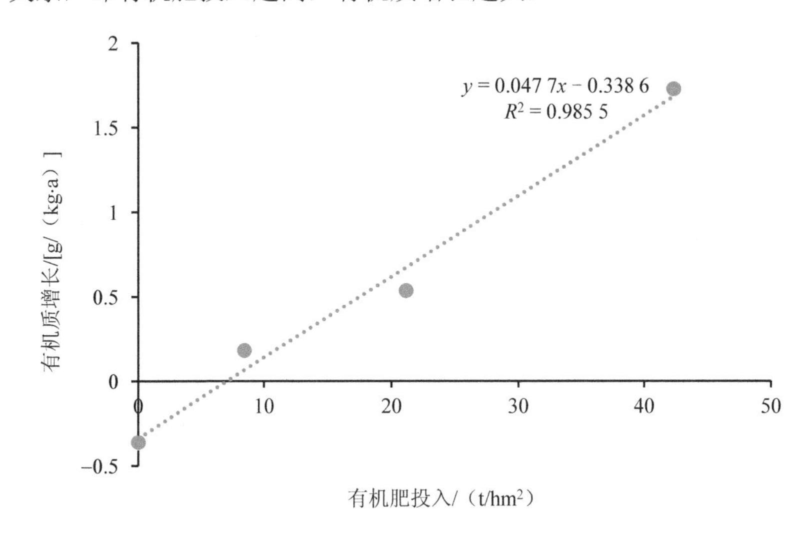

图 8-6　有机肥投入-有机质增长曲线

③土壤环境质量提升情景设定

基准情景：假设为未进行有机肥施用，采用现有的农业废弃物处置水平以及现有的耕作方式。荆门市的土壤成分为 40%的水稻土、40%的黄棕壤，产量变化和有机质变化的关系为每年提升 1%。将 2012 年（水稻）作为基准年，并考虑有机质的相关性，测算出 2015 年有机质含量；根据猪粪及鸡粪的量，推算出 2015 年可转化为有机肥的基准肥量。由基准情景可知，京山县最高，为 66 万 t，这与京山县畜牧业分布比较密集、产生畜禽粪便量大有关，其次为钟祥市，为 40 万 t。2008—2015 年粮食产量、种植面积和单位面积产量与土壤有机肥、土壤有机碳的施放具有相关性，因此提升土壤的肥力和土壤有机碳将会提升粮食的单位面积产量（表 8-5）。

表 8-5 2008—2015 年粮食产量、种植面积和单位面积产量的基本情况①

年份	2008	2009	2010	2011	2012	2013	2014	2015
粮食产量/10^4 t	240.5	251.4	259.02	255.72	262.14	267.6	272.95	278.18
粮食种植面积/10^3 hm^2	322.45	337.17	341.53	348.27	356.22	364.49	378.573	384.05
单位面积产量/（t/hm^2）	7.458 5	7.456 1	7.584 1	7.342 5	7.358 9	7.341 7	7.209 9	7.243 3

土壤地力提升-低情景：根据测算出的 2015 年土壤肥力（荆门市平均土壤肥力为 17.28 g/kg），按照相关标准，设置土壤肥力目标值为 30 g/kg，设定低情景（提升年限 20 年），计算可得有机质所需的提升率，根据有机质提升率与需肥率的相关性，测算出单位需肥量；结合耕地面积，计算出总需肥量。由土壤蒙特卡洛模型模拟结果表明，钟祥市需肥总量约为 285 万 t，分别是中心城区东宝区和掇刀区的 13 倍、京山县的 4 倍、钟祥市的近 2 倍。一方面是因为钟祥市的土地面积较大，另一方面是因为钟祥市有机质缺口较大，可达到 28 t/hm^2，是东宝区的近 9 倍、京山县的 7.36 倍、掇刀区的 6 倍、沙洋县的 2 倍。结果表明，荆门市各个地区的土壤肥力具有较为显著的差异性。

土壤地力提升-中情景：设定中情景 1、2，提升年限分别为 15

① 根据《农田土壤有机碳含量对作物产量影响的模拟研究》，中南地区土壤有机碳（SOC）含量每增加 1 g C/kg，可以相应地增加水稻产量约 185 kg/hm^2。SOC－有机质转化系数为 1.724。

年、10 年，依照低情景下的测算方法，求得该情景下的需肥量。由于有机质提升率与需肥率不是简单的线性关系，所以中情景与低情景需肥量的关系也非线性，但总体变化规律是趋于一致的，即随着提升年限的减少，各区县需肥量呈现增加的变化特征。中情景 1 中各区县需肥量皆增加为低情景的 1.1～1.2 倍，荆门市总需肥量为低情景的 1.23 倍；中情景 2 中各区县增加为低情景下的 1.4～1.8 倍，荆门市总需肥量为低情景下的 1.69 倍。

土壤地力提升-高情景：设定高情景（提升年限 5 年），依照上述方法测算出需肥量。测算结果表明，钟祥市的需肥量最大，为 986 万 t。该情景下各区县的需肥量分别增加为低情景下的 2.1～3.5 倍，其中需肥量增加值最大的为钟祥市，近 3.5 倍，其次为沙洋县。与中情景 1、2 相比，分别增加为后者的 1.9～2.7 倍及 1.5～1.9 倍，其中增加量最大的皆为钟祥市，其次为沙洋县。

图 8-7 为荆门市各情景下的土壤肥力需肥量。

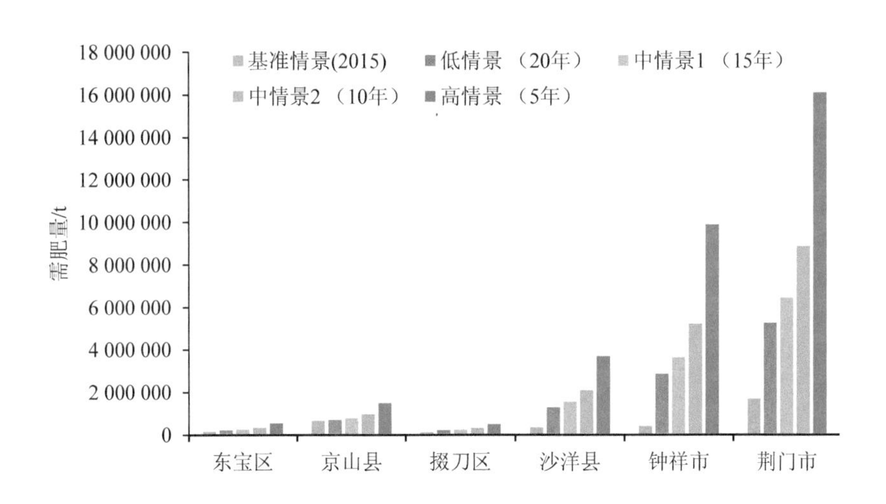

图 8-7　荆门市土壤肥力需肥量的情景分析结果

（目标值的土壤肥力为 30 g/kg）

④灰箱模型-模糊分析研究方法

利用气象学、生态学、经济学等领域的模型，经过模拟、检验、验证评估，用灰箱模型来寻找情景模型使用的有机质提升的效率、投入产出曲线。

灰箱模型的步骤：模型识别、参数识别、用选定的模型与参数进行验证、计算预测。

由图 8-8 可以看出，随着情景模式由低到高，需肥量呈现逐渐上升的变化特征，在高情景模式下需肥量出现最大值。各区县需肥量的递增关系依次为掇刀县、东宝县、京山县、沙洋县、钟祥市。

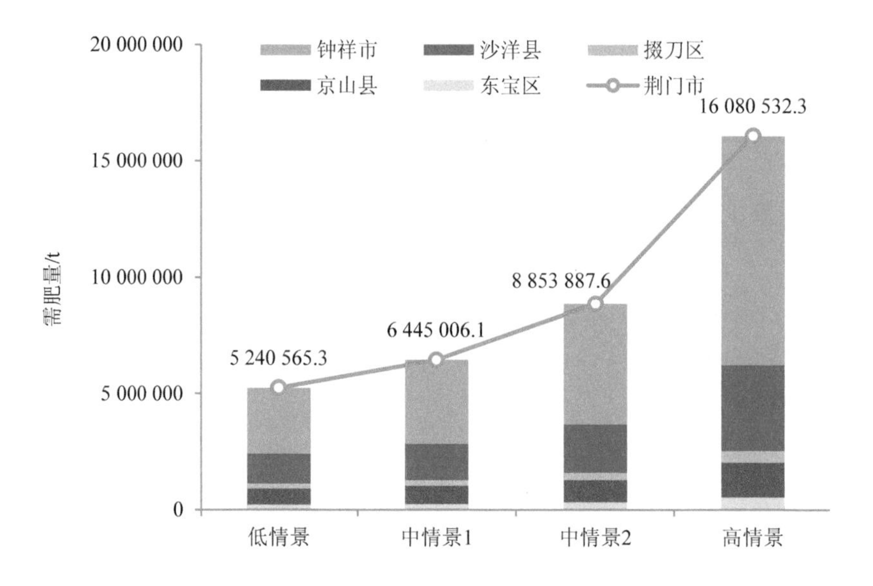

图 8-8　四种情景模式下荆门市各县区的需肥量

由图 8-9 可以看出，京山县供肥率最大，为 9.0 t/hm^2，东宝区次之，沙洋县和钟祥市的最小，约为 4 t/hm^2，京山县供肥率可达到钟祥市的 2 倍。

从各区县在不同情景下平均有机质浓度的变化趋势（图 8-10）可以看出，根据现有供肥率，随着情景设定年限由低到高（情景 1～4），

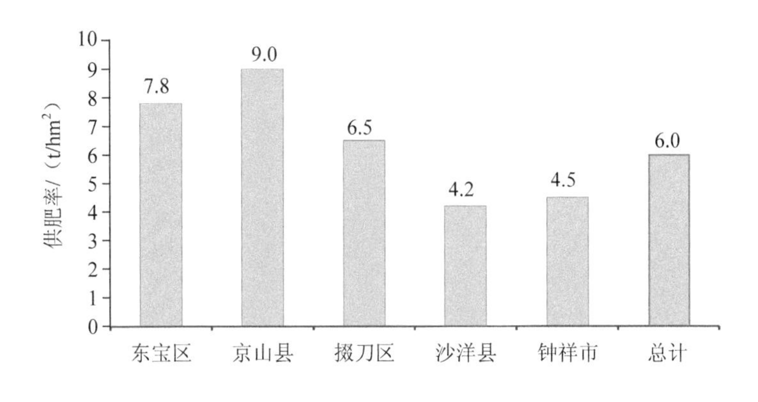

图 8-9　荆门市各县区的供肥率

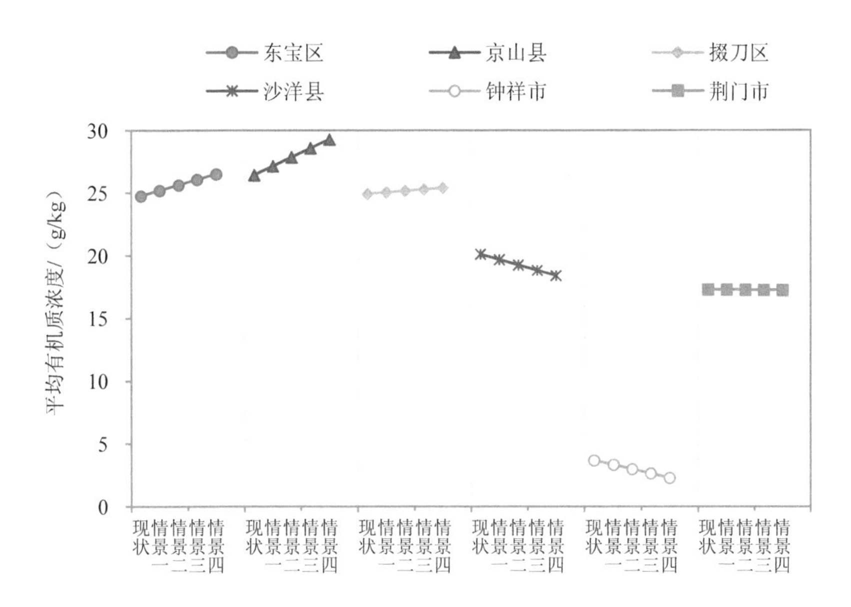

图 8-10　荆门市各县区现状及四种情景模式下的平均有机质浓度

荆门市五个主要县区可以分为两种变化趋势：一种为上升型，如东宝区、京山县及掇刀区，其中上升最快的为京山县，上升速率为 0.14 g/（kg·a），20 年（情景 4）后有机质浓度可达到 29.26 g/kg，东宝区上升速率次之，为 0.087 g/（kg·a），20 年后有机质浓度可达到 26.506 g/kg；

另一种为下降型，如沙洋县和钟祥市，其中下降最快的为沙洋县，下降速率为 0.086 g/（kg·a），其次为钟祥市，下降速率为 0.07 g/（kg·a）。

由此可知，按照现有供肥率，在设定的四种情景下荆门市各区县均达不到设定的有机质浓度目标值 30 g/kg。

⑤分析结果

- 土壤肥力变化

根据现有供肥率，对现状及四种情景模式下的土壤肥力进行空间分布模拟（图 8-11），由于钟祥市和沙洋县有机质的提升速率分别为

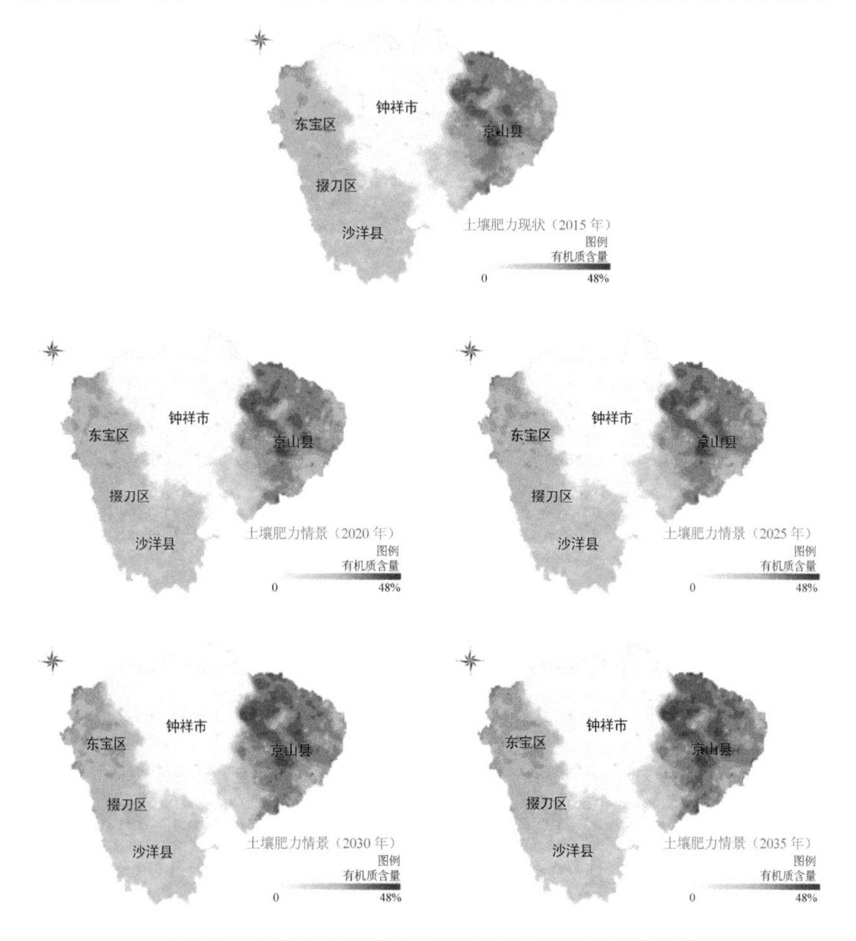

图 8-11 荆门市土壤肥力（有机质）现状及情景分析

–0.086 g/（kg·a）和–0.07 g/（kg·a）（小于 0），由模拟结果可以看出两个县区的土壤肥力（有机质）显著下降；东宝区和京山县在不同区域变化存在一定的差异，因有机质提升速率分别为 0.087 g/（kg·a）和 0.14 g/（kg·a）（大于 0），总体上看来这两个县区的土壤肥力呈现上升的变化特征。

从以上分析可以看出，在现有供肥率下，以 2015 年为基准，5 年为间隔，2015—2035 年，各县区累计有机质达标率从 3.1%上升至 22.8%，平均年上升率为 0.98%，若实现全部地区达标需要近 100 年的时间，说明仅靠现有供肥率支持是远远不能满足有机质短期内达标要求的（图 8-12）。鉴于此，应在现有基础上，构建经济适配的有机肥调配方案，以满足不同地区对有机肥的需求。

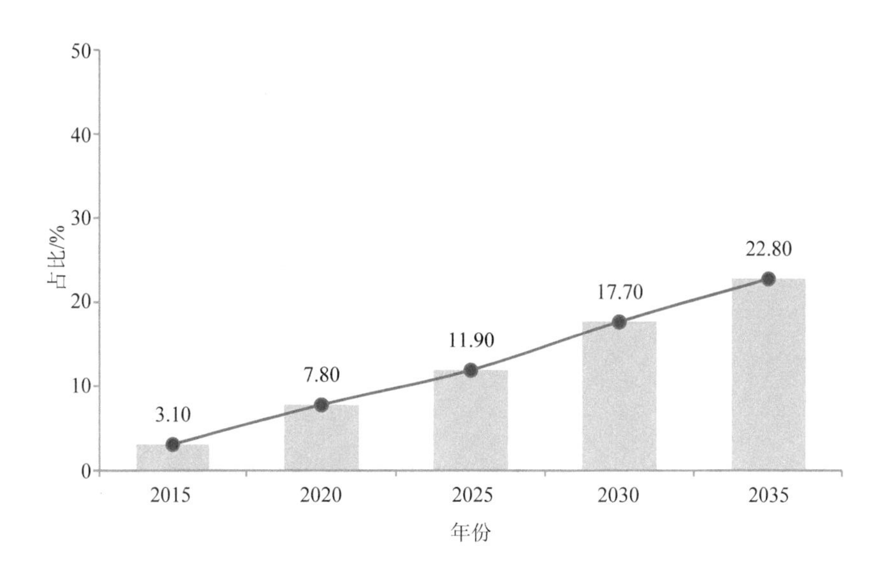

图 8-12　预期各年份达到目标值地区所占的比例

- 经济成本效益

现分为高施用情景和配施情景两种模式对有机肥替代部分无机肥使用后所带的来经济成本效益变化进行分析。

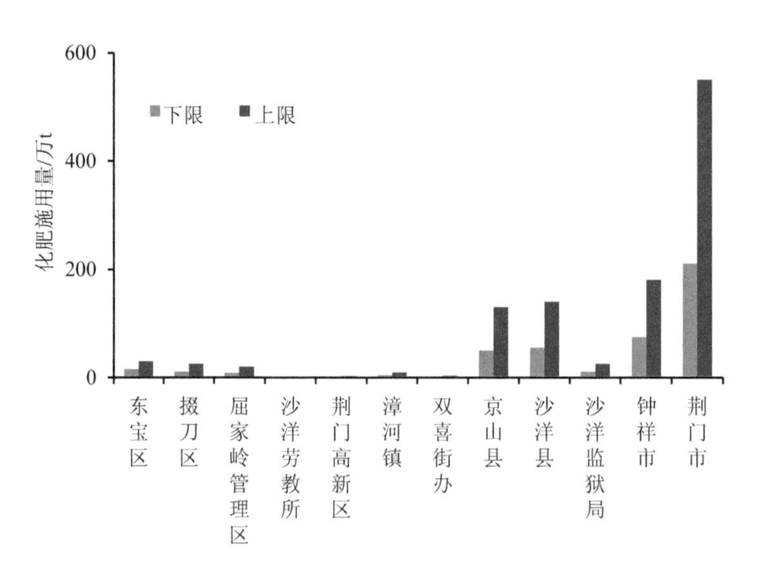

（a）化肥施用量

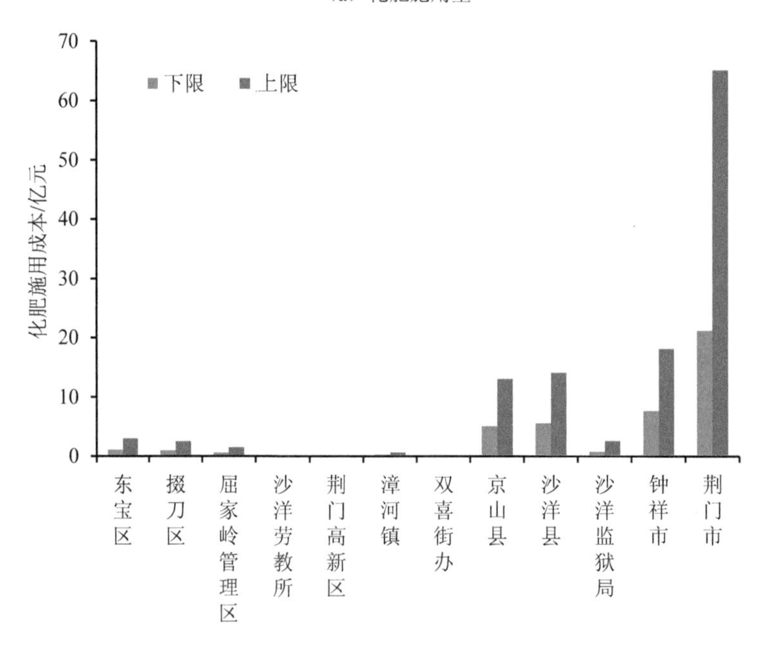

（b）化肥施用成本

图 8-13　高情景模式下荆门市各县区化肥施用量及成本

由图 8-13 可以看出，各县区化肥施用量上限和下限分别低于 33 万 t（高施用情况）和 13 万 t（有机肥替代部分无机肥情况）的区域有沙洋劳教所、荆门高新区、双喜街办、漳河镇、屈家岭管理区、沙洋监狱局、东宝区，其产生的成本上限和下限分别低于 1.3 亿元和 3.3 亿元；上限和下限分别高于 33 万 t 和 13 万 t 的有京山县、沙洋县、钟祥市，其产生的成本上限和下限分别高于 1.3 亿元和 3.3 亿元，其中钟祥市施用的肥量最大，为 170 万 t，产生的成本上限和下限分别为 6.8 亿元、17 亿元。

在图 8-14 中，所需的成本为化肥和配施的有机肥成本，降低的成本为配施的有机肥替代无机肥的成本，以及施用有机肥获得的政府补贴，由此可节省化肥成本约 16 亿元。

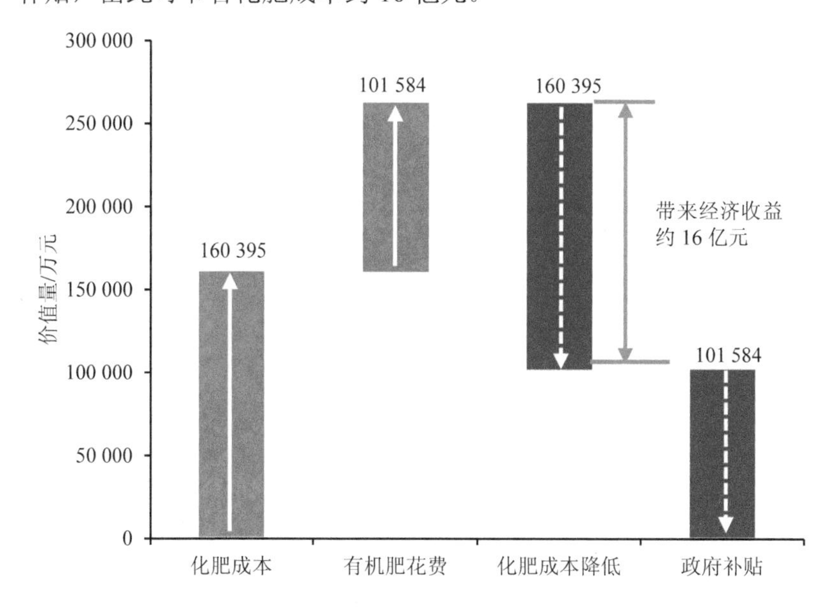

图 8-14　成本效益-配施情景（按实物法计算农用化肥施用量）

- 环境效益的测算

分别从 COD 和氨氮削减量两个层面测算环境效益。由图 8-15 中各县区两种削减指标的变化可以看出：

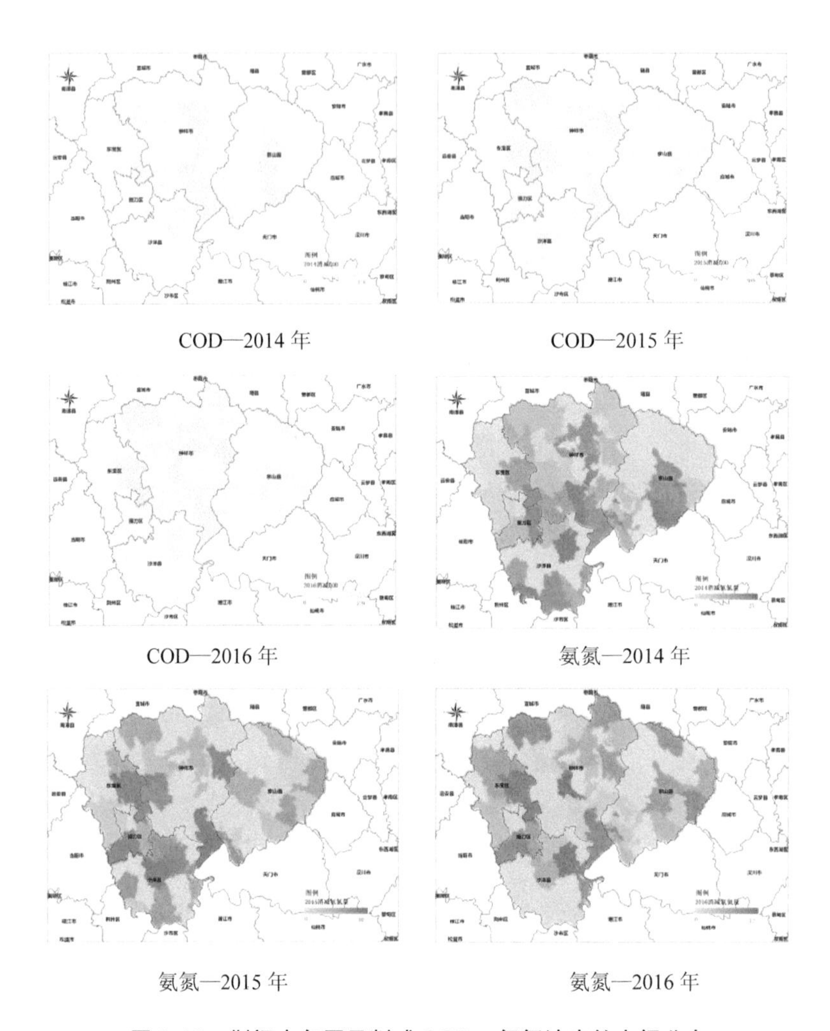

COD—2014 年　　COD—2015 年

COD—2016 年　　氨氮—2014 年

氨氮—2015 年　　氨氮—2016 年

图 8-15　荆门市各区县削减 COD、氨氮浓度的空间分布

东宝区 2014—2015 年，COD 削减量由 336 t 增加到 540 t，涵盖的范围明显扩大，由 3 个镇 6 个村增加到 13 个村，2015—2016 年，由 540 t 下降到 258 t，涵盖的范围较上年有所扩大；氨氮与 COD 呈现相似的变化特征，三年的削减量依次为 16.8 t、28.8 t、12.9 t。

钟祥市 2014—2015 年，COD 削减量由 1 468.67 t 增加到 2 072.3 t，到 2016 年，削减量下降到 1 140.93 t，削减范围 2014—2015 年由 43

个村减为 29 个，到 2016 年范围较 2015 年有所扩大；氨氮的浓度变化范围与 COD 相似，由 2014 年的 64.91 t 增加到 2015 年的 129.55 t，2016 年降低为 26.23 t。

京山县三年的 COD 及氨氮浓度变化，在范围上由原来的 7 个镇 28 个村变化为 2015 年的 9 个镇 20 个村，两年共同削减范围涵盖 4 个镇。2016 年有两个镇与 2015 年不同，因而导致在范围上的差异性。就浓度而言，三年的 COD 削减量依次为为 590.88 t、506.54 t、313.18 t，呈现下降的变化趋势；氨氮的削减量依次为 29.53 t、25.25 t、15.41 t。

沙洋县就范围而言，由 2014 年的 10 个镇 36 个村变化为 2015 年 11 个镇 25 个村，在某些区域存在差异性，2016 年减为 6 个镇，范围出现了明显的减小；在浓度方面，三年 COD 呈现下降的变化特征，依次为 1 043.57 t、466.89 t、163.16 t，氨氮的变化趋势为先下降后上升，依次为为 161.17 t、65.4 t、127.91 t。

掇刀区在范围方面，由 2014 年 2 个镇 7 个村增至 2015 年的 2 个镇 8 个村，到 2016 年范围基本保持不变；在浓度方面，COD 三年呈现下降的变化趋势，削减量依次为 102.8 t、93.5 t、39.5 t，氨氮的浓度变化为先上升后下降，削减量为 15.1 t、15.4 t、6.4 t。

⑥结论

引导畜禽养殖场配套落实粪污生态消纳地，完成规模养殖场治污配套设施改造。到规划期末，年存栏猪 500 头以上规模养殖场建成“两分离三配套”环保治理和资源化利用设施。畜禽养殖要与环境承载相适应，构建以生态循环、农牧结合、异地消纳、沼液配送为重点的新型畜牧业生态循环体系。粪污资源化利用高效科学，形成“规模养殖场建粪污处理设施，配套落实生态消纳载体，有机肥加工厂、沼液配送中介与养殖主体有效对接”的新型格局。全面完成农业面源污染环保减排核算指标，严格执行污染物排放总量控制制度，实现畜禽养殖主要污染物指标达标排放。

一是科学规划畜禽养殖布局，加快建设生态化养殖场。优化畜禽养殖布局，调整畜牧产业结构，转变农业发展方式，科学划定畜禽养殖禁养区、限养区和适养区。禁养区内的畜禽养殖场限期关闭、搬迁；限养区内原则上不新建规模化畜禽养殖场，对原有养殖场加强粪污治理设施建设；适养区内新建规模化畜禽养殖场要规划审批和养殖备案，并进行环境影响评价，严格执行环保“三同时”制度。同时，依据不同区域的比较优势和资源承载能力，合理调整畜禽养殖结构和生产布局，大力发展“一高三新”畜牧业，积极推广“553”养鸡、“42”养羊模式，研究探索以林地、草地生态放养为主和适度规模的优质畜禽养殖业，推动资源节约型、环境友好型畜牧业发展，加快建设生态化畜禽养殖场。

二是加快畜禽养殖污染治理，促进畜牧业可持续发展。按照循环经济和畜牧业清洁生产的要求，以过程控制与末端治理相结合的治理原则，应用干湿分离、雨污分流、深度处理等生产工艺，改进畜禽栏舍结构和排污设施，新增工程治污设施，因地制宜地采用农牧结合、“能源环保配套”等治理模式，实现畜禽养殖污染物的减量化排放、无害化处理和资源化利用的目的。

三是推行畜禽标准化生产，提质增效畜牧产业。坚持“发展、规范、创新”的原则和畜禽养殖规模化、标准化、集约化的要求，突出抓好良种繁育、养殖设施、生产规范、饲料使用、动物防疫等畜禽标准化生产的规范管理，切实加大畜禽养殖废弃物治理和病死畜禽的无害化处理，创新使用尿水泡粪、发酵床养殖、皮带传输鸡蛋等工艺技术，最大限度地促进粪污减排，同时示范推广管道输送沼液消纳粪污技术，推动养殖场上档升级和畜牧业提质增效。

8.2.3 农村面源污染治理措施

加强农业面源污染监测能力建设。就农业面源污染建立长期动态监测网络，从源头预防、过程控制和末端治理等环节入手，布局建设一批示范工程和综合防治示范区，分阶段、分区域推进农业面源污染防治，切实加强农业污染排放的监管力度。

扎实推进农药集中配送体系建设。农药集中配送体系建设是全面贯彻落实农业农村部提出“一控二减三基本”目标的有效措施：一是要切实构建 “统一采购、统一配送、统一标识、统一价格、统一管理、统一回收与处置、统一财政补贴”的“七统一”农药集中配送体系；二是建立完善的农业化学品投入管理新机制，每年定期发布推荐使用的农药品种目录以及禁止和限制使用的农药名录，积极推进包含农药、化肥等在内的农资配送体系建设，切实从源头控制投入品的使用；三是要大力推广农业清洁生产技术应用，发展循环农业，按照市场倒逼生产的理念，整建制、全地域推进农产品质量安全和农业面源污染治理工作。

大力推进生态养殖转型升级。一是提高农作物秸秆资源化综合利用率，推广秸秆还田技术、秸秆利用饲料化，发展以秸秆为培养基原料生产食用菌的技术；二是合理布局规模养殖场，搬迁或关闭一部分不适宜养殖的养殖场，大幅削减畜禽粪便污染源。

（1）防治畜禽养殖污染

2016 年年底前，荆门市各区县编制畜牧业发展规划和畜禽养殖污染防治规划。畜牧业发展规划应当统筹考虑环境承载能力以及畜禽养殖污染防治要求，合理布局、科学确定畜禽养殖的品种、规模、总量；畜禽养殖污染防治规划统筹考虑畜禽养殖生产布局，明确畜禽养殖污染防治目标、任务、重点区域，明确污染治理重点设施建设，以及废弃物综合利用等污染防治措施。2017 年年底前，依法关闭或搬迁禁养区内的畜禽规模养殖场，实现城市规划范围内规模养殖场全部退出。

根据养殖种类、养殖规模、当地的自然地理环境条件以及排水去向等因素确定畜禽养殖污染治理工艺路线及处理目标。①源头控制技术，包括通过优化饲料配方、提高饲养技术、改进圈舍结构和清粪工艺等措施减少养殖污染物的产生量和处理量。②粪污综合利用和处理技术，包括以下三类模式：若养殖区周边有足够的可以消纳粪污的农田，则粪污应首先进行固液分离，用固体粪污制造有机肥，废水则经处理后还田利用，还田时粪肥用量不能超过作物当年生长所需养分的需求量，在确定粪肥的最佳施用量时，需要对土壤肥力和粪肥肥效进行测试评价，并应符合当地环境容量的要求；若没有充足土地消纳利用粪污，则应建设区域性有机肥厂或处理（处置）设施；位于各地划定的限养区的养殖小区和散养密集区，要采用治理达标技术模式。

（2）开展畜禽养殖废弃物综合利用

自 2016 年起，新建、改建、扩建规模化畜禽养殖场（小区）要实施雨污分流、粪便污水资源化利用。鼓励和支持采取种植和养殖相结合的方式就近就地消纳利用畜禽养殖废弃物，加强病死畜禽无害化处理。到 2017 年年底前，生猪调出大县基本建立集中病死畜禽无害化处理中心；2018 年年底前，全面完成流域内适养区、限养区内年出栏生猪 500 头以上规模养殖场的养殖设施改造，对年出栏生猪 500 头以下的养殖场加强环境监管，做到种养平衡、养殖废水不直排。

（3）控制农业面源污染

2017 年年底前，利用现有沟、塘、窖等配置水生植物群落、格栅和透水坝，建设生态沟渠、污水净化塘、地表径流集蓄池等设施，净化农田排水及地表径流。

加速生物农药、高效低毒低残留农药的推广应用，开展农作物病虫害绿色防控和统防统治。实行测土配方施肥，推广精准施肥技术和机具。完善高标准农田建设标准规范，明确环保要求，新建高标准农田要达到相关环保要求。2018 年年底，实现流域内农田排水得到净化，主要农作物测土配方施肥技术推广覆盖率达到 70%以上，主要农作物病虫害专业化统防统治覆盖率达 30%以上，化学农药使用总量减少 12%以上。

第3部分 核心工程与保障措施

本书前两部分的内容是对城市生态环境治理各重点领域的具体工作任务的治理成效、责任单位和经费预算的分析。通过这些专项研究，并在对城市生态现状进行科学诊断与充分评估的基础上，本部分将从各项工作任务中筛选出十个荆门市当前亟待启动的核心工程进行细化和方案落实。最后，再通过制定保障措施、时间表、任务单并确定牵头实施单位，进行任务的细化分解和推广。

9 生态治理十大核心工程

基于五项基础分析和十个重点工作领域专项研究，确定了荆门市生态治理十大核心工程。经过顶层政策分析（总体指导）、标杆经验借鉴（经验参考）、既有规划梳理（已有成果参考）、生态环境诊断（重点治理方向）、治理需求分析（各区县敏感因素），确定了生态治理的总体布局和工作任务（图 9-1）。按照重点领域深入分析或情景分析，分解各项治理任务的责任主体、主要区域、工作时间表及预期投资，再根据基础研究中对各项工作任务紧迫度、综合度（能解决多少问题）的研究成果，最终总结遴选出荆门市宜在近期尽快启动的核心工程（一年期、三年期、五年期）。

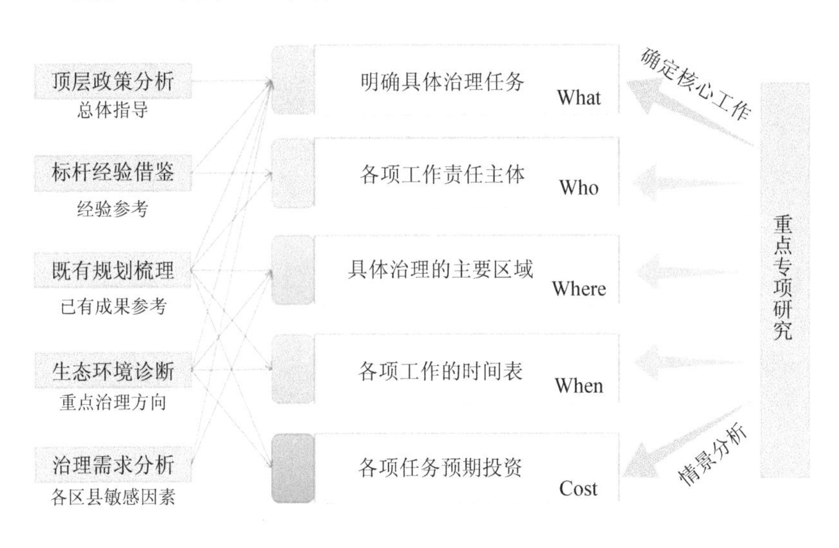

图 9-1　核心工程确定的技术路线

城市核心工程，如中心城区生态安全格局建设工程、产业绿色转型升级工程、重点流域水体治理工程、畜禽养殖废弃物综合利用工程，是在近期内需要尽快付诸行动并取得成效的先行工程，是解决当前生态问题的当务之急，也是实现生态立市建设长效发展的重要开端（图 9-2）。以下通过荆门市的实际建设工程项目，对城市生态工程建设进行介绍。

图 9-2　生态治理重点领域与核心工程关系

9.1　中心城区生态安全格局建设工程

构建生态安全格局是城市实施“生态立市”战略的必然要求。生态安全格局的构建具有重要意义：一方面表现在可以最大限度地减缓社会经济活动对自然环境的压力，通过对大型自然植被斑块、水面和水源涵养区等重要生态功能区实施优先保护，维护生态系统的稳定性；另一方面可以为经济快速发展提供生态保障与环境支撑，是实现水环境、大气环境及土壤环境等治理的重要方向和途径。

9.1.1 划定绿地生态控制红线

荆门市中心城区林地的总面积约为 3.5 万 hm^2，占城区总面积的 25%左右，其中 95%以上的为山区生态公益林，如图 9-3 中的 A、B、D、E、F、G、H 共 7 个区域。其中，A、B 两区占地约为 3.2 万 hm^2，占全部生态公益林的 90%左右；5%左右的林地分布在建成区的绿地斑块，主要为公园绿地、防护绿地和附属绿地，如位于东宝区的荆楚理工学院、荆门外语学校象山校区、龙泉公园。

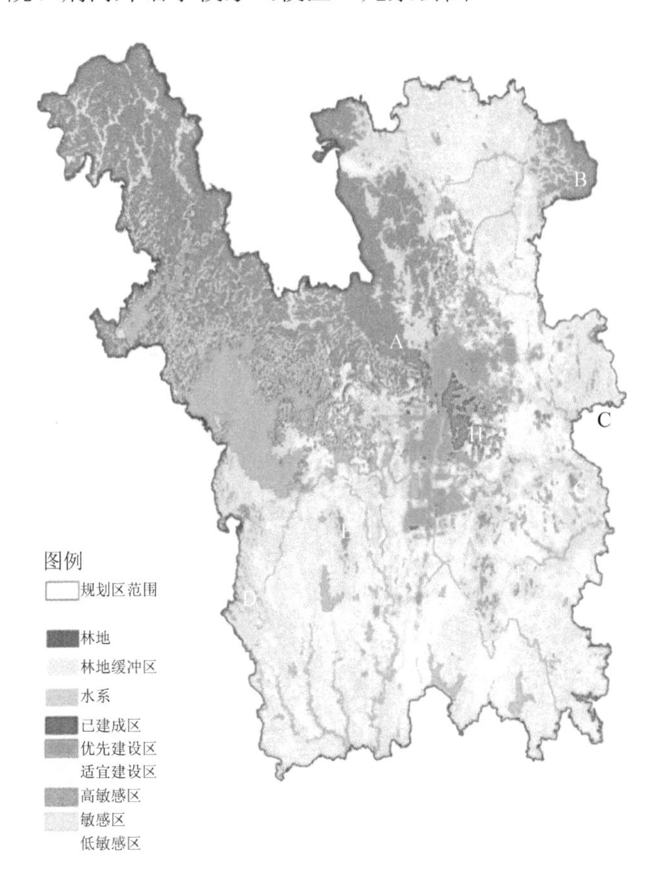

图 9-3 林地生态红线

新建缓冲面积约 2 万 hm^2，增加占比约 15%。根据林地分布周围环境的不同，主要缓冲区分布在 D、E、F、G 四个区域，约 700 hm^2，占总缓冲面积的 35%左右。A、B、C、D、E 五个区域及 F 区中南部大部分区域周围 300 m 范围划定为缓冲区，在此范围内不允许进行开发建设；靠近建成区的 F 区北部及 H 区周围 50 m 范围内不能进行开发建设。划定原则见表 9-1。

表 9-1 城市林地的核心区

	级别	名称	控制宽度	功能定位
绿地斑块	一级斑块	荆山、圣境山及 D、E、F、G	基本控制在山体向外 300 m 以上范围	主要生物栖息地及生态涵养区
	二级斑块	农田中林地	基本控制在林地边缘向外 150～300 m 以上范围	生物栖息地及生态涵养区
	三级斑块	东宝山、建成区小型林地斑块	基本控制在山体 50 m 以内范围	生物栖息地及生态涵养区，景观格局

将位于东宝区、掇刀区的千佛洞森林公园（H 区）作为城市林地的核心区，构建以核心区为屏障的绿地生态网络。绿地生态网络具有保护生物多样性、恢复景观格局和提升城市景观品质等特性。从长远来看，以千佛洞森林公园为主的城市绿地核心区是城市绿地网络建设的重要节点位置。

9.1.2 划定水系生态控制红线

根据现有的荆门市生态诊断研究，划定中心城区水系控制红线（图 9-4），主要涵盖以下区域范围：

重要生态廊道划分为“四带七湖”，其中“四带”指竹皮河、仙女河、漳河水库三干渠、杨树港，“七湖”指凤凰湖、金盆湖、响岭湖、双仙湖、双喜湖、宝塔湖、苏台湖；河流廊道是将竹皮河及其支流、漳河及其主要支流水质目标Ⅱ类以上的水域以及常年水位外 50 m 陆域区域范围划为生态红线区域；重要水库如漳河水库水域及最高蓄水水位线外 300 m 陆域范围划入市级生态保护红线区域；重要湖泊如长湖水域及常年水位外 100 m 陆域范围划为省级生态红线；漳河湿地公园纳入省级生态保护红线，其他市级湿地生态公园划为市级生态保护红线。

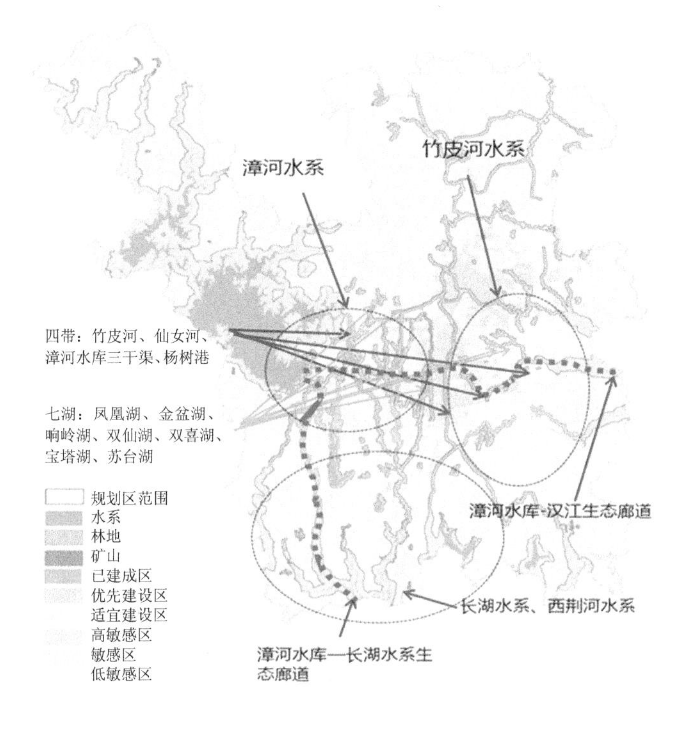

图 9-4　水系生态红线

9.1.3　划定矿山生态控制红线及修复重点

（1）规范矿区布局

荆门市中心城区北部主要分布有石灰石矿和石膏矿，掇刀区东部沿南北走向分布着明珠、洪远、荆花、荣兴等石膏矿，西北分布着吉利煤矿等矿区，因距主城区的范围大多在 1 km 范围内，现已关停。主要适合开采的矿区分布在漳河水库以北，以及掇刀区东南麻城镇一带。严格控制限采区指城区规划 5 km 范围内不允许新（扩）建煤矿。

荆门市采矿区总面积约为 1 500 hm^2，占中心城区总面积的 1%左右。根据矿区大小、开采地质条件及周边环境，将建议开采区周围 500～1 000 m 范围设为生态缓冲区。

图 9-5 为荆门市矿山生态红线。其中，建成缓冲区面积近 1.5 万 hm^2，占中心城区总面积的 10%左右；禁采区设置缓冲区面积约为 3 500 hm^2，主要由建成区向外扩展，位于禁采区的 A 和 B 两片矿区分别占地超 500 hm^2 和 2 500 hm^2，建议分别设置缓冲区 1 500 hm^2 和 2 500 hm^2。开采区建议设置缓冲区超 10 000 hm^2，其中 C 区、D 区的矿区面积分别近 500 hm^2 和 200 hm^2，建议设置缓冲面积 1 500 hm^2 和 2 000 hm^2（表 9-2）。

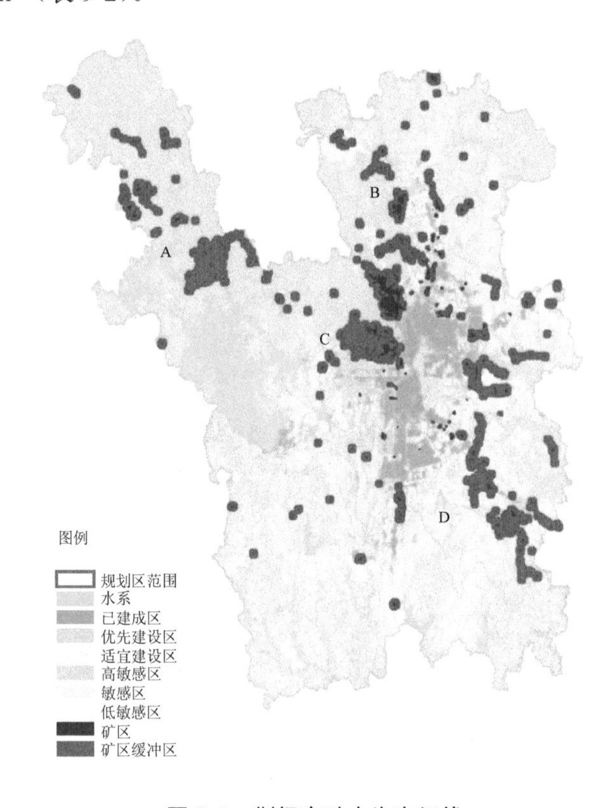

图 9-5　荆门市矿山生态红线

表 9-2　矿山生态控制红线的核心区

	级别	名称	控制宽度	功能定位
矿山	一级斑块	C、D 矿区	基本控制在矿区 500 m 以上范围	生态修复
	二级斑块	A 矿区西部、北部；B 矿区北部	基本控制在 300～500 m 以内范围	生态修复
	三级斑块	A、B 矿区靠近建成区部分	基本控制在山体 300 m 以内范围	生态修复

（2）划定矿山修复重点

荆门市人民政府办公室发布的《关于加强矿山地质环境保护治理的实施意见》指出，荆门中心城区规划区外 5 km 范围内严禁新（扩）建采石场，并依法逐步关停已建采石场。根据该要求，以荆门市中心城区为中心，分别以 1 km、3 km、5 km 三个范围向外扩展（图 9-6）。

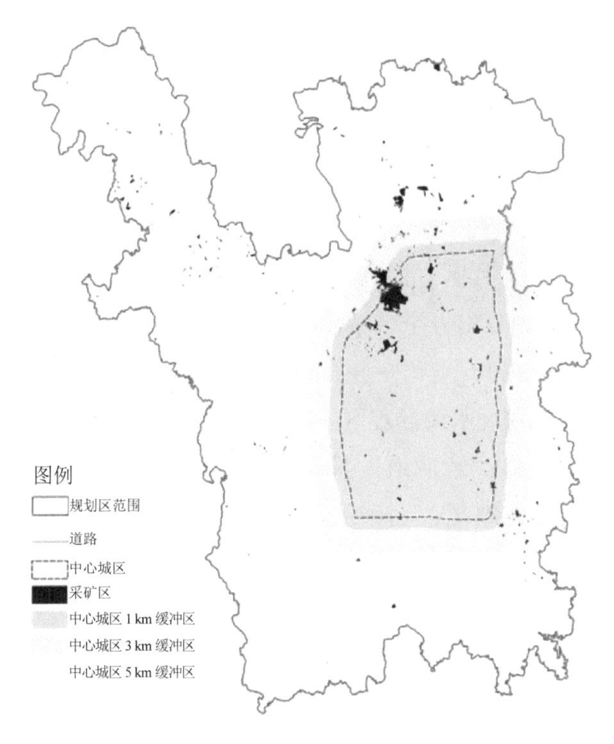

图 9-6　划定矿山修复重点

按照距中心城区的远近确定修复顺序，即距主城区 1 km 范围内为优先修复区，范围主要涵盖东宝区中心城区周边已关闭的多家采石场、位于掇刀区东部一线的荆花、洪远、明珠等石膏矿；3 km 次之，范围涵盖子陵铺镇石膏矿段，如福桥、新桥、曾庙、宝安、金陵采空区，荆门高新区—掇刀区革集石膏矿段、麻城石膏矿段、漳河新区双喜片区煤矿采空区等；5 km 再次之，范围涵盖子陵镇葛洲坝石灰石矿及掇刀区的龙源、神舟石膏矿等。

9.1.4 建立综合生态安全格局

依托荆门市中心城区的山水资源建立“三山—五片—六湖—六廊道—多节点”的城市生态绿网，打造“六廊绕三山，六湖映五片，多节点相连”的生态安全格局，提升生物迁徙、生物多样性、生态系统连通性、城市腹地清新空气输送等功能，有效保证荆门中心城区生态系统健康（图 9-7）。

“三山”，即打造荆山、圣境山、东宝山等自然山体保育区，提升生物栖息地功能，建立游憩功能山体森林公园，形成城市绿色屏障，调节城市微气候，保护城市生态基底，同时依托山体、林地、水系等生态资源形成生态片区，因其固有的连通性而具有较高的生态承载力。“五片”，即划分出五个区域，在西南部有三个，东部有两个。“六湖”，即建立凤凰湖、飞龙—金盆湖区、车桥湖、龙泉水库、杨树垱水库、凡桥水库六大水源涵养区，以形成重要的滞洪湿地节点，打造城市中心城区绿肺。“六廊道”，即依托山水系、生态绿地等生态资源，构建串联重要生态地区、隔离城市发展组团的六条生态廊道，分别为漳河水库—竹皮河、漳河水库—杨树港、四干渠—三干渠、四干渠—东支渠、龙泉河—三干分渠、汉江生态廊道。“多节点”指城中绿地斑块如城中公园，小型湖泊如双仙双喜湖、苏台湖、宝塔湖等，可以在空间格局中起到重要的节点支撑作用，成为雨水调蓄、净化、利用的场所。

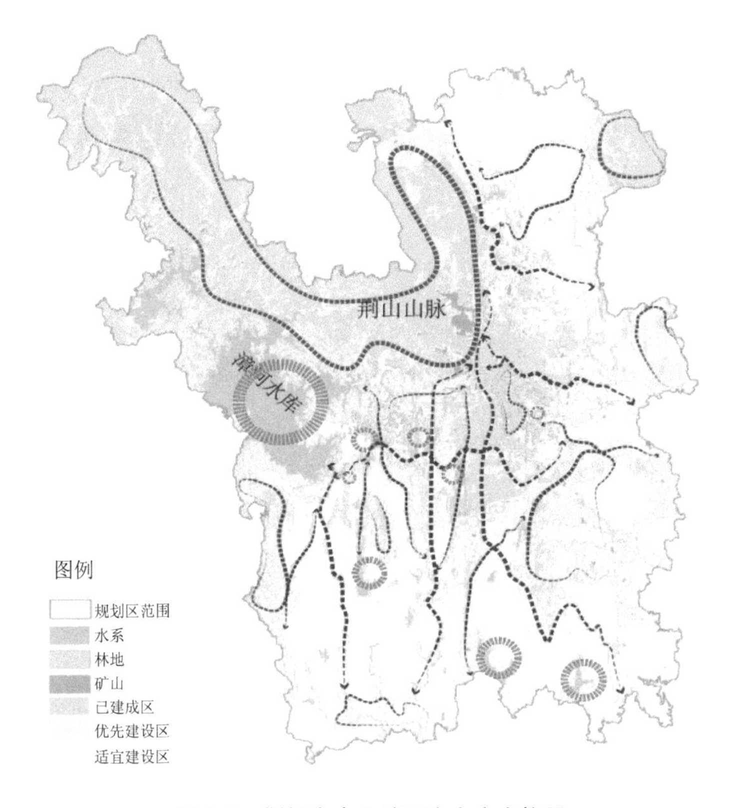

图 9-7 荆门市中心城区生态安全格局

9.2 绿色产业升级转型工程

根据对荆门市的生态诊断结果，绿色产业升级转型工程是水环境治理、大气环境治理、土壤环境治理等生态环境问题治理的主要方向与领域之一，具有较强的重要性和迫切性。绿色产业升级转型工程兼顾经济发展和环境保护的双重任务。为了应对上级发展要求及荆门市本身的资源现状，推进市内产业的绿色化、生态化进程，本项工程的主要目标是转变荆门市产业组成结构、降低工业污染排放。

荆门市绿色产业升级转型工程主要分为三项具体任务：一是强化

工业总排放控制，通过采取技术改造、升级等措施显著降低污染物的排放；二是推进荆门市企业的兼并重组行动，推动产业结构优化升级；三是对潜力优势企业进行培养，从传统支柱企业主导优势明显转变至多种产业齐放的局面。

9.2.1 高耗高排产业技术改造

目前较粗放的工业发展模式是造成荆门市生态环境问题的重要根本原因之一。绿色产业升级转型的第一项任务是通过源头减排、过程控制、末端治理三位一体来控制工业源对水、气、固三大媒介污染物的排放输出。其对象主要为高耗高排的传统优势产业，如非金属矿物制品业、农副产品加工业，以及高耗高排的非优势产业，如电力、热力生产和供应业，废弃资源综合利用业。积极对接国家“气十条”（《大气污染防治行动计划》）、“水十条”（《水污染防治行动计划》）、“土十条”（《土壤污染防治行动计划》）等污染治理方针，推动工业企业从源头防治污染。围绕工业生产源头、过程和末端三个重点环节，实施工业能效提升计划和“三废”减排计划。

（1）源头减排

突出节能减排和废弃物的循环利用，提高能源资源的利用效率，强化污染治理，加大环境保护力度，走绿色、低碳、可持续的经济发展之路，促进经济社会与资源环境协调发展。

①全面整治重污染行业，加强“十小”企业排查，全部取缔不符合国家产业政策的小型造纸、制革、印染、染料、炼焦、炼硫、炼砷、炼油、电镀、农药等严重污染水环境的生产项目，完成水泥、平板玻璃等 21 个重点行业的落后产能淘汰任务，完成城市建成区和工业园区内燃煤小锅炉的淘汰。

②鼓励原料替代，鼓励企业选用无毒、无害或者低毒、低害的原料，如鼓励发展散装灰泥、高等级水泥和新型低碳水泥，鼓励燃煤洗煤脱硫，鼓励采用磷石膏、脱硫石膏、粉煤灰等工业废渣替代传统石

灰石原料。

③采取低能耗、高能效的生产工艺，如加快推广纯低温余热发电技术、水泥窑协同处置废弃物技术及锅炉窑炉改造、电机系统节能、能量系统优化、余热余压利用、节约替代石油、建筑节能、绿色照明等节能减排改造工程。

④建立企业内部多层次、多渠道的资源再利用和深加工系统，控制固体废物的最终产生量，如实现生活垃圾资源再生为水泥生产提供再生原料、燃料，鼓励化工产业副产品生产。

⑤政府提供相应的生产补偿，建立排放奖惩制度。

（2）过程控制

对于大范围的面源污染源，如工地扬尘、煤堆场扬尘，单一的末端控制模式很难有效地规范企业排放，结合过程控制能更加方便地监管企业的减排工作，从对面源污染源的排放强度直接测算转变至对企业相应减排工艺及其运行效果的监督，提高日常监管的科学性和可行性。

①各区县建立专门的监督小组，制订具体的监督管理计划，要求企业提供减排工艺建设、使用、维护、实际效果报告，并对重点行业进行定期地实地监管。

②建立大数据资料库，加大对东宝云计算产业、火凤凰信息化云服务平台等企业或平台开发的大数据产品的扶持力度，推动大数据在工业行业管理的过程控制中的应用，发展基于工业大数据分析的智能决策与控制应用。

（3）末端治理

工业污染物排放前一般要经过企业内或跨企业的污染物集中收集及处理，如污水的生化处理、废气的除尘脱硫脱硝。对固定点源排放企业的末端治理是工业源减排的最后一道防线。

①废水排放末端治理：因地制宜地确定工业污水处理厂的数量、规模和厂址，加大配套管网建设力度，对特殊污染物应在企业内部进

行专一预处理，根据水量、污染物类型等合理选择生化处理方式。

②废气排放末端治理：主要目标是二氧化硫、氮氧化物、粗颗粒物。加强火电、化工、建材、石化、水泥等行业的二氧化硫、氮氧化物治理。到 2017 年年底，荆门市所有燃煤火电机组全部配套脱硫、脱硝设施，并确保达到相应阶段大气污染物排放标准要求，不能达标的脱硫、脱硝设施应进行升级改造。挥发性有机物排放（VOCs）具有光化学活性，排放到大气中是形成 $PM_{2.5}$ 和臭氧的重要前体物质，对环境空气质量造成较大影响，对 VOCs 的控制有利于控制颗粒物含量。积极开展市 VOCs 污染排放摸底调查，实施全过程污染防控。建立重点企业 VOCs 污染排放在线监控体系，提升 VOCs 污染治理技术与生产工艺，确保达标排放。该项目由荆门市环保局牵头，各区县环保局、发改委、监测站共同监管。

9.2.2 培养潜力优势企业

考虑到荆门市本身的资源状况及资源开发政策需求，市内部分传统优势产业将会受到打击，如矿产资源丰富的非金属矿物制造业。为重组荆门市的产业组成结构，促进产业向生态化、高效化发展，本项目重点在于遴选并培养绿色、低碳的优势产业，增加其产值的市场份额，从传统优势产业主导局面转变至多种绿色、低碳产业齐放的局面，提升整个荆门市的产业竞争力。

依托荆门本地优势，围绕国家“十三五”战略性新兴产业发展的重点，本项目将战略性培养重点予以七大主导产业，分别为通用航空、智能制造、新能源汽车、再生资源利用与环保、电子信息、新能源新材料、生物医药。

（1）人才培养及引进

推动人才引育，加大力度吸引国内外优秀人才到荆门创新创业，依托“龙泉英才计划”、“产业高端人才引领、人才回归、招硕引博”工程和高层次创新创业人才基地建设，加快吸引国内外优秀人才、归国留学人才、海外科技及管理人才等高层次人才，重点引进战略性新兴产业领域领军人才、创新团队及掌握相关领域国际前沿核心技术的人才，促进科技人才与新兴产业企业共赢发展。组建并优化多所高等职业院校，根据实体经济人才需求，实施定向培养、委托培养，围绕七大主导产业及新兴产业布局设置或调整专业。

（2）重点产业发展

以通用航空、新能源汽车、循环经济产业作为引爆点，推动优势资源向企业集聚，扶持政策向重点项目倾斜。突破性发展通用航空制造业、通用航空服务业，就是要加快建设“爱飞客镇”，打造通用航空综合体，加快通用航空制造园区重资产建设，加快引进一批通用航空制造企业，努力建成全国通用航空产业集聚发展示范区，引领中国通用航空产业未来。突破性发展新能源汽车产业，就是要全力支持金泉新材料做大做强储能动力电池产业，依托金泉新材料引进新能源汽车整车企业；支持格林美做大储能动力电池材料产业；支持金泉新材料与格林美合作，努力建成全国储能动力电池循环产业基地、全球领先的新能源动力电池材料基地、全国储能电池产业化基地、全国新能源汽车产业化基地。加快建设国家循环经济产业园区，就是要培育储能动力电池、可降解材料、化工等几条循环经济产业链，建成名副其实的国家循环经济示范城市。该部分建设由荆门市经信委牵头，各区县经信委、发改委、财政局、科技局、教育局、市委人才办共同管理。

9.2.3 生态科技产业城（玖伊园）

荆门市生态科技产业城（玖伊园）一是要打造大健康产业的引智和引资平台，引进康体装备、生物制药、基因研究、健康食品、健康管理等现代健康产业。以李宁公司为引领，引入运动装备、健身产品企业，打造集研发、中试、营销展示、供应链管理、电子商务服务于一身的产业基地。依托核心企业研发氨基酸、牛磺酸等重点产品与技术，发展解热镇痛类药物与特色原料药生产系列产业；研发中药材生产与加工的标准化，中药提取、分离、纯化技术及装备，中药质量控制与质量标准化技术；利用当地生物资源，重点研发基因资源获取与开发利用技术，建成辐射鄂西的医药产业研发和中试基地。引进保健功能饮料、高端饮用水、养生保健酒等企业并开展研发业务，重点打造营销运营中心；引入健康服务类企业，吸引本地和外地游客开展健康体检、中医养生休闲、康复医疗、健康饮食等消费，打造涵盖健康服务与健康食品的大健康产业基地。

二是要构建涵盖特色主题公园、影视婚纱摄影、健康餐饮街区、滨水度假酒店、特色商业中心的大休闲产业体系，形成荆门市旅游"停留"中心和文化创意产业园。建设以生产、科普、康体健身、休闲娱乐、影视拍摄、体验等功能为一体的主题公园，打造集滨水休闲、购物、餐饮和住宿于一身的旅游天堂。

三是要打造区域性的生产性服务业聚集区，发展以服务荆门市的农产品加工、食品、医药以及先进制造业等相对优势产业和新兴产业为主的生产性服务业，弥补荆门市现代服务业发展短板，形成涵盖研发设计、电子商务服务、检验检测认证、文化创意产业基地、金融及商务服务的大创新产业体系。引入第三方服务商提供工业设计、知识产权、电子商务、检测认证、供应链管理、营销策划等服务，促使荆门市产业企业打破"大而全""小而全"的落后格局，分离和外包非核心业务，引导价值链高端延伸；引入创意团队共同打造文化创意街区，支持和鼓励创客创业，打造荆门市旅游新热点；形成涵盖基础服务（市场调查、工商注册、信息交流、政策咨询等）、科技服务（专利服务、成果鉴定、项目评估等）、金融服务（风险投资、天使基金、融资租赁等）、中介服务（人力资源、财会审计、法律咨询、管理咨询等）的四大生产性服务业体系。

四是要打造以研发为主，兼顾办公、商务、居住及生产性服务的资源循环型、环境亲密型、社会和谐型的第三代科技园区。

9.3 水系连通、重点流域水体治理工程

9.3.1 水系连通工程

大力推进汉西水系连通工程、“五湖连通”工程和沙洋县“汉江—小江湖—西荆河”水系连通工程，构建“一河四湖五廊”的生态水网工程，逐步实现“水清、水满、水生态”的治理目标。

到 2020 年，汉西水系连通工程将实现汉江右岸钟祥段→西大河→郑家湾一、二级泵站→东宝区牌楼镇寨子坡水库→城区王林港→江山水库的水系连通，旨在解决荆门市水资源短缺的矛盾，保障经济社会的可持续发展。中心城区“五湖连通”工程将实现凤凰水库→杨家冲水库→乌盆冲水库→车桥水库→烂泥水库的整体连通，旨在构建主城区生态水网工程，恢复湖与湖、江与湖之间自然连通，实现湖泊生态平衡，明显改善湖泊水质。沙洋县“汉江—小江湖—西荆河”水系连通工程将实现汉江→太乙湖水库→西荆河→引江济汉渠→长湖的整体连通，旨在沟通水系，实现生态环境整治，保证汉江、西荆河沿岸 30 万余亩农田的灌溉需要。

9.3.2 重点流域水体治理工程

加快推进竹皮河、天门河（永隆河）以及长湖等重点流域的综合治理，有序开展荆门市杨竹流域综合治理工程，加强长湖流域面源污染防治和生态修复。到 2018 年年底前，实现重点流域水体河面无大面积漂浮物、河岸无垃圾、无违法排污口，基本消除黑臭水体。到 2020 年，竹皮河、天门河、长湖水体河道生态得到明显恢复，完成黑臭水体治理目标，实现水系连通和生态引水，水环境质量明显改善。

9.4 废弃矿山修复工程

荆门市发布的《关于加强矿山地质环境保护治理的实施意见》《荆门市环境保护“十三五”规划》等相关指导文件提出，2020 年前基本完成荆门市矿山地质环境恢复治理的目标。大气环境诊断结果表明，矿山扬尘是大气环境污染物的主要来源之一，土壤环境诊断结果同样表明，矿山开垦是土壤环境破坏、水土流失的主要原因之一。通过划定矿山生态红线，确定需要重点修复的区域，实现中心城区的矿山生态修复，可以取得涵养水源、保持水土、净化环境和水质的生态效益，遏制中心城区因采矿产生的生态恶化的趋势。综上所述，矿山生态修复具有紧迫性和重要性。

矿山生态修复工程主要采取三项修复措施：一是矿山地质灾害防治，应首先判断矿区地质灾害类型，再针对各类型实行相应的恢复治理工程；二是搬迁废弃地的景观破坏防治及植被恢复，应在土壤生态修复的同时增加景观美感度；三是过渡区生物防护屏障的建立，以保护中心城区。

9.4.1 矿山地质灾害防治

荆门市矿区地质灾害的主要类型为地面塌陷、地裂缝，崩塌、滑坡，泥石流。

对于地面塌陷、地裂缝的防护区，应进行原位地表修复。可采用机械开挖的方式，用矿区开采出的捣碎的矿渣及碎石及时对采空区进行回填，预防其造成二次地质灾害。采空区回填的方法有自然冒落和打孔灌浆，若防护区有正在使用的地下开采固体矿山，应预留矿柱、矿墙，或采用充填法开采，及时回填采空区。

对于崩塌、滑坡的防护区，可设落石平台和落石槽以停积崩塌物质，修建挡石墙以拦坠石，在可能滑坡的地段拉网。排水防水方面，应在边坡上游外围建截水沟，开采边坡平台内侧建马道排水沟，布置排水设施以疏导排采区内的积水。对有滑动迹象的台阶（边坡）要及时进行削坡减载，在危石、孤石突出的山嘴以及坡体风化破碎地段削坡，用注浆加固法或支挡结构加固法进行人工加固。若防护区有正在使用的地下开采固体矿山，应根据岩土层结构、构造条件、选择合理的坡角范围，严格按照开采设计规范要求由上而下分台阶（层）顺序开采，根据岩性优先采用中深孔爆破技术。

对于泥石流的防护区，应在排土场上游外围建截水沟，各堆土台阶内侧建马道排水沟并将汇水导出排土场，排土场底部建排水盲沟；合理堆放废渣弃土，将坚硬的大块岩石堆在底层以稳固基底，控制堆土顺序，避免形成软弱夹层；修建拦挡坝、谷坊等拦截泥石流，削弱泥石流强度，沉积砂石，减小泥石流破坏能力；修建护坡、挡墙、顺坝、丁坝等用以保护房屋、铁路、公路、桥梁等的工程设施，抵御泥石流的冲击。

9.4.2 废弃地景观破坏的防治及植被恢复

实施矿山复绿行动，对磷矿、煤矿、石膏矿等采矿区进行修复治理，引入 PPP 投资模式，主要将重点自然保护区、景观区、居民集中生活区周边和重要交通干线、河流湖泊沿线可视范围内的矿山地质环境治理纳入修复范围。

按照废弃地矿山的开采方式及土壤理化特征，制定因地制宜的修复方式，包括建成林地、湖泊、社区菜地、综合公园、主题公园等。

对丘陵山区地形地貌景观破坏的治理，可采用边坡加固、采坑回填、植树种草或挂网客土喷播等工程措施，以修复景观；平原区或地势平伏区可采用清理废石（渣）、采坑（塌陷坑）回填、整平、覆土、复绿、造景等工程措施进行地形地貌景观重建。

充分考虑到矿坑、边坡以及废石堆的特征，分别有针对性地进行植被恢复措施。边坡覆土层薄、工程量大，可选用灌木（竹类）、草本植物以及藤本植物结合的植被恢复方法；矿坑需先覆土，再结合灌木、乔木、藤本、草本植物进行植被恢复；废石堆需先覆土并进行外缘整治保稳，可采用灌木、乔木、藤本、草本植物相结合的方式；地形地貌没有遭到严重影响但植被资源以及土壤层受到严重破坏的地区，在植被恢复前需先对区域进行道路平整，可采用灌木、乔木、藤本、草本植物相结合的方式；一般防治区破坏较轻的地区可对其直接进行植被恢复或简单进行土地平整再复绿，因为破坏较轻的土壤条件使植物多样性成为可能，而多类型植物结合的植被恢复方式也有利于该区域的生态环境。

9.4.3 建立生物防护屏障

为保障荆门市中心城区的环境保护，待整治矿山区 5 km 范围内不允许开展采矿行为，并应在过渡区建立一定的生物防护屏障。生物防护屏障以灌木、乔木、草本相结合的植物屏障为主，可有效阻隔工程扬尘、噪声等污染。

在矿山生态环境修复过程中需要结合该地区的现有地形、植被、生产等情况，不同情况的矿山防护区有相应的注意事项，需配合主体防护措施，将对现有条件造成的干扰降到最低。

9.5 固体废物综合治理工程

目前，荆门市城市生活垃圾无害化处理工作已经比较系统和完善，考虑当前以卫生填埋的方式进行无害化处理不但资源得不到有效利用，还会对自然环境产生较大的影响，因此需要重点关注生活垃圾综合利用的提升。

在工业固体废物综合治理方面，需通过园区循环改造来实现工业固体废物的资源化、无害化和减量化。此外，考虑到荆门市危险废物的产生量与综合处置率仍有提升空间，固体废物综合治理还需重点关注工业危险废物与医疗废物的管理。

9.5.1 生活垃圾资源化利用提升工程

（1）可回收垃圾资源化利用

参考已开展垃圾分类城市的可行经验，应循序渐进将垃圾分类纳入荆门市建设生态城市的行动计划中。

在试点小区放置不同颜色的废物箱，设置垃圾回收站，配置餐厨等有机垃圾专用收集容器。拟选择多所学校和社区作为第一批试点小区推广垃圾分类，通过对典型居住小区垃圾分类的成本效益分析可知，居民、单位职工在源头按大类粗分垃圾，再通过人工分类或机械分类可以提高生活垃圾的资源化率及垃圾减量率，将对城市生活垃圾分类收集、分类运输和分类处理的推广与普及产生重要影响。

对荆门市老城区原有垃圾转运站进行技术升级改造，提高分类压缩处理能力，实现垃圾运送车辆与垃圾压缩机械的无缝对接；在靠近干道、市政设施较完善的地方合理新建垃圾转运站，消除服务覆盖盲区，站内可示范安装高技术、高效率的垃圾分类设备；老旧社区逐步完善可回收垃圾、餐厨垃圾、其他垃圾的分类收集，重点针对垃圾的定点存放、日清日运进行检查。新建或改造小区内可建设垃圾房、资源回收亭，方便垃圾收集车、资源回收车的高效装载清运。

（2）餐厨垃圾资源化利用

①配套建设小型垃圾处理设施。餐厨垃圾在城市生活垃圾中所占的比重可达四到六成，因此优化餐厨垃圾的收集运输处理模式对解决城市生活垃圾起着至关重要的作用。在新区的商业餐饮密集区鼓励配建小型餐厨垃圾资源化处理站，站内设备选择生化处理机组，就地处理区内产生的餐厨垃圾，将其转变成高热量饲料，可用作广场绿地绿化肥料；在老区配置餐厨等有机垃圾专用收集容器，收集后由专用车

辆运往餐厨垃圾处置场处理。

②完善餐厨垃圾收运系统。实现收运餐厨垃圾过程自动化，将餐厨垃圾倒入储存罐中避免二次污染。为每个垃圾桶编号，装配芯片，垃圾收运车的装卸口安装读取设施，车上配备有称重系统，每装卸完一桶垃圾车上的打印机会自动打印出带有车号、垃圾桶编号、重量、时间等的小单子，便于监管部门追查和统计。配备相应数量的餐厨废弃物收运车，均统一标识、统一型号、统一颜色，并安装行驶及装卸记录仪，通过环卫数字化监管平台可以实时监控这些车辆的收运情况。

③进一步提高针对餐厨废弃物的执法力度。打击非法收运地沟油链条，并加强对餐饮单位的监管，建立完善的餐厨废弃物生产单位收运管理制度，确保餐厨废弃物能够得到无害化的处置，断绝“地沟油、潲水猪”。为了环境和健康，同时也需要市民和餐厨废弃物产生单位增强意识，使餐厨废弃物能够集中收集、运输、处理。各县区政府（开发区管委会）环境卫生管理部门应指导、督促餐厨废弃物产生单位建立产生记录台账，食品药品监督管理部门督促餐饮服务单位如实统计报送餐厨废弃物产生量，餐厨废弃物产生单位应当与收运企业依法签订收集运输协议，约定餐厨废弃物的数量、收集时间、收集地点。环境卫生管理部门每季度末根据餐厨废弃物产生量核定下一季度的产生量基数，并向申报单位开具回执备查，同时报城市管理部门。

④加快出台相关技术规范。参考《餐厨垃圾处理技术规范》（CJJ 184—2012），加快出台《荆门市餐厨废弃物管理办法》，与餐饮单位签订《荆门市餐厨垃圾收集运输协议》，建立收运试点，环卫处成立专业收运队伍，扩大收运范围，完善收运体系，并逐步投入使用。市本级全面推行餐厨垃圾分类收运，与规模餐饮店面签订市本级合同，餐饮门店进入日常管理，逐步提高分类收集质量和数量。

9.5.2 工业危险废物安全处置及再生利用

（1）加快建设危险废物处置设施

产业园区建立和完善工业危险废物专业回收站点，送至有资质的单位进行无害化处置，加强对重点行业废矿物油、含铅废物、废酸、含钡废物、废油漆、废灯管等工业危险废物的无害化处置。鼓励大型石油化工等产业基地配套建设危险废物集中处置设施和使用水泥回转窑等工业窑炉协同处置危险废物。

将工业危险废物收集处理基础设施建设纳入荆门市城市总体规划，建立工业危险废物收集网络，加大危险废物资源化利用力度。积极推进荆门市鄂西工业危险废物处理处置中心建设进度，到2020年，工业危险废物安全处置率达到100%。

（2）严格把控工业危险废物的物流管理

严格执行工业危险废物申报登记制度、经营许可证制度、转移联单制度，确保危险废物全过程规范化管理，形成覆盖荆门市的危险废物监管网络，建立危险废物台账，如实记载产生危险废物的种类、数量、利用、贮存、处置、流向等信息。

对于工业危险废物，一律委托给有危险废物处理资质的单位处理，优先考虑回收综合利用，再考虑安全填埋，促进危险废物处理处置设施的专业化运营，全面提升危险废物处置的产业化水平。

（3）建立医疗废物源清单制度

严格执行完善医疗废物管理台账制度和转移联单制度。规范城镇医疗机构医疗废物收集、贮存、转运及处置工作。依托已经建成的荆门市医疗废物集中处置中心（荆门京环环保科技有限公司），统一收集处置荆门市辖区内的所有医疗废物并覆盖到乡村医疗卫生机构。开展固体废物申报登记，治理乱堆乱放，进行固体废物环境监测，加强进口废物的管理，加强危险废物规范化管理，推进医疗废物全过程监管。

（4）完善城镇医疗废物综合管理和协同处置

严格执行《医疗废物管理条例》，制定并完善荆门市医疗废物处理实施管理办法。对不能及时收集转运的镇（乡）、村医疗机构产生的医疗废物，暂存县级医疗机构贮存场所，或由卫生监督机构专门设立的储存场所，采取冷冻、密封等方式适当延长医疗废物的放置时间。将医疗废物规范化管理纳入地方政府环境保护业绩考核指标体系。要从医疗废物源头管理、加大医疗废物处置力度、提升医疗废物协同处置能力、完善医疗废物综合管理协调机制等方面进一步强化医疗废物集中安全处置工作。对各县区各级各类医疗卫生机构医疗废物的产生、贮存、运输、处置等环节进行全程监管，对医疗废物集中处置单位和设施运行状况进行监管。环保部门和卫生部门联合开展荆门市医疗卫生机构医疗废物产生、分类收集、贮存情况专项调查。

（5）开展危险废物专项整治工作

定期对危险废物处置设施的污染防治情况和突发环境事件防范能力进行全面评估。存在严重安全和污染隐患、不符合运营条件的设施，责令限期整改，将不能实现安全达标的设备制造单位或设施列入“黑名单”，引导技术设备招标市场，淘汰不合格设施，定期开展监督性监测和自检工作。

9.5.3 建设静脉产业园

（1）合理规划布局静脉产业园

出台政策推进城市静脉产业园建设，进一步完善荆门静脉产业园的建设思路和方案；要创新垃圾处理机制，积极研究农村生活垃圾和餐厨垃圾回收处理机制、垃圾处理产业化的思路、静脉产业园的运营维护机制、政府购买服务和政府补贴的机制、碳交易的核算和示范；要注重荆门全域统筹，处理好荆门中心城区与县市区的关系，处理好静脉产业园与杨树港污水处理厂、格林美公司固体废物处理、循环经济产业园的关系，进一步完善静脉产业园的规划方案。

（2）推进“城市矿产”集聚化利用

加强再生资源分类回收利用指导，制定发布再生资源回收目录。引导现有废旧电器电子处理企业规范发展，加强分工协作，形成各具优势的拆解后废金属、废塑料等加工利用产业链。加强报废机动车回收拆解管理，推进专业化拆解和规模化发展，形成拆解后废金属、废玻璃、废塑料、废旧橡胶轮胎、废铅酸电池等再生利用产业链。规范开展汽车零部件、工程机械、矿山机械、农用机械等再制造试点。鼓励再生资源回收加工企业兼并重组为规模大、效益好、研发能力强、技术装备先进的行业龙头企业，带动形成分拣、拆解、加工、资源化利用和无害化处理等完整的产业链条，实现“城市矿产”回收与利用一体化发展。

（3）加强城镇低值废弃物资源化利用

按照合理布局、区域统筹的原则，采用共建共享的方式，规划建设区域性焚烧处理设施，支持具备协同资源化处理条件的省辖市、县（市、区）加强城镇生活垃圾协同处置设施建设，通过建设大中型中转设施增强城镇生活垃圾收运能力，提升城镇生活垃圾资源化利用比例。鼓励有条件的城市以焚烧处理为主要模式，实施生活垃圾、园林废弃物、医疗垃圾以及污泥等的集中处理。对于现有的垃圾填埋场，鼓励通过政府购买服务的方式引进社会资金建设资源化利用设施，推进存量垃圾二次开发和资源化利用。采用城乡同治、先粗分后细分的方式，逐步实施生活垃圾分类收集，推动生活垃圾源头减量；规划建设建筑垃圾综合处理专业园区（基地），推进建筑垃圾再生产品集聚化发展。鼓励其他新型建材企业、建筑产业化企业入驻园区，充分利用建筑垃圾再生骨料替代天然砂石；鼓励各地将餐厨废弃物与其他城镇生活垃圾协同处理，构建共生耦合产业链，提高资源回收率，降低处理成本。制定完善的餐厨废弃物管理和资源化利用法规规章，加快建立餐厨废弃物排放登记制度和单独分类收运、密闭运输、集中处置体系。

（4）健全再生资源回收体系

优化“城市矿产”回收网点布局，引导生产企业、流通企业等社会各类投资主体参与“城市矿产”回收网点建设。按照“分类收集、规范运输、集中处置”的原则，做好生活垃圾、建筑垃圾、餐厨废弃物等城镇低值废弃物的分类收集、统一运输和集中处理工作，推进城镇低值废弃物运输专业化。鼓励回收企业与各类产废企业和静脉产业园建立战略合作关系，推动和引导回收模式创新，探索“互联网+”回收模式及路径，发展智能回收、自动回收机等新型回收方式。

（5）建设园区服务管理平台

鼓励静脉产业园建设废弃物逆向物流交易平台和交易市场，开展再生资源产品、技术、装备等的展示、推广和交易。完善再生资源信息采集、分析、处理和发布机制，为回收处理及再生利用的相关服务商提供信息服务，引导资源合理配置。鼓励骨干龙头企业、行业协会、重点高校、科研院所等联合组建重点领域静脉产业联盟，开展相关领域关键核心技术和装备研发推广。支持静脉产业园运输、供水、供电、照明、通信和环保等公用配套设施建设，实现各类基础设施共建共享。引导静脉产业园加强污染治理配套设施建设，防止产生二次污染。

（6）多产业共生联动聚集发展

园区应与湖北省内外科研院校建立科技互助关系，在严格把关落户企业的生产技术水平的同时，积极把最先进、最成熟的科研成果转化为生产力，为工业废弃物综合利用提供一站式服务，彻底改变目前该产业普遍存在的只有循环没有效益的现状。园区重点发展垃圾焚烧发电厂、精深加工再制造、节能环保新能源等六大产业，发展过程中注重产业政策的导向性，从引导和支持落户企业走向深加工，不断延伸产业链及供需链，逐渐建立工贸结合的产业模式，形成多产业共生联动聚集发展。

推进报废汽车的资源化利用，支持格林美报废汽车拆解生产线建设，对报废汽车主要零部件进行精细化无损拆解处理及再制造。推进耐特胶业废旧轮胎再生循环利用项目。开展废旧塑料的资源化利用，推进荆塑科技利用废旧塑料生产再生管材、博韬合纤利用废旧塑料生产涤纶纤维、瑞铂科技利用废旧塑料生产聚酯纤维、福登地毯利用废旧塑料抽丝纺纱等项目建设。以格林美为主体，依托现有废旧电池和废旧钴镍资源原料优势，重点发展钴镍锰电池材料前驱体、钴镍铝电池原料前驱体等原料。在保持现有电子废弃物处理能力的基础上，积极发展以手机、电饭煲、电磁炉、微波炉、豆浆机的小家电“拆解—分类—湿法冶金—工业原料”为主导的循环产业链。以磷产业为基础，进一步发展资源循环产业，引入源分离技术，采用“资源—产品—废弃物—再生资源”的循环流动方式延伸产业链条，打造循环产业集群。以湖北京兰水泥集团有限公司为依托，将废物处理与水泥工业的可持续发展结合起来，将高热值的有机废物以替代燃料形式在水泥窑上煅烧熟料。

另外，借鉴沈阳静脉产业园等先进园区的成功经验，通过提供生产、经营、研发的场地，通信、网络、办公、信息化等公共平台方面的共享设施，专业化商贸物流园区软件平台开发和系统的培训、咨询以及政策、融资、担保、法律和市场推广等方面的支持，大大增强了对园内企业的服务功能，从而吸引了国内外知名环保企业进驻园区发展。

9.6 畜禽养殖废弃物综合利用工程

畜禽粪便排放及其导致的环境污染问题日趋严重，造成的环境生态和人体健康等危害已引起了广泛关注和重视。由于居民收入的提高和食物消费结构的转变，对畜禽产品的消费需求快速增长，因此畜禽养殖业发展所带来的环境污染问题在未来的一段时期内还极有可能出现进一步恶化的趋势。畜禽废弃物的无序排放，成为改善乡镇环境质量、建设美丽乡村进程的严重阻碍。而若对畜禽废弃物加以综合利用，则可以在解决环境污染问题的同时实现资源化，具有实现节能减排、绿色发展的深远意义。

（1）建设规模养殖场，配套粪污消纳基地

加快“三进三退”步伐，引导畜禽退出庭院、退出村屯、退出散养。积极推进改圈工作，鼓励养殖大户在生活区外规划建设养殖小区，改善村内居住环境。在钟祥、沙洋等地的牧原公司、洋梓汪李等地建设病死畜禽无害化处理站，在乡镇和万头猪场等地建设病死猪无害化处理收集点，购置病死畜禽冷冻、加工生产有机肥等设备及收购冷藏等运输车辆；引进浙江美欣达集团在京山投资建设病死动物无害化处理中心（京山百奥迈斯公司），并配套建设无害化收集点和生物有机肥厂、利用动物油脂提炼生物柴油及润滑剂厂、农作物秸秆板材厂；每年改造长湖沿线畜禽养殖场栏舍近 200 栋，改善治污工艺，购置配套设施，以京山等地为重点开展畜牧业绿色示范县创建，完善规模养殖场粪污治理设施，配套粪污消纳基地，每年支持近千个畜禽规模养殖场（户）和家庭农牧场改造畜禽栏舍，开展污染减排工程建设、污水深度处理，配套养鸡场的皮带传输等相关治污设备。

（2）推广生态养殖，实现畜禽粪便资源化利用

畜牧业养殖可推广微生态发酵床生猪养殖模式，建设沼气综合利用工程，开展养鸡污染零排放试点示范，在荆门市规模化畜禽养殖场推广生态健康的养殖新技术、新模式，建设生物有机肥厂，增加畜禽养殖、蔬菜种植、无公害林果等种养户。开展生态种养结合，实现粪污资源化利用和病死畜禽无害化处理，构建粮饲统筹、农牧结合、循环发展链条，促进畜牧业绿色发展。新建中型沼气池，并完善规模场配套设施建设，粪污与蔬菜林果、农作水产种养配套，推动荆门市畜禽生态养殖场（农牧场）建设。

9.7 既有建筑节能改造工程

既有建筑的节能改造是所有建筑节能改造的重点，是实现建筑节能目标的关键。实现既有建筑的节能改造可以缓解能源短缺，提高能源的利用效率，因而对于以燃煤为主的我国来说具有重要的战略意义。

基于对“十二五”建筑节能工作情况的分析发现，荆门市居住建筑节能改造完成率仅为50%左右，而“十三五”期间要完成“十二五”三倍的量，因此确定“十三五”工作的难点在于对既有居住建筑的节能改造，并将其列入核心工程。

9.7.1 社区综合改造工程

老城区的社区多成立于20世纪八九十年代，由于历史的局限，较之年代较新的社区，无论是在房屋建设标准、公共配套设施设计还是管理机制和运作模式等方面，都已经无法满足目前社会经济条件下市民对居住环境的更高要求。市政府近期应以住宅节能改造为基础，逐步开展老旧社区综合改造工程，恢复其使用功能、居住吸引力，将其打造成为环境友好、资源节约的绿色低碳社区并进行示范推广。

荆门市社区综合改造工程项目选址为东宝区龙泉街道龙山社区，改造内容主要包括对老旧住宅楼的外墙进行粉刷、加固改造，维修公用楼道内门、窗、栏杆、扶手等公共部位，更换陈旧的照明设备、水落管，清理场地内的私搭乱建物等；对巷道、宅间路有损坏的路面、路牙、台阶等进行修补，对有积水现象的硬质路段进行透水铺装改造；在金虾路、文卫路主要路段入口附近有条件的地方增设停车场地；实施漏损污水管道改造，增设必要的雨水口；完善路灯和监控设备设置，每条宅间路口以及较隐蔽的夜晚视觉盲区均设置照度适宜的路灯及监控探头；拆除金宁路破旧围墙，使一侧行道树能够共享，补齐地被，形成层次丰富的沿街绿化景观；宅间绿地适当增设一些景观小品及休闲座椅，以提高公共绿地的可利用率（图 9-8）。

图 9-8　社区综合改造区位示意图

9.7.2　厂房绿色化改造工程

依托化工循环产业园建设，推进产业结构调整、新产业培育发展，实施老工业区搬迁改造，鼓励对具有保留价值的老厂房、老设施进行绿色化改造，赋予其新的使用功能和运营模式，延长建筑使用寿命，最大限度地节约资源，成为老工业区改造项目绿色生态设计的典范。

荆门市厂房绿色化改造项目选址为化工循环产业园老工业区，改造内容主要包括尽可能保留原厂房的基本元素与本来风貌，进行屋面加固、墙体保护、防水、涂装、装饰等；增加绿色综合改造内容，包括室内自然采光、自然通风优化，生态遮阳加装、雨水回用、资源再生利用、能量分项计量改造，节能、环保机电设备更新以及场地多层次绿化种植，屋顶、墙体绿化，增加休闲健身设施等；对内部空间进行功能改造再利用，将已存在的要素与设计中所需要新增的要素加以综合与整合，如调整为以展览、办公为主的功能，合理配置办公区、产品展示区、会议室、培训室、健身活动和休憩公共场所等区域，使空间利用率实现最大化（图 9-9）。

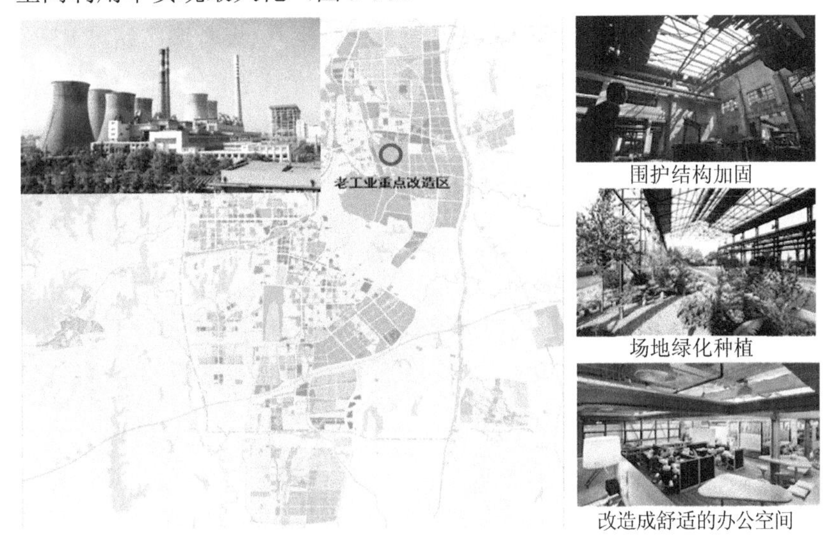

图 9-9　社区综合改造区位示意图

9.8　交通路网优化工程

路网格局优化，一方面可以实现城市的连通性，提升社会资源的交流和共享，节约社会成本，增加社会价值；另一方面，部分既有路网在建设之初未考虑到生态保育区、廊道的预留和保护，因此造成了生态格局的断裂和破碎，随着生态格局建设的重要性被提上议事日程，路网格局的优化也显得迫切和必要，通过交通绿道的建设可打造绿色交通体系，提倡绿色出行方式，减少汽车尾气的排放，缓解大气污染。

荆门市生态立市战略指标：到 2020 年绿色出行比例≥75%、公共交通零换乘比例＞85%、步行及自行车专用道路比率≥60%、城区步行 5 min 可到达公共开放空间的地块比例＞80%、新区 500 m 公共服务设施覆盖率达到 100%、公共交通工具中新能源汽车比例≥95%。生态诊断结果表明，目前荆门市区位交通优势明显，路网格局渐成体系，具备自行车道改造空间和绿道建设条件；绿色出行比例超过 65%，绿色出行基础良好。因此，荆门市充分具备发展绿色交通、普及清洁能源公交、实现绿色交通体系全覆盖的交通管理体系基础。由此可知，为达到生态立市战略指标，荆门市应继续重点加强建设路网格局优化工程。

（1）绿色公交与电车建设

“十三五”期间，在荆门市中心城区钟祥、京山和沙洋城区建设公交专用道，每个地区投入不同等级的资金；建设一号线和二号线快速公交系统和新型有轨电车南北一号线和二号线。

（2）自行车道及绿道建设

着力建设漳河环湖旅游公路、4A 景区以及部分 3A 景区的自行车道。此外，在东宝、掇刀、漳河城区以及钟祥、京山、沙洋城区和屈家岭管理区实施绿道建设。

（3）绿色循环低碳客运建设

“十三五”期间，建设以荆门高铁站为龙头，整合高铁、公交、班线、出租、社会车辆，构建有机衔接、无缝换乘的立体综合枢纽一级站，提高交通运输体系运行效率。建设荆门市汽车客运南站和汽车客运北站的建设主体单位分别是荆门顺通公司、荆门万里公司；搬迁现有的顺道、万里客运站，优化客运站点布局，依托高铁线布局，预设钟祥、京山、沙洋 3 个公交高铁换乘中心。

（4）绿色交通生态廊道建设

根据荆门规划的交通网络“三环八射六隧”，选择八条交通主干道规划为荆门市景观生态廊道，实现荆门市生态体系的南北贯通、东西网联，增加开敞空间和各生境斑块的连通性。其中，“八射”指荆襄大道、月亮湖大道—S311 省道、白庙路、荆新线、白云大道—207

国道、凤袁路、漳河大道、泉口西路。采用道路绿化和林带建设相结合的方式，在八条道路沿线两侧建设 50～500 m 的生态走廊（《荆门市城市综合交通规划（2013—2030 年）》），将市域内的自然保护区、森林公园、旅游景区、三国历史文化资源通过绿色廊道连接起来，实现与市区绿道的无断点连接。

（5）规划公交专用道

针对市民对公交时间不准点、班次不够的问题，在上班人群密集的主要交通干道设置早、晚班高峰期公交专用道，增加公交班次，减少市民等待时间，从而推动荆门市绿色交通发展。

9.9 生态环境监控平台建设工程

荆门市普遍存在的生态环境问题为污染物排放总量居高不下；局部区域环境污染严重；辐射环境管理较为混乱，正常的辐射监督管理工作无法保证；矿山开采造成植被破坏、水土流失、地表塌陷等生态灾害，大量固体废物未得到合理处置成为二次污染源，影响周围生态环境；禽畜规模化养殖、水库投肥养殖以及农药化肥使用产生的面源污染等引发的生态问题较严重。

要解决这些环境问题，生态环境监控是基础。基础不牢，地动山摇。没有科学准确的监测数据作为支撑，生态环保工作就成了无源之水、无本之木。生态环保事业发展越快，越离不开牢固的监测基础。加强生态环境监控平台建设是大力推进生态文明建设的重大举措，对于全面建成小康社会、实现永续发展具有深远意义。

荆门市为达到《全国环境监测站建设标准》（环发〔2007〕56 号）、满足城市污染源排放特征因子监测需要，主要从仪器设备的更新换代、土壤全指标分析、生态监测、应急监测、遥感监测这几个方面加强能力建设；为改善城区环境空气质量、服务民生，精准地开展大气污染源解析，为大气污染防治提供翔实准确的数据支持，逐步实现环境空气质量的预警预报，主要从空气超级站、在线源解析、网格化监测几方面开展能力建设；为加强城市水质目标考核、督促各级政府加大水污染治理力度、实现水质改善目标，在市跨界、本行政区内跨界、饮用水水源地及重点流域建设水质自动监测站，实时提供监测数据；在中心城区的噪声功能区建设一定数量的噪声自动监测系统，实时监测噪声污染水平；建立一套统一的环境监测业务数据中心库，对现有历史数据进行清洗入库，从而形成环境监测中心数据库，有效解决原来存在的信息孤岛、数据维护问题，为监测数据高层次应用打下基础，并实现办公自动化；按照生态环境保护信息标准和规范，以城市环保地理信息系统、环境质量自动监测平台和固体废物管理平台等为基础，充分运用大数据、云计算等现代信息技术手段，建设一个架构先进、平台统一、应用广泛、安全可靠、信息共享、运行高效的生态环境大数据平台，以全面提高城市的生态环境保护综合决策、监管治理和公共服务水平，加快转变城市环境管理方式和工作方式。

9.10 生态文化宣教工程

市民作为行为主体，是荆门市生态立市规划是否能够落地实施的关键。提升市民素质，引导绿色行为方式，才能从根本上保障产业的绿色发展、资源利用效率的提升，以及城市生态环境的提升，达到规划预期的成效。生态文化宣传教育工程可以提高公众的城市归属感，促进公众参与到政府对城市生态环境修复治理的工作中去，这牵涉了环保知识的传输、环保意识的培养、环保行为的落实等，应发挥政府与公众的联动优势。

2013 年，荆门市政府要求市环保局根据规定增设环境监测统计科和环境信访应急科。其中，环境监测统计科负责环境监测管理和环境质量、生态状况等环境信息发布，建立和实施环境质量公告制度，组织编发荆门市环境质量报告书和环境状况公报；环境信访应急科负责处理荆门市污染投诉与信访问题，指导事故应急演练，开展应急人员培训。这两个科室的建立规范了环境信息公开以及公众意见收集，是荆门市环保宣传教育及提高政府公信度不可或缺的一环。

国内其他城市同样重视公众参与。山东省利用三级政务微博体系接受在线举报，重庆市通过多种手段促进企业履行环境责任、理顺政府和社会组织之间关系，宁波市和温州市在环境信息披露领域持续领先，河北省人大出台《河北省环境保护公众参与条例》。浙江省公众参与环境保护的嘉兴模式成功示范了城市公众参与模式，环保社会组织为地方的环境决策提供支持。该模式构建了“政府—企业—公众”三方治理平台，建立了环保部门—其他政府部门—社会组织协作配合监督的联动关系，邀请利益相关方进行开放式讨论，社会公众代表以独立身份参与环境行政处罚，可随机抽查企业并提出质询和整改督办意见。该模式对于荆门市环保宣传教育工程有重要的参考价值。

荆门市生态文化宣教工程主要分为三个部分：一是完善环境事件新闻曝光体系，对相关新闻工作者进行专业知识培训，设置专门的“发言人”对环境相关事件进行报道；二是构建环保意识的宣教体系，将企业、学校及社区作为切入点，提高公众的节约意识、环保意识、生态意识；三是规范公众参与环境决策及管理的路径，完善环境信息公开制度，透过志愿者、NGO等形式赋予公众一定的环境决策权利。

（1）完善环境保护的新闻监督体系

环保宣传教育工程的首要工作是保障公众对环境事件的正确知情。对相关事件的误解、半解、不解不仅导致政府公信力的下降，还会影响公众对环境事件的客观判断，甚至带来不必要的社会乱序。要进一步规范新媒介监督的运行，使这种监督形式能够发挥更大的作用。

对于环境事件，应保证新闻的客观性和真实性，对于传播不实新闻而给公众造成不良影响的媒体应采取一定的惩罚措施，保有法律追究的权利。另外，每起环境事件的责任部门都应主动提供正确、专业、客观的事件进展、计划或其他相关情况，设置专门的发言小组负责事件各方信息的获取整合及新闻曝光。线上信息公开平台应及时更新消息，以便使公众及时获取信息。

当前需要进一步发挥新闻舆论监督的作用，一方面应该加快新闻立法，以确定新闻舆论的权力、义务、责任以及监督对象、范围和基本原则等，使舆论监督走上法治化道路；另一方面要保证新闻舆论监督的独立性。

（2）构建环保意识的宣教体系

企业、校园和社区是城市的重要组成部分，也是环保意识宣教的基础平台。企业应进行安全生产、绿色生产，组织环保知识培训及竞赛，将环保落实到企业实际的生产活动中去，开源节流，使荆门市企业的绿色环保氛围得以营造。以儿童作为重点宣传对象，关注其在家庭行为方式上的重要作用，以学校作为教育阵地，将生态环境保护的重要意义、主要措施等内容融入学生教育内容当中。以提升市民道德修养、文明素质为目标，创新公民道德教育的形式与内容，利用各种传播媒介、社区论坛、社区环保活动等多种途径，以市民参与式活动，动员和组织广大居民积极参与，共同营造洁净、舒适、安全的生活环境。

通过知识培训、知识竞赛、活动组织等多种形式将环保理念灌输给全市居民，将宣传与教育联系在一起。知识培训可透过展板展示、线上媒体、群体授课等方式实现，力求灌输基本的环保知识，如城市生活垃圾分类、水资源节约；知识竞赛配合知识培训进行，主要通过奖励鼓励环保知识的学习及环保自豪感的形成；环保活动可以以企业、校园、社区等作为载体，采用多种形式，如“绿色屋顶种植”“生态社区行”，促进市民环保意识的培养。

（3）规范公众参与环境决策及管理

为规范公众参与环境决策及管理，需要进一步完善社会监督机制。首先，要强化法律保障，通过制定相关法律法规确立社会监督的法律地位，明确社会监督的权限与程序，使社会监督主体能依法行使监督权并受到法律的明确保护；其次，要完善与拓展社会监督的有效渠道与途径，如健全信访举报制度、听证制度等，使社会监督更具可操作性；最后，要建立健全举报奖励与保护机制，保护举报群众的利益并提高举报的积极性。

环境信息的公开、环保知识的宣教均是公众参与环境决策及管理的科学性前提，可以让公众作为城市建设的意见提供者，赋予公众部分决策或参与决策的权利，提高公众满意度及工程建设的实际价值。

荆门市人民政府官方网站建设良好，具有较为完备的信息公开名录以及公众互动链接，如民生事务办理、政府信息公开、公众决议监督等信息均可轻松搜集得到。相较于国内其他城市，荆门市该方面的建设处于优秀行列。

表 9-3 列出了荆门市生态文化宣教工程的分级目标。

表 9-3　荆门市生态文化宣教工程的分级目标

工程项目	牵头单位	责任单位	基础建设	加强发展
完善环境事件新闻曝光体系	市人民政府办公室	市及各区县文体广电局、环保局环境监测统计科	推进新闻立法，规范荆门电视台、《荆门日报》《荆门晚报》等主流媒体对环境事件新闻播报的客观性	环境新闻法落实，营造“客观播报、及时纠正”的新闻氛围，新闻发言小组成立并完成专业培训
构建环保意识的宣教体系	市文体广电局	各区县文体广电局、各级街道社区居委会、市教育局	环保知识培训落实到企业、学校、社区中去，展板定时更新，组织生态摄影、定向越野等多项活动	公众对垃圾分类、水资源节约等有基本的系统认识，环保活动参与积极
规范公众参与环境决策及管理	市人民政府办公室	环保局环境信访应急科	完善举报制度，顺畅开放公众决议监督管理等渠道	逐步推进公众参与环境决策及管理，推举公众代表，组织政府部门见面会等

10 生态治理工作保障措施

10.1 明确工作方向，落实部门责任

（1）树立生态责任观念

开展形式多样的宣传教育活动，引导全体城市居民树立绿色生态责任理念。组织相关人员外出参加环保工作、生态立市、能源管理等方面的学习培训，开展环保图片展及领导干部和居民的环保知识竞赛活动，提高广大居民的环保认识水平，帮助他们树立良好的生态责任理念。构建城市公共文化设施服务体系，中心城区重点建设市民文化广场、博物馆、青少年活动中心、工人文化宫；县（市、区）重点建设图书馆、文化馆；乡镇、村庄重点建设文化综合服务体系；利用城市广场、机场、火车站、商业中心等人口密集区域的大屏幕开发手机客户端、网站等，宣传生态保护和责任的重要性。

（2）建立生态治理工作管理协调机制

成立城市生态治理工作小组，由市政府主要领导同志担任小组组长，市直有关部门负责人为成员，委员会办公室设在市环保局，统筹生态治理各项工作。建立“一项重点任务、一名市级领导、一个牵头单位、一个工作专班、一套实施方案”的“五个一”工作推进机制。市直相关部门要按照职责分工，在行业规划制定、政策争取、项目建设、工作落实等方面通力合作。各县（市、区）要成立相应机构，编制本区域实施方案，强化行政执法，加强区域合作，形成市县一体、整体联动的工作格局。

（3）建立生态治理目标责任制

建立体现生态治理要求的目标体系、考核办法、奖惩机制。把资源消耗、环境损害、生态效益等指标纳入经济社会发展综合评价体系，大幅增加考核权重，强化指标约束。根据区域主体功能定位，进一步完善差别化考核制度，对农产品主产区和重点生态功能区分别实行农业优先和生态保护优先的绩效评价。开展漳河新区、屈家岭管理区领导干部自然资源资产和环境责任离任审计试点，逐步实现荆门市全覆盖。

建立领导干部任期生态治理工作责任制，完善节能减排目标责任考核及问责制度。出台相关政策，实行党政同责、离任查责、终身追责的制度。对违背科学发展要求、造成资源环境生态严重破坏的要记录在案，实行终身追责，不得转任重要职务或提拔使用，已经调离的也要问责；对推动生态治理工作不力的，要及时诫勉谈话；对不顾资源和生态环境盲目决策、造成严重后果的，要严肃追究有关人员的领导责任；对履职不力、监管不严、失职渎职的，要依纪依法追究有关人员的监管责任。

10.2 完善管理模式，创新融资机制

（1）建立区域生态补偿机制

根据区域主体功能定位、城市环境功能区划，重点针对划定的生态红线区、重要湿地、风景名胜区、自然保护区、矿产资源开发区、流域水环境、国家公园等实施生态补偿，确保辖区内具有重要生态功能的区域都得到有效保护，促进区域公平发展。按照“谁保护、谁受益，谁改善、谁得益”的原则，完善生态环保财政转移支付制度，加大对重点生态功能区的生态保护和建设支持力度。建立健全森林和农业生态效益补偿机制，建立矿山生态环境治理和修复、饮用水水源保护补偿机制。在城市水库等地构建饮用水水源地生态补偿机制，进一

步完善竹皮河跨界断面水质生态补偿机制，并逐渐推广至城市河流、湖泊等流域。生态补偿资金来源分为政府财政投入和市场途径两部分。在财政投入上，由省级及城市财政共同补偿；在市场调控上，从资源开发企业或个人的收入中提取部分资金用于生态补偿，并积极鼓励和吸引社会捐赠。

（2）创新基础设施建设融资模式（PPP）

充分利用多渠道商业融资手段，定期公布生态文明建设项目融资意向，引导社会资金融入生态建设。重点支持生态项目申请银行信贷和设备租赁融资，筹集社会资本及国际项目资金参与生态文明重大工程项目的建设。实施绿色信贷，引导金融机构在信贷活动中把符合环境检测标准、污染治理效果和生态保护作为信贷审批的重要前提。市过桥基金、市中小企业担保公司优先为绿色环保企业提供过桥贷款和增信服务。鼓励上市融资，支持绿色环保企业进入资本市场，对在主板（含中小板）、创业板上市和新三板、四板挂牌融资成功的，分别一次性给予不同等级的补助。

城市在进行生态环境研究时，可先在部分地区试点实施综合治理PPP 项目，根据城市区域发展特点创新地区综合整治资金筹集机制，拓宽资金筹集渠道。在创新试点地区综合整治建设运营机制，并逐步推广至其他流域综合整治项目 PPP 模式。定期举办 PPP 项目推介会，做好项目的推广示范。加快完善生活污水、生活垃圾、医疗废物、危险废物等领域收费价格形成机制，完善政府与社会资本合作综合收益平衡机制，完善 PPP 合同预期收益分配机制，给予社会资本投资环保领域的信心，使政府和社会资本得到“双赢”。

10.3 健全法律制度，强化监管考核

（1）建立自然资源资产产权和用途管制机制

对水流、森林、山岭、草原、荒地、滩涂等自然生态空间进行统

一确权登记，形成归属清晰、权责明确、监管有效的自然资源资产产权制度。建立空间规划体系，划定生产、生活、生态空间开发管制界限，落实用途管制。健全能源、水、土地节约集约使用制度。

（2）完善生态环境监管、制约机制

全面清理现行法律法规中与加快推进生态文明建设不相适应的内容，加强法律法规间的衔接。研究制定节能评估审查、节水、应对气候变化、生态补偿、湿地保护、生物多样性保护、土壤环境保护等方面的法律法规，修订土地管理法、大气污染防治法、水污染防治法、节约能源法、循环经济促进法、矿产资源法、森林法、草原法、野生动物保护法等。

建立严格监管所有污染物排放的环境保护管理制度。完善污染物排放许可证制度，禁止无证排污和超标准、超总量排污。违法排放污染物、造成或可能造成严重污染的，要依法查封、扣押排放污染物的设施设备。对严重污染环境的工艺、设备和产品实行淘汰制度。实行企事业单位污染物排放总量控制制度，适时调整主要污染物指标种类，并纳入约束性指标。健全环境影响评价、清洁生产审核、环境信息公开等制度。

（3）健全考核奖惩和责任追究机制

①科学确定干部政绩考核指标体系。根据不同区域、不同行业、不同层次的特点，建立各有侧重、各具特色的考核评价标准。按照主体功能区的定位，针对不同主体功能区选择不同的考核指标，实行差别化评价；对党政领导班子加强节能减排、循环经济等方面的考核。从长远来看，应建立以绿色 GDP 为导向的干部政绩考核制度。

②完善政绩考核方法。进行生态文明政绩考核就是要在政绩考核中加入资源节约、生态环保的要求，将实现生态环境保护和可持续发展作为论证考虑的要素。实行政府内部考核与公众评议、专家评价相结合的评估办法。

③将政绩考核结果与干部任免奖惩挂钩。按照奖优、治庸、罚劣

的原则，把生态文明建设考核结果作为干部任免奖惩的重要依据。把生态文明建设任务完成情况与财政转移支付、生态补偿资金安排结合起来，让生态文明建设考核由“软约束”变成“硬杠杆”；对不重视生态文明建设导致发生重大生态环境破坏事故的干部，实行严格问责，在评优评先、选拔使用等方面予以一票否决，以激励各级领导干部进行生态文明建设。

10.4 加强环境教育，引导公众参与

（1）完善科技人才支持政策

结合深化科技体制改革，建立符合生态文明建设领域科研活动特点的管理制度和运行机制。加强重大科学技术问题研究，开展能源节约、资源循环利用、新能源开发、污染治理、生态修复等领域关键技术攻关，在基础研究和前沿技术研发方面取得突破。强化企业技术创新主体地位，充分发挥市场对绿色产业发展方向和技术路线选择的决定性作用。完善技术创新体系，提高综合集成创新能力，加强工艺创新与试验。支持生态文明领域工程技术类研究中心、实验室和实验基地建设，完善科技创新成果转化机制，形成一批成果转化平台、中介服务机构，加快成熟适用技术的示范和推广。加强生态文明基础研究、试验研发、工程应用和市场服务等科技人才队伍建设。

（2）建立合作交流机制

各级党委和政府对本地区生态文明建设负总责，要建立协调机制，形成有利于推进生态文明建设的工作格局。各有关部门要按照职责分工，密切协调配合，形成生态文明建设的强大合力。明确目标任务、责任分工和时间要求，确保各项政策措施落到实处。

以全球视野加快推进生态文明建设，把绿色发展转化为新的竞争优势。发扬包容互鉴、合作共赢的精神，在生态文明领域加强与国内及国外城市的对话交流和务实合作，引进先进技术装备和管理经验，

切实推动城市生态文明建设。

（3）构建宣传体系，引导公众参与

通过典型示范、展览展示、岗位创建等形式，广泛动员城市人民参与生态文明建设。组织好世界地球日、世界环境日、世界森林日、世界水日和全国节能宣传周等主题宣传活动。充分发挥新闻媒体作用，树立理性、积极的舆论导向，加强资源环境现状宣传，普及生态文明法律法规、科学知识等，报道先进典型，曝光反面事例，提高公众节约意识、环保意识、生态意识，形成人人、事事、时时崇尚生态文明的社会氛围。

完善公众参与制度，及时准确披露各类环境信息，扩大公开范围，保障公众知情权，维护公众环境权益。健全举报、听证、舆论和公众监督等制度，构建全民参与的社会行动体系。建立环境公益诉讼制度，对于污染环境、破坏生态的行为，有关组织可提起公益诉讼。在建设项目立项、实施、后评价等环节，有序增强公众参与程度。引导生态文明建设领域各类社会组织健康有序发展，发挥民间组织和志愿者的积极作用。

附表

表 1　荆门市矿山环境待防护区域分类（《荆门市地质灾害防治“十三五”规划》）

防治区分类	防治亚区	地点	灾害类型	潜在威胁
重点防护区	东宝区百子堂社区—童子崖—实验小学崩塌重点防治亚区	东宝西部栗溪镇百子堂社区—童子崖—实验小学一带	山体形成高危临空面，易产生崩塌、不稳定斜坡等地质灾害	附近社区居民、学校学生的生命财产安全
	东宝区子陵石膏矿矿段地面塌陷重点防治亚区	东宝区子陵铺镇石膏矿矿段	地面塌陷	
	掇刀工业园区、高新区规划区采矿地面塌陷重点防治区	白庙街道办事处西南、麻城镇西北和高新区规划区内	采空区变形导致地面塌陷、房屋裂缝和地面裂缝	影响高新区规划区内企业及工业园的规划、建设和发展
	双喜行政服务区重点防治亚区	双喜行政服务区	采空区，前期煤矿开采资料不全	影响其作为荆门市未来的行政服务中心，代表荆门市形象，对其未来人口密度的大幅增加和大量政府服务性机构的聚焦造成威胁

防治区分类	防治亚区	地点	灾害类型	潜在威胁
次重点防护区	仙居乡发旺村一带不稳定斜坡次重点防治区	荆门市仙居乡发旺村一带	滑坡、不稳定斜坡	对村庄居民造成威胁
	桑垭—易畈—关庙岗滑坡、崩塌次重点防治区	荆门市的桑垭—易畈—关庙岗一带	滑坡、崩塌	
	子陵铺镇八里干沟采石场崩塌次重点防治区	荆门市子陵铺镇八里干沟采石场	崩塌、泥石流	
	麻城镇西南地区采空地面塌陷次重点防治亚区	麻城镇西、南部	采空区面积占13.9%，采空区变形导致地面塌陷、房屋裂缝和地面裂缝等地质灾害	威胁农户农田
	麻城镇东采石场危岩体崩塌次重点防治亚区	掇刀区麻城镇东部	危岩体	威胁采石工人及采石设备
一般防护区		除重点防治区和次重点防治区以外的其他地区		

表 2　荆门市产业领域分类

产业领域	已经具有发展基础的产业领域	局部获取关键技术的产业领域	国家大力推进的产业领域
通用航空	● 通用飞行器整机制造； ● 通用航空服务体系（中部地区紧急救援中心、航空作业服务中心、FBO 服务中心、航空飞行和运动培训中心、航空生态旅游休闲中心）	● 关键零部件制造； ● 地面保障设备维修服务中心	● 引进建设航空新材料
智能制造装备	● 智能产品与成套设备产业（节能环保机械、轻工包装机械、液压搬运机械、农用机械、粮食仓储机械）； ● 关键智能部件制造产业（液、气密元件及系统，轴承、齿轮及伺服控制系统，振动电机）	● 数控专用设备； ● 工业机器人	● 激光加工设备； ● 智能生活产品及成套设备； ● 3D 打印
再生资源利用与环保	● 再生资源循环利用（“城市矿产”资源循环利用、废旧轮胎综合利用、秸秆综合利用、餐厨废弃物综合利用、再生资源回收体系建设）； ● 产业废弃资源综合利用（磷化废弃资源循环利用、工业废弃资源循环利用）	● 再生资源再制造（汽车零部件再制造、工程机械再制造）	● 先进环保（废弃物和污染治理关键技术、装备及产品，土壤治理和修复关键技术，环保服务）
新一代信息技术	● 基础电子产业（显示产业、电子元器件产业、光纤光缆产业、LED 照明产业）； ● 应用电子产业（智能终端制造产业、电子自动化控制产业、电子导航设备产业）	● 信息服务业； ● 软件业	● 物联网； ● 云计算

产业领域	已经具有发展基础的产业领域	局部获取关键技术的产业领域	国家大力推进的产业领域
新材料	● 特种金属功能材料（稀土功能材料、储能材料）； ● 新型无机非金属材料（特种玻璃、先进建筑材料）	● 特种金属功能材料（电子功能材料、高性能金属材料）； ● 先进高分子材料（特种橡胶、工程塑料、其他功能性高分子材料）	● 特种陶瓷材料； ● 高性能复合材料； ● 前沿新材料
生物技术	● 生物农业（生物育种、农用生活制品）； ● 生物医药（生物制药、化学制药、中医药）	● 生物制造（生物基材料、生物基制品）； ● 生物环保	● 生物医药(3D生物打印技术)； ● 生物医药工程（高性能医疗器械、新型体外斩断产品）； ● 生物服务（生物技术服务、中国农谷生物基因素）； ● 生物能源（生物质能）
新能源汽车	● 动力电池； ● 整车生产； ● 充电设施	● 电动化附件； ● 驱动电机、点机控制系统； ● 充电与租赁服务	● 轻量化技术与产品； ● 电动汽车用整车控制器； ● 先进传动技术； ● 燃料电池汽车

表 3　水系连通、重点流域水体治理工程任务单

核心工程	重点工程	目标（2020 年）	重点工作内容及时间表	牵头单位	责任单位
水系连通	汉西水系连通工程	改善公众用水条件，打造宜居城市，成为减少南水北调对荆门生态环境影响的重要补偿工程，集城市备用水源、农业灌溉用水、工业用水、生态补水等功能于一体	从汉江钟祥段沿山头闸引水至西大河，利用国家刚投资已更新改造的郑家湾一、二级泵站引水至备用水源地——东宝区牌楼镇寨子坡水库，后自流到城区王林港，再通过筑坝拦水自流到江山水库，同时通过泵站提水进入城区竹皮河苏畈桥段	市水务局	市环保局、市水务局
	沙洋县“汉江—小江湖—西荆河”水系连通工程	沟通水系，实现生态环境整治，保证汉江、西荆河沿岸 31.5 万亩农田灌溉需要	从汉江童元寺闸、丰收闸引水，经御堤闸入城中踏平湖、城西太乙湖（规划新建项目），连通西荆河南下殷家河，经双店闸连通长湖，实现汉江→太乙湖水库→西荆河→引江济汉渠→长湖的整体连通。主要工程内容包括童元寺闸拆除重建，丰收闸改建，渠道硬化、渠堤整治，沿渠建筑物改造，御堤闸拆除重建，太乙湖水库新建，西荆河、殷家河河道整治以及生态环境治理，河道建筑物配套改造，双店闸除险加固		
	“五湖连通”工程	恢复湖与湖、江与湖间生态平衡，明显改善湖泊水质，带动周围休闲旅游产业发展	将漳河新区辖区内的凤凰水库、杨家冲水库、乌盆冲水库、车桥水库、烂泥冲水库这五大水库通过开挖人工运河的形式连接在一起，形成以“一线串珠”为构架的水系网络		

核心工程	重点工程	目标（2020年）	重点工作内容及时间表	牵头单位	责任单位
流域综合治理工程	荆门市杨竹流域综合治理项目	到2020年，杨竹流域水质进一步改善，基本消除劣V类水体，逐步恢复水环境功能	竹皮河城区段综合治理工程主要包括防洪工程，截污工程，河道整治、生态绿道及景观工程；王林港河道综合治理工程全长 21.1 km，主要包括河道清淤清障、河岸治理、截污干管、河岸绿道及绿化景观工程；杨树港流域污染治理工程全长 32 km，包括防洪工程、截污工程、生态修复；竹皮河河道治理及湿地修复工程的江山水库湿地建设面积 32.4 万 m^2，建立圣景山—凯龙、江山水库—马良龚家湾示范段；点源及面源治理工程包括石化荆门分公司污水处理厂提标改造项目，河道两侧村庄环境综合整治、面源污染防治及农田土壤修复；竹皮河生态补水工程由漳河水库对竹皮河进行生态补水；竹皮河城区段以外至入汉江口段河道清淤、湖滨带生态恢复及生态廊道建设	市政府	市水务局、市环保局
	长湖流域污染治理项目	防治流域面源污染，水环境质量平均不低于III类标准	对后港镇、毛李镇等8个镇集中式饮用水水源保护区进行规范化建设，对沿湖村建设农村饮用水水源地保护工程；对流域内的村庄实施镇村环境综合整治；实施湖泊生态修复工程，对长湖、借粮湖、南湖建设长湖沿岸生态过滤带、生态屏障以及湖滨带水生植物多样性生态恢复工程；实施畜禽养殖污染防治项目，对长湖流域沿岸规模畜禽养殖场粪进行污染综合治理；对汇入长湖主要支流实施清淤与底泥覆盖工程；实施工业企业污染治理工程，对长湖周边7个重点工业进行污染治理；实施环境管理能力建设项目，在长湖流域全面构建长湖流域监测体系；利用人工生态措施在长湖污染承载区、污染较为严重的区域和水流较慢的区域实施水生态生物修复工程；对长湖围湖养鱼进行规划，拆除90%现有围网养殖面积	沙洋县政府	长湖湿地管理局、沙洋县环保局
	天门河流域治理	环境质量明显好转，水质稳定达标，主要水污染物排放量持续削减，水生态系统逐步恢复，水环境监测、预警与应急能力显著提高	京山县初步确定规划工程项目32个、钟祥市工程项目24个	京山县、钟祥市政府	京山、钟祥环保局和水务局

表 4　荆门市防护区特殊情况一览表（《荆门市地质灾害防治“十三五”规划》）

特殊情况	防护区分类	防护区	具体情况	防护注意事项
开采区	重点防护区	钟祥市胡集至冷水镇低山丘陵地面塌陷重点防治亚区	钟祥市的磷矿主要开采区	遵循“边生产边治理边复绿”原则，在实行防护措施的同时对现有开采业采矿的范围、强度等进行限制，尽量避免矿山环境的恶化
	次重点防护区	麻城镇西南地区采空地面塌陷次重点防治亚区	有 9 家石膏矿	
		麻城镇东采石场危岩体崩塌次重点防治亚区	有 3 家采石场，采石过程中形成了规模不等的危岩体	
地形特殊	重点防护区	东宝区百子堂社区—童子崖—实验小学崩塌重点防治亚区	低山区，地势起伏多变，由于建房修路切坡，山体形成高危临空面	治理时结合地区地形特点，利用其优势，减少或规避其劣势对工程的影响，注意施工安全
		仙居乡发旺村一带不稳定斜坡次重点防治区	海拔 200～500 m，相对高差 50～200 m，构造活动强烈，发育多级断裂，主要受荆门大断裂控制	
	次重点防护区	桑垭—易畈—关庙岗滑坡、崩塌次重点防治区	低山区，地势起伏多变，坡度 25°～40°，高差 50～200 m	
		子陵铺镇八里干沟采石场崩塌次重点防治区	位于荆门断裂带区	
		麻城镇西南地区采空地面塌陷次重点防治亚区	区内地势波状起伏，处于丘陵和江汉平原的过渡地带，属低缓丘陵地貌，地面高程一般 70～90 m，山体坡度 5°～10°	
		双喜行政服务区重点防治亚区	开采资料不全，遗留大量开采煤矿为小煤窑，无开采图纸资料，无法具体确定开采范围，一旦建设过程中未查清建设场地上的采空区分布，在采空区上开展工程建设后果不堪设想	

特殊情况	防护区分类	防护区	具体情况	防护注意事项
地区资料不全	重点防护区	双喜行政服务区重点防治亚区	荆门市行政服务区，将来代表荆门市形象并且人口密度将大幅增加，大量政府服务性机构位于此区域	加强监测，建立专业监测网络，并在建设过程中对建设场地进行详细采空区勘察
行政地位	重点防护区	东宝区百子堂社区—童子崖—实验小学崩塌重点防治亚区	地表植被覆盖率相对较低	生态防护过程需注意减少或避免工程噪声等干扰，对于工程启动时间、实施周期、实施效果要求相对更高
植被覆盖率低	重点防护区	桑垭—易畈—关庙岗滑坡、崩塌次重点防治区	地表植被覆盖率相对较低	矿山复绿为治理目标之一，需因地制宜挑选种植树种，恢复并保护土壤肥力

参考文献

[1] Carolina Murcia，Manuel R. Guariguata，Ángela Andrade，et al. Challenges and Prospects for Scaling-up Ecological Restoration to Meet International Commitments：Colombia as a Case Study[J]. Policy Pserpective，2015：213-219.

[2] Downs P W，Thorne C R. Rehabilitation of a lowland river：Reconciling flood defence with habitat diversity and geomorphological sustainability [J]. Journal of Environmental Management，2000，58（4）：249-268.

[3] K. Nakamura，K. Tockner. River and Wetland Restoration in Japan[J].River Restoration，2004：212-220

[4] Ma Z，Hu X，Sayer AM，et al. Satellite-Based Spatiotemporal Trends in $PM_{2.5}$ Concentrations：China，2004–2013[J]. Environmental Health Perspectives，2016，124（2）：184-192.

[5] Merritt D M，Wohl E E. Plant dispersal along rivers f rag-mented by dams [J]. River Research and Applications，2010，22（1）：1-26.

[6] Zeren Gurkan，Jingjie Zhang，Sven Erik. Development of a structurally dynamic model for forecasting the effects of restoration of Lake Fure，Denmark [J]. Ecological Modelling，2006，197（1/2）：89-102.

[7] 柴培宏，代嫣然，梁威，等. 湖滨带生态修复研究进展[J]. 中国工程科学，2010，12（6）：32-35.

[8] 陈广仁，祝叶华. 城市空气污染的治理[J]. 科技导报，2014，32（33）：15-22.

[9] 陈云峰，张彦辉，郑西强. 巢湖崩岸湖滨基质—水文—生物一体化修复[J]. 生态学报，2012，32（9）：2960-2964.

[10] 邓学文. 浅析大气污染治理技术[J].资源节约与环保•科技论文与案例交流，

2014，11：134.

[11] 董文龙，白涛，杨旭，等. 矿区生态修复研究[J]. 环境科学与管理，2016，41（1）：146-148.

[12] 樊霆，叶文玲，陈海燕，等. 农田土壤重金属污染状况及修复技术研究[J]. 生态环境学报，2013，22（10）：1727-1736.

[13] 方国华，夏春风，谢伟光，等. 尼尔基水利枢纽施工干扰区生态环境修复与景观规划设计[J]. 环境保护科学，2009，35（5）：38-41.

[14] 冯金飞，李凤博，吴殿星，等. 稻作系统对淡水养殖池塘富营养化的修复效应及应用前景[J]. 生态学报，2014，34（16）：4480-4487.

[15] 高敏，仇天雷，贾瑞志，等. 北京雾霾天气生物气溶胶浓度和粒径特征[J]. 环境科学，2014（12）：4415-4421.

[16] 管博，于君宝，陆兆华，等. 黄河三角洲重度退化滨海湿地盐地碱蓬的生态修复效果[J]. 生态学报，2011，31（17）：4835-4840.

[17] 黄勇，罗伟聪，吴丹妮，等. 利用微生物肥料进行土壤生态修复治理的研究与分析[J]. 环境科技，2016，29（4）：74-78.

[18] 李启权，王昌全，岳天祥，等. 基于定性和定量辅助变量的土壤有机质空间分布预测——以四川三台县为例[J]. 地理科学进展，2014，33（2）：259-269.

[19] 李树志，周锦华，张怀新. 矿区生态破坏防治技术[M]. 北京：煤炭工业出版社，1998.

[20] 李玉洁，王慧，赵建宁，等. 耕作方式对农田土壤理化因子和生物学特性的影响[J]. 应用生态学报，2015，26（3）：939-948.

[21] 李忠武，蔡强国，Scott Mitchell，等. 基于GIS的黄土丘陵沟壑区作物生产潜力模拟研究[J]. 生态学报，2002，22（3）：311-317.

[22] 龙健，李娟，江新荣，等. 喀斯特石漠化地区不同恢复和重建措施对土壤质量的影响[J]. 应用生态学报，2006，17（4）：615-619.

[23] 阮淑娴.中德采煤废弃地土壤环境及其生态环境修复条件差异研究——以中国大通矿区和德国Osnabrueck为例[D]. 安徽理工大学，2014.

[24] 宋超，陈家长，裘丽萍，等. 中国淡水养殖池塘环境生态修复技术研究评述[J]. 生态学杂志，2012，31（9）：2425-2430.

[25] 孙晓雷，甘伟，林燕，等. MODIS 3 km 气溶胶光学厚度产品检验及其环境空气质量指示[J]. 环境科学学报，2015，35（6）：1657-1666.

[26] 谭婷，张秋劲，傅尧信. 污染土壤的生态风险评估标准、方法和模型[J]. 四川环境，2010，29（5）：24-29.

[27] 伍德春，周建华，张顺陶，等. 荆门市耕地用养结合情况现状分析[J]. 中国农业信息，2014（11）：60.

[28] 薛文博，武卫玲，付飞，等. 中国 2013 年 1 月 $PM_{2.5}$ 重污染过程卫星反演研究[J]. 环境科学，2015（3）：794-800.

[29] 宇万太，姜子绍，马强，等. 施用有机肥对土壤肥力的影响[J]. 植物营养与肥料学报，2009，15（5）：1057-1064.

[30] 张成梁，B.Larry Li. 美国煤矿废弃地的生态修复[J]. 生态学报，2011，31（1）：276-285.

[31] 赵欣蕊. 国外大气污染治理典型案例分析及本地化思考[J]. 煤炭与化工，2016，39（4）：156-160.

[32] 湖北省建筑节能与墙体革新领导小组. 关于 2015 年度及“十二五”全省建筑节能与墙体革新目标责任完成情况及考核结果的通报[EB]. 2016-03-01.

[33] 湖北省住房和城乡建设厅办公室.关于 2015 年度及“十二五”全省建筑节能工作专项检查情况的通报[EB]. 2016-01-19.

[34] 湖北省建筑节能与墙体材料革新领导小组.湖北省“十三五”建筑节能与绿色建筑发展目标任务分解方案[EB]. 2016-10-26.

[35] 荆门市发展和改革委员会.荆门市产业转型升级“十三五”规划[EB]. 2016-05-04.

[36] 荆门市畜牧兽医局.荆门市畜禽发展“十三五”规划[EB]. 2016-05-27.

[37] 荆门市发展和改革委员会.荆门市“十三五”能源发展规划[EB]. 2016-05-05.

[38] 荆门市环保局.荆门市环境保护“十三五”规划[EB]. 2016-05-11.

[39] 湖北省人民政府办公厅. 关于统筹整合相关项目资金开展美丽宜居乡村建

设试点工作的指导意见[EB]. 2016-08-27.
[40] 王卫星. 美丽乡村建设：现状与对策[J]. 华中师范大学学报，2014，53（1）：1-6.
[41] 农业部.关于打好农业面源污染防治攻坚战的实施意见[EB]. 2015-04-10.
[42] 俞孔坚，王思思，李迪华，等. 北京市生态安全格局及城市增长预景[J]. 生态学报，2009，29（3）：1189-1204.
[43] 蒙吉军，燕群，向芸芸. 鄂尔多斯土地利用生态安全格局优化及方案评价[J]. 中国沙漠，2014，34（2）：590-596.
[44] 韩琪瑶，张洪远，刘晓光，等. 生态安全目标导向下的矿山布局优化研究——以哈尔滨市阿城区为例[C].城市发展与规划大会论文集，2014.8.
[45] 王晶晶. 磷矿山废弃地生态修复的生态效益评价[D]. 武汉工程大学，2014.
[46] 荆门市人民政府. 荆门市大气污染防治规划（2015—2020 年）[EB]. 2016-05-09.
[47] 荆门市环境保护局办公室. 关于发布重污染天气应急响应强制措施的通知[EB]. 2016-01-25.
[48] 荆门市人民政府办公室. 荆门市中心城区环境空气质量生态补偿暂行办法[EB]. 2016-03-01.
[49] 荆门市人民政府办公室. 关于认真做好大气污染专项管控工作的通知[EB]. 2016-03-10.
[50] 荆门市林业局. 荆门市林业发展“十三五”规划[EB]. 2016-04-15.
[51] 荆门市发展和改革委员会. 荆门市循环经济发展“十三五”规划[EB]. 2016-05-03.
[52] 荆门市发展和改革委员会. 荆门市应对气候变化和节能“十三五”规划[EB]. 2016-04-15.
[53] 荆门市环保局. 荆门市水污染防治工作方案及“十三五”规划[EB]. 2016-04-15.
[54] 荆门市交通运输局. 荆门市综合交通发展“十三五”规划[EB]. 2016-05-04.
[55] 荆门市气象局. 荆门气象事业发展“十三五”规划[EB]. 2016-05-12.

[56] 荆门市环保局. 荆门市创建国家生态文明建设示范市规划（2015—2025 年）[EB]. 2016-05-04.

[57] 荆门市水务局. 荆门市水务发展“十三五”规划编制工作方案[EB]. 2015-05-28.

[58] 荆门市环境保护委员会. 关于印发《荆门市中心城区暨重点关联区域大气污染防治突出问题整改方案》的通知[EB]. 2015-06-11.

[59] 荆门市环境保护委员会. 关于印发《2015 年全市深入开展环境保护“三大行动”的实施方案》的通知[EB]. 2015-08-28.

[60] 荆门市人民政府办公室. 关于印发《荆门市大气污染防治目标考核办法》的通知[EB]. 2016-12-18.

[61] 李悦. 废弃矿山的生态恢复与景观营造[D]. 北京林业大学，2010.

[62] 刘斯静. 长江中游水稻主产区耕地地力评价研究[D]. 华中农业大学，2015.

[63] 王伟妮，鲁剑巍，鲁明星，等. 水田土壤肥力现状及变化规律分析——以湖北省为例[J]. 土壤学报，2012，49（2）：319-330.

[64] 田宜水. 中国规模化养殖场畜禽粪便资源沼气生产潜力评价[J]. 农业工程学报，2012，28（8）：230-234.